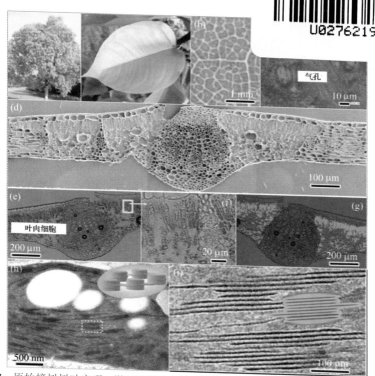

图 1.37 原始樟树树叶宏观、微观到纳米尺度的表征。(a) 樟树树叶数码相片；(b) 表皮形貌数码相片；(c) 表皮微观结构高倍数码相片；(d) 横截面微观结构 FESEM 图；(e) 横截面微观结构光学显微镜图；(f)为(e)图选定区域放大图；(g) 横截面微观结构激光共聚焦图；(h) 叶绿体微观结构 TEM 图，附图为三维模型示意图；(i) 叶绿体类囊体纳米层片结构 TEM 图，附图为三维模型示意图

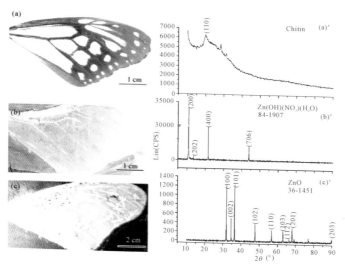

图 2.3 左：每一步合成过程中样品的照片。(a) *Ideopsis similis* 的前翅；(b)浸泡之后的蝶翅模板；(c) 合成之后的白色样品；右：与左图对应的样品的 XRD 衍射谱线

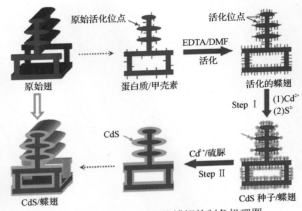

图 2.7　纳米硫化镉/蝶翅的制备机理图

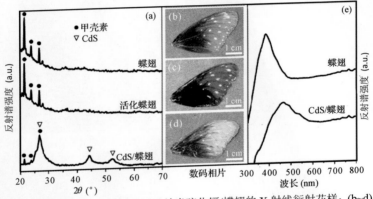

图 2.9　(a) 原始蝶翅、活化的蝶翅以及纳米硫化镉/蝶翅的 X 射线衍射花样；(b~d) 数码照片：(b) 原始蝶翅，(c) 活化的蝶翅，(d) 纳米硫化镉/蝶翅；(e) 原始蝶翅及纳米硫化镉/蝶翅的反射光谱，相对重叠层结构垂直入射垂直反射(使用的是异型紫斑蝶雄蝶的前翅)

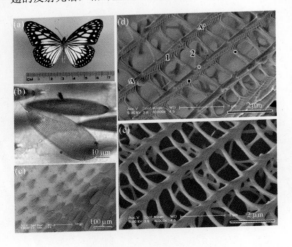

图 2.12　(a)拟旖斑蝶的照片；(b)前翅上两个典型鳞片的反射光显微图片；(c) 低放大率(500×)FESEM 图像展示出蝶翅鳞片的排列；(d)和(e)为两个典型鳞片的高放大率 FESEM 图像：(d)较长的鳞片，脊平行于从 A 到 A'的线，上面的微肋(■)刚好能被看见，脊下面的横肋(●)和与之成一定的角度的为平面 2，*代表脊上面的薄片

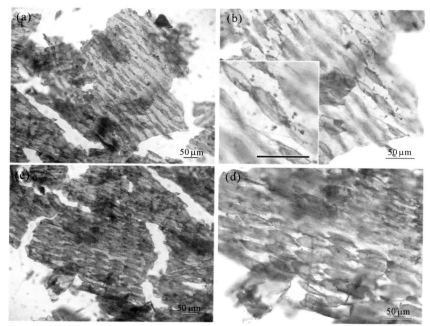

图 2.14 ZnO 复制样品的反射光显微结构。(a) 复制的鳞片的放大区域展示了较长鳞片的稀疏排列；(b) 中等放大倍率下彩色和加长鳞片复制区的图像，插图：彩色鳞片复制区的高分辨率放大图；(c) 深棕色翅脉的放大图展示了根部较宽鳞片的有序排列；(d) 棕色鳞片复制区的中等放大倍率图

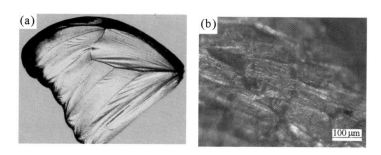

图 2.15 (a) 蓝闪蝶原始蝶翅的照片；(b) 光学显微图

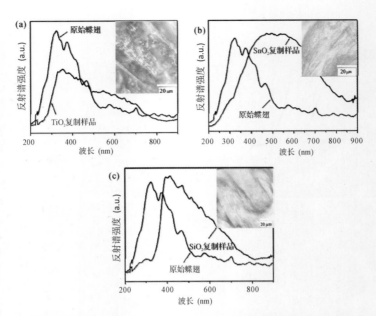

图 2.16 蓝闪蝶翅膀的反射光谱图。(a)TiO₂ 复制样品；(b)SnO₂ 复制样品；(c)SiO₂ 复制样品。插图为相应的无机复制品的光学显微图

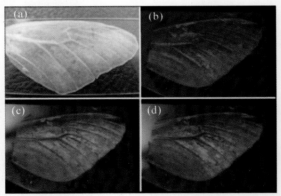

图 2.17 褪色后的原始蝶翅以及 ZrO₂ 矿化蝶翅样品的光学照片。(a)褪色后的蝶翅；(b)不同观察角度下的 ZrO₂ 样品

图 2.18 ZrO₂ 样品的光学显微图像和 XRD 图样

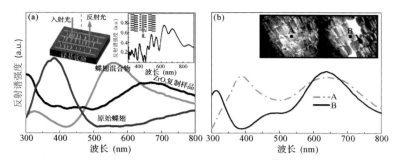

图 2.19 蝴蝶翅膀和 ZrO₂ 样品的光反射结果。(a)原始蝶翅、浸泡过的蝶翅经真空退火后的蝶翅混合物、ZrO₂ 样品的反射光谱。插图展示了反射测量装置的简图和 FDTD 模拟结果；(b)重叠鳞片和单个鳞片 ZrO₂ 复制样品的反射光谱。插图是被测鳞片的光学图片

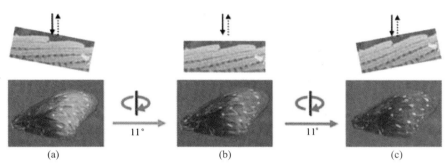

图 2.22 具有准一维光子晶体结构的纳米 CdS/蝶翅在不同角度下的照片，顶部的图片说明了在微观尺度的观察角。(b)图是在垂直方向的照片

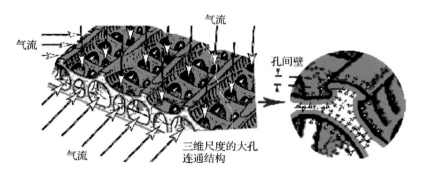

图 2.30 图解多孔分级结构中气体扩散的两个步骤

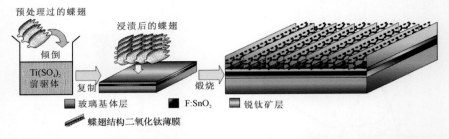

图 2.31 蝶翅结构光阳极制备流程示意图。最右边示出的是光阳极各层的成分与结构示意图,自下而上分别为玻璃基体层、FTO 导电层、预烧结的锐钛矿及最终形成的蝶翅结构层

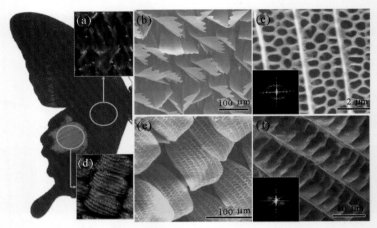

图 2.32 巴黎翠凤蝶显微结构图。(a)和(d)是光学显微照片;(b, c, e, f)是扫描电子显微镜图。(a, b, c)黑色鳞片;(d, e, f)蓝色鳞片;(c、f)中左下插入的是对应的 FFT 变换图

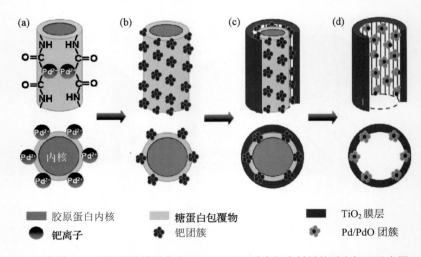

示意图 3.2 利用蛋膜模板合成 Pd-PdO/TiO₂ 纳米复合材料的反应机理示意图

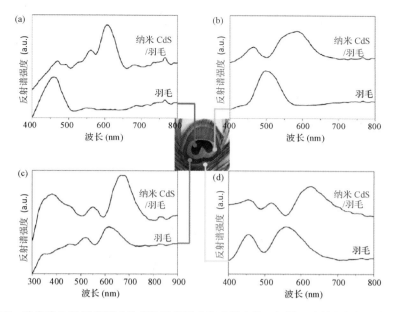

图4.55 纳米硫化镉/孔雀羽毛和原始孔雀羽毛的反射光谱，入射、反射方向都垂直于样品表面。尾羽眼状花纹的不同部位对应不同的二维光子晶体结构参数：(a)蓝色；(b)绿色；(c)棕色；(d)黄色(所指颜色是对应原始羽毛的，如照片中指示)

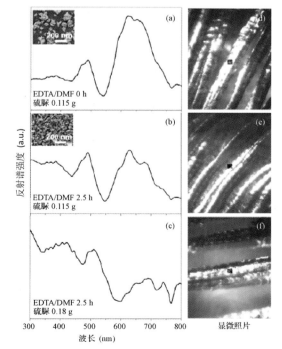

图4.56 (a~c)纳米硫化镉/孔雀羽毛(原红色羽枝)对应不同纳米硫化镉负载量(a<b<c)的反射光谱，入射和反射方向都垂直于样品表面。(a)样品N-RT；(b)样品E/D-RT；(a，b)中插图为相应样品的扫描电镜照片。(d~f)采集光谱时的显微照片。实验条件在(a~c)图的左下角显示，(a)和(b)中的插图显示了相应的扫描电镜照片

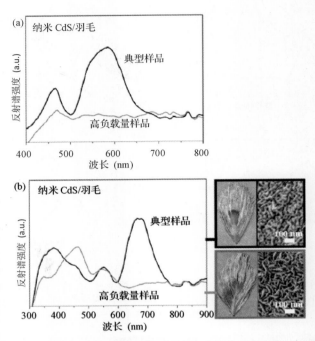

图 4.57 纳米硫化镉/孔雀羽毛对应不同纳米硫化镉负载量的反射光谱，入射和反射方向都垂直于样品表面。(a)原绿色区域；(b)原棕色区域。右边为相应样品的扫描电镜照片和数码照片(上：样品 E/D-RT；下：样品 D-RT)

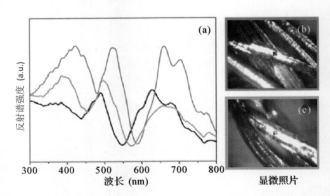

图4.58 (a)纳米硫化镉/孔雀羽毛(原红色羽枝)对应不同角度的反射光谱，黑色线对应入射和反射方向都垂直于样品表面；(b)和(c)分别对应红色和绿色光谱曲线的显微照片

自然启迪的遗态材料

张 荻 著

浙江大学出版社

Springer

图书在版编目(CIP)数据

自然启迪的遗态材料 / 张荻著. —杭州：浙江大学出
版社，2013.9
ISBN 978-7-308-12251-1

Ⅰ. ①自…　Ⅱ. ①张…　Ⅲ. ①材料科学—研究

Ⅳ. ①TB3

中国版本图书馆CIP数据核字(2013)第042664号

自然启迪的遗态材料

张　荻　著

责任编辑	林汉枫	
封面设计	俞亚彤	
出版发行	浙江大学出版社	
	网址 : http://www.zjupress.com	
排　　版	杭州理想广告有限公司	
印　　刷	杭州杭新印务有限公司	
开　　本	710mm×1000mm　1/16	
印　　张	16.5	
字　　数	269 千	
版 印 次	2013 年 10 月第 1 版　2013 年 10 月第 1 次印刷	
书　　号	ISBN 978-7-308-12251-1	
定　　价	49.00 元	

前言

    《自然启迪的遗态材料》介绍和总结了我们研究小组十余年来利用自然界生物模板制备新材料的主要研究工作和成果。前期应 Springer 出版社和浙江大学出版社的共同邀请，本书英文版 *Morphology Genetic Materials Templated from Nature Species* 于 2011 年在海内外付梓。为了便于国内同行了解我们的研究工作，同时也为了和同行专家交流以进一步推动我们今后的研究工作，现将中文版呈现给读者。

    生物结构经过自然界亿万年的进化，呈现出结构精细、功能集成的特点。启迪于生物结构的新材料研究，近年来已成为材料研究领域的一个重要分支。自然启迪的遗态材料是一个新兴的研究方向，其特点是注重生物结构的遗传转化和功能成分的人工组装，重点研究新型功能材料的制备以及结构与性能的耦合效应。本书内容涉及到生物、化学和材料等多个领域的相关知识，所以我们根据材料的结构特点和应用领域，将全书内容分为四章。每章的内容秉承中心统一、分类叙述的宗旨，以便读者更好地了解本书的内容。

    本书虽经反复校对，仍难免还有错误、不足之处，望读者批评指正。

张　荻

2013 年 7 月于上海交通大学

序

当我们每天早上用尼龙搭扣扣紧夹克衫、出门上班的时候，很难想象得到这是 1941 年瑞士发明家乔治·德·梅斯特拉尔受到带刺钩的草籽的启发才发明了这种搭扣。同样，我们大概也想不到，道路分隔线上反光标志的发明灵感是来自于闪烁的小猫眼睛。自 1859 年达尔文划时代的著作《物种起源》问世以来，人类对自然界生物的认识不断深入。在达尔文看来，植物和动物进化出复杂、精细的结构和功能，以在残酷的自然选择过程中生存下来。这类经过长期进化而成的结构和功能远比许多人为设计的材料和器件更加有效，而其中的奥秘吸引了研究者极大的兴趣，催生了研究自然界生物结构和行为的新兴学科——仿生学。文中开头所举的两个发明就是过去几十年来仿生学领域的研究获得成功应用的典型案例。

然而，对自然界的简单模仿往往并不是解决应用领域难题的最好途径。研究发现，人工设计和制备出的仿生材料和结构往往难以复制出大自然造物主赋予生物体的精妙结构，尤其在现代纳米科学与技术领域更是如此。例如，研究者早已意识到某些蝴蝶翅膀复杂、多级的微观结构能够精确控制光的传播，是完美的天然光子晶体。而更加令人赞叹的是，蝴蝶的遗传基因同时控制了数以百万计的蝶翅鳞片生长成为三维纳米/亚微米的精细结构。与之相比，无论是采取"自底向上"的自组织方法，还是"自顶向下"的光刻方法制备的人工材料都难以望其项背。这种情况使得研究者需要考虑采用更有效率的新方法来开发精细结构的功能材料。

其实自然本身已经为我们提供了答案。我们知道，远古生物体的组织和结构能够在漫长的地质年代里渐渐转化成无机材质，进而被完好地保存在化石中，即所谓"化石化"或"矿物化"（即本书所提及的生物模板转换）的过程。通过对化石的研究，人们可以了解到早已灭绝的远古生物的宏观形态和显微结构。受此启发，如果我们能找到一种方法，既保持生物材质的形态和结构，又能精确、可控地将生物有机质转化成为实际应用领域中需要的功能材料（如氧化物等），必将极大地促进仿生学的发展，拓展仿生材料的应用领域。

如何有效地实现生物模板转换是上述技术路线成败的关键。为了将矿物质完全浸渍在远古动植物遗体中，自然化石的形成需要至少数百万年的时间。但显而易见的是，我们必须开发出新方法以在实验室条件下和较短时间内制备出功能"化石"材料。在本书中，我们就将介绍几种相关的方法。比如，与真实化石的形成过程类似，将生物模板浸泡在化学溶液中，将生物体原本的有机材质替换为我们所需要的无机功能材质，并采用加热或光照的办法来加速"化石化"的过程。通过对工艺参数的调控，我们就可以精确控制材料的最终形态和结构。

制备过程的简便性并不是这类方法所追求的惟一目标，更重要的是将最初的材料制备工艺设计与最终的产品应用统一起来。因此，我们仔细选取进行材质转换的生物模板，得到诸如 ZnO 蝶翅、Fe_2O_3 木材、TiO_2 树叶、SnO_2 棉花等各种功能"化石"材料。与此同时，我们采用的生物模板都来自于数量充足、易于培育的动植物，以保证我们的研究不会造成模板生物的濒危或灭绝。

根据这类新型材料的特点，我们这里命名它们为"遗态材料"。"遗态"一词是"遗传"和"形态"二者的组合，即"遗传"生物体的"形态"。遗态材料能够忠实地保存原有生物模板的精细结构，并将原有生物体有机材质转换成为研究者需要的功能材质。一方面，这类材料借助了千百万年来生物体进化而成的优化结构，可以获得远比人工仿生材料优异的功能特性；而另一方面，研究者通过替换特定材质制备而成的遗态材料，也可以得到原有生物体所不具备的性能。这种自然生物体精细结构与特定功能材料的结合使得遗态材料具有十分广泛的应用前景。

在此，我荣幸地向读者推荐本书《启迪自然的遗态材料》。这部书总结了过去 10 年我们研究团队的工作，概述了我们应用木材组织、棉花纤维、蝴蝶翅膀、飞禽羽毛、植物叶片等生物模板制备遗态材料的工艺方法以及材料性能。在功能材质的选取方面，我们的工作涉及碳、ZnO、ZrO_2、Al_2O_3、TiO_2、Fe_2O_3、SnO_2、CdS 等多种材料系统，涵盖了光子晶体、太阳能电池、电磁屏蔽、能量捕获、气敏器件等广泛的应用领域。鉴于篇幅限制，在本书中我们侧重于讨论遗态材料学研究中的共性问题,对一些研究的细节做了适当省略。

各章节分别由以下人员执笔参与写作:

第 1 章:范同祥教授、朱申敏教授、周涵博士;

第 2 章:顾佳俊副教授、张旺博士;

第 3 章:苏慧兰副教授、范同祥教授;

第 4 章:刘庆雷副教授、苏慧兰副教授。

这里我要感谢以下已毕业的研究生对本书的贡献:谢贤清博士、孙炳合博士、王天驰博士、董群博士、刘兆婷博士、韩婕博士、宋钫博士、黄大成博士、陈羽博士、谭勇文博士;硕士研究生李旭凡、杨娜、朱波、赵其斌。

最后,我必须指出,虽然我们的研究方法是"师法自然",但我们的研究目的是"为我所用",即设计出遗态材料以满足特定的应用需求,在新型功能器件与自然生物结构之间建立桥梁。随着基因工程技术的迅速发展,在不远的将来,我们也许可以人为地调节生物体本身的形态结构,从而进一步扩大生物模板的选取范围。因此,未来的光电计算机中出现了蝶翅结构的器件组元也未必是多么令人意外的事情。

张　荻

2013 年 7 月于上海

目录

1

以自然植物为模板制备功能材料

1.1 引言

自然界在长期进化过程中，为适应生存从而形成了各种独特的分级结构以及优异的性能。分级多孔材料中的多孔结构和三维连通的孔隙系统能够有效地将物质运输到相应的结构组织结合位。通常情况下，某些人工或天然的多孔材料，例如乳液法制备的胶体晶体、病毒液态晶体、细菌超构造、聚合物海绵体和木材组织结构，被用作模板来制备功能材料。与木材的组织结构类似的农业废弃物，特别是那些含有纤维素的农业废物，具有潜在的吸附金属性能。与人工合成的多孔材料相比，生物体这种自然结合的多层次、多维度、多组分和多功能特点，对于先进材料的设计及合成具有借鉴作用，为先进材料的结构设计和功能组装提供了新思路。

虽然人工仿生的方法在一定程度上模仿了某些生物体的结构特点，为材料的结构功能一体化带来了新的发展，但是要想通过人工合成的方法来获得像生物体一样复杂的结构仍然非常困难，以目前的技术还难以达到生物体结构的精细程度。因此，另一种更加直接地利用生物体结构的生物模板法就成为发展特殊先进材料的一个重要研究方向。生物模板法利用遗态转化工艺，即遗传生物体形态的材料制备工艺，以生物大分子及其有序聚集结构为模板来合成具有复杂形态的无机材料(Potyrailo *et al.*, 2007)。

遗态转化工艺的形成源自于生物体自身矿化作用的启发。生物矿化是指在生物体内形成无机矿物质的过程，它是一种很普遍的自然现象。生物自身所进行的生物矿化可以分为 4 个阶段(Calvo *et al.*, 2008)：(1) 有机大分子预组织。在矿物沉积前构造一个有组织的反应环境。(2) 界面分子识别。在已形成的有机大分子组装体的控制下，无机物在有机/无机界面处成核。(3) 生长调制。无机相通过晶体生长进行组装，得到亚单元，同时形态、大小、取向和结构受到有机分子组装体的控制。(4) 细胞加工。在细胞参与下亚单元组装成高级的结构。该阶段是造成天然生物矿化材料与人工材料差别的主要原因。上述 4 个方面给生物模板法合成以重要的启示，从而设计了遗态转化工艺：先形成有机物的自组装体，无机前驱体在自组装聚集体与溶液相的界面处发生化学反应，在自组装体的模板作用下，形成无机/有机复合体，将有机物模板去除或转化后即得到具有生物体结构的无机材料。生物模板法引入到自然界生物系统，利用其自组装结构及功能，可以摆脱传统材料设计的局限性及固有缺陷、拓宽设计思路。以多层次、多维的生物体本征结构为模板，通过控制生物模板材料中的化学反应来合成和复制生物结构，遗传其形态和物理结构，同时变异其化学组分，制备既保持自然生物精细结构、又有人为赋予特性和功能的新材料。

研究表面植物纤维等废弃材料，例如稻壳、棉花、木材、蔬菜残留物等具有很多潜在的应用价值。在这一章中，我们将回顾本实验室在以植物为模板的遗态材料制备方面的最新研究进展，以及其在吸附、催化剂和气体传感器等方面的应用。部分研究内容在下面的章节中将做详细介绍。

1.2   以天然植物为模板的遗态材料

1.2.1   以天然植物为模板制备Fe_2O_3、NiO、ZnO

科研工作者已经成功制备了以木材为模板的碳陶瓷、SiC 陶瓷、Si/SiC/C 和 SiOC/C 复合物以及金属/碳复合物来保存木材结构。我们可否去除木头内的碳而保留木材的完整结构来制备具有木材形貌结构的氧化物陶瓷？直到本次研究开始，国内外关于这个问题的研究还很少，而且氧化陶瓷的制备工艺还不成熟，尚在探索阶段。

考虑到低廉的价格、简单的制备工艺、稳定的性能和多方面的应用，我们选择 Fe_2O_3、NiO 和 ZnO 这三种氧化物作为遗态转变的目标材料。有研究报道，Fe_2O_3 具有好的抗风化力、耐光性、磁性、紫外吸收和屏蔽效果，可用作闪光涂料、印刷油墨、塑料、皮革、汽车面漆、电子高磁性记录材料等。由于 Fe_2O_3 作为传感器能够很好地预报、监测有毒有害气体，特别是纳米 Fe_2O_3 的应用逐渐广泛，其气敏和催化性能越来越受关注。NiO 作为催化剂、气体传感器、电极、电化学电容器等应用材料也在电、光、磁学领域有着广泛应用前景。ZnO 是一种多用途材料，由于其成本低廉，具有电学、光电、光化学行为，加上化学稳定性高，使之成为在太阳能电池、光催化剂、发光二极管、光探测器、激光二极管及透明导电氧化物等方面具有广泛前景的应用材料。

本章目的是以木材为模板，研究具有分级多孔结构的氧化物的制备技术，以及通过检测表面化学处理对微结构的影响，研究木材里溶液的流动扩散机理，分析工艺参数包括模板类型、前驱体溶液、温度和时间对制备材料的影响来优化制备工艺，并研究物理化学转变过程和产物的微结构，从而验证氧化物复制物对木材从微米到纳米级别的分级多孔结构传承的规律。具体实验过程如下：选用 8 种不同结构的木材，包括泡桐、柳桉、红桦木、水曲柳、樱桃木、橡木、松树和杉木，研究以木材为模板氧化物的合成机理。实验中化学试剂为分析纯的 ($>98.5\%$) $Fe(NO_3)_3 \cdot 9H_2O$、$Ni(NO_3)_2 \cdot 6H_2O$、$Zn(NO_3)_2 \cdot 6H_2O$、氨水和无水乙醇。

图 1.1 显示了以木材为模板的氧化物制备流程图。首先将 20 mm×10 mm×3 mm 大小的木材放在 5%稀氨水中加热 6 h 至沸腾。取出木材模板，用去离子水清洗，在 80 ℃干燥 24 h。将硝酸盐(硝酸铁、硝酸镍、硝酸锌)和一定体积比的乙醇和去离子水的混合液混合配制成前驱体溶液。木材模板放入前驱体溶液中 60 ℃浸泡渗透 1~3 天，紧接着 60 ℃干燥 24 h。分别重复渗透/干燥步骤 1~5 次，所得样品 600 ℃空气气氛下加热 3 h，再空冷至室温。用同样的前驱体溶液合成普通氧化物但不加木材模板，作为对比试样。

在相同条件下用 8 种木材渗透硝酸铁溶液以研究木材模板对渗透能力的影响。600 ℃时煅烧的样品的渗透率 Δ 和煅烧速率 δ 的关系如图 1.2(a) 所示。由图中可知不同的木材模板有不同的渗透能力，其中软木的渗透能力普遍高于硬木。这是因为软木的密度小、孔隙率高、孔间连接性好，有助于溶液流动和扩散。在硬木中，泡桐密度比其他木材(如橡树)要小，导致其较好的渗透能力。此外不同木材模板中纹孔的数量和排列方式各不相同。

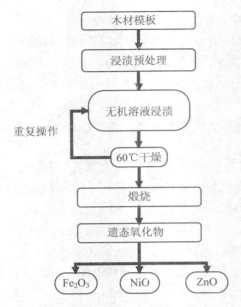

图 1.1 制备过程工艺流程图

木材的切割方式也影响到模板的渗透能力。在此我们使用轴向和径向两种方式切割松树。轴向切割的部分称为横截面,径向切割的部分称为纵截面。通过 4 次渗透/干燥工艺得到的松树模板的渗透率如图 1.2(b)。从图中可以看出,松树横截面渗透速率远高于纵截面的。随着渗透次数的增加,横截面的渗透速率增长比纵截面的快很多,这是因为模板中大多数孔都是纵向管胞,只有少数孔是横向细胞(如射线)。因此从横截面流向纵向细胞的溶液流量和速度更大更快,反之亦然。所以在同一松树模板下切割方向的不同导致渗透速率不同,采用轴向切割能够使木材模板有更高的渗透率。

作为主要的横向输送通道,每种木材在径向细胞壁上都有自己的纹孔结构,但是这些通道的连接性部分地受纹孔膜和木材中环形圆纹的影响,同时在管内总是存在一些充填物和提取物(图 1.3)影响流体输送的有效性。因此在渗透前驱体溶液前进行预处理去除纹孔膜、充填物等来提高渗透效率和氧化物的连接性。

在先前的科学研究中曾用过一些方法来提取木材。F.C. Bao 利用苯乙醇有机溶剂和热水提取了云杉和落叶松心材。提取后云杉心材的渗透能力平均增加了 75%,与边材相近。使用池塘水渗透云杉,由于细菌对纹孔膜的分解作用,渗透速率平均提高了 150%。

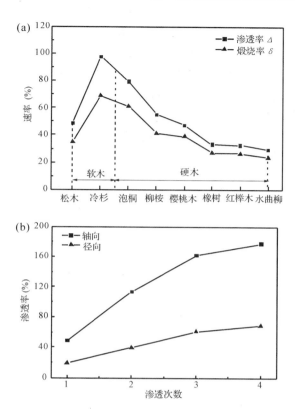

图 1.2 (a)不同木材模板的渗透率 Δ 和煅烧率 δ；(b)不同的尺寸和切割方向的松木模板的渗透率 Δ

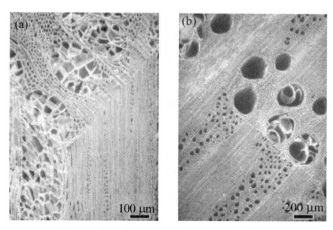

图 1.3 硬木的脉管。(a)桑橙；(b)白橡木

此项研究中，通过将木材在稀碱溶液煮 6 h 来提取木材的目的是溶解破坏纹孔、侵填体、提取物等，从而改善渗透速率。为了避免杂质，选用 5%稀氨水中的金属离子为提取液。选用进行或没有进行提取预处理的松树和泡桐木材来研究提取效果，结果如图 1.4 所示。松树和泡桐木材分别属于软木和硬木，提取后渗透速率分别提高 80%和 50%。由此可见，简单的提取预处理能够有效地提高渗透能力。现从以下两个方面分析其中的机理。

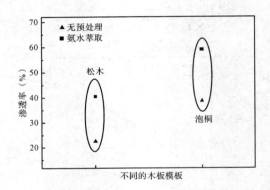

图 1.4　有预处理和无预处理的木材模板的渗透率

一方面，稀氨水的碱性环境使木材的纤维素和半纤维素膨胀，没有明显的副作用。有限的膨胀能够打开细胞壁上的氢键，增加壁上孔隙率，改善木材的渗透作用。无限膨胀能够溶解纤维素、水浸出物、蛋白质、氨基酸、部分半纤维素、木质素及少量油脂、蜡、树脂和精油，并去除纹孔膜、侵填体和毛细管。碱液温度越高，提取物溶解度和数量就越大。所以实验中稀氨水保持沸腾状态。

另一方面，提取之后，木材极性增强，表面张力增大，有助于吸收溶液。这是由于当液体和固体表面相接触，产生润湿现象。接触角 θ 用来描述液体对固体的润湿能力。当 $\theta<90°$时，称为润湿(图 1.5)；θ 越小，润湿性越好，木材越容易吸收溶液，否则称为不润湿。θ 由下述公式给出：

$$\cos\theta = \frac{\gamma_{s\text{-}g} - \gamma_{1\text{-}s}}{\gamma_{1\text{-}g}} \tag{1.1}$$

其中，$\gamma_{s\text{-}g}$、$\gamma_{1\text{-}g}$ 和 $\gamma_{1\text{-}s}$ 分别称为固体表面张力、液体表面张力和固液界面张

力。$\gamma_{s\text{-}g}$ 由固体决定，其值越大，$\cos\theta$ 越大，润湿性越好。因此，表面张力 $\gamma_{s\text{-}g}$ 的增大能够减小接触角 θ，有助于木材对溶液的润湿和溶液在木材中的流动和吸收。

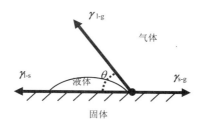

图 1.5　润湿现象示意图

渗透硝酸盐前驱体溶液的过程是液体在多孔材料中流动和扩散的双重作用。对流体来说，木材是具有有限膨胀的天然毛细多孔胶体。它是一种多毛细体系，其中串联、并联着形状、大小、结构、连接方式各异的永久性管状细胞(宏观毛细)和瞬时性毛细管状细胞(微观毛细)。图 1.6 显示了木材多毛细系统的 SEM 图，右下角的箭头指出了木材的管胞壁上的纹孔。这些纹孔是材料流经邻近细胞的通道。每种木材都具有三种毛细体系(图 1.6)：(1)具有一系列细胞腔和纹孔的毛细体系；(2)具有一系列细胞腔和非连续细胞壁的瞬时性毛细系统；(3)具有连续细胞壁的瞬时性毛细体系。这三种系列的毛细体系并联组成均匀体系。当干木材被溶液渗透时，流体在沿着与纹孔和非连续细胞壁串联的细胞腔流动并渗透，这过程既在外部静压力又在内部毛细管力梯度下进行。在流体流动的时候，为离子的进入打开通道，水蒸汽进入周围的细胞壁。溶液中的物质从次级细胞壁上排列

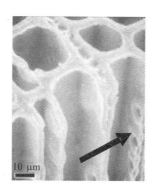

图 1.6　木材串联、并联毛细管系统的扫描电镜照片

着的未被提取物覆盖的间隙转移到邻近细胞壁，当溶剂蒸发掉后，金属离子水解沉积、黏附在木材细胞壁上。因此，渗透速率越大，金属离子越容易均匀分散。同时，重复多次渗透能够让金属离子输送到木材的管中，从液体表面流走。

假设木材中不含空气，这表明没有气液界面。在不同的压力下，液体依照泊肃叶方程(Eq.(1.2))在针叶木毛细管作用下流动渗透：

$$Q = \frac{N\pi r^4 \Delta P}{8\eta L} = \frac{Ar^2 \Delta P}{8\eta L} \tag{1.2}$$

其中，Q 是液体流量体积(cm^3/s)，r 是毛细管半径(cm)，L 是毛细管长度(cm)，ΔP 是压差(dyn/cm^2)，η 是液体粘度($dyn\cdot s/cm^2$)，A 是毛细管截面总面积(cm^2)。根据 Eq.(1.2)，流速随着毛细管半径的四次幂变化。两个毛细管有相等的长度，其中一个是另一个半径的 10 倍。当这两个毛细管平行相连，它们承受相同的压力差，但是更粗一些的毛细管的流速是另一个的1000 倍。当两个毛细管串联，它们有相同的流速，但是更细的毛细管承受的压力差是另一个毛细管的 1000 倍。

根据流体流动模型(图 1.7)，当流体流过与纹孔的平行系统和不连续细胞壁串联的细胞内腔，流速是流过纹孔的流速和流过细胞内腔的流速之和。流过细胞内腔的流速是非常低的，所以流速主要取决于纹孔。与纹孔和细胞壁平行系统的压力差相比，流经细胞腔的压力差可以忽略不计。因此这个连续体系中的渗透阻力主要由纹孔决定。因此，对于软木，影响渗透能力的关键因素在于纹孔的数量和半径，而不是木质的密度。对于硬木，液体渗透的方式更加复杂，这是因为脉管是流动的主要通道。液体通过脉

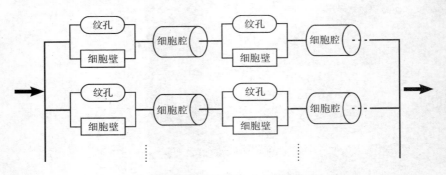

图 1.7   流体在软木中的流动模型

管渗入其他细胞中。但是，纹孔在脉管和其他细胞中起到输送的作用。

在木材的渗透作用中，除了流动，还有扩散作用。扩散是分子从高浓度区域向低浓度区域自发地运动，在浓度差、湿度差和蒸汽压差下遵循菲克定律。干木材运用毛细现象吸收溶剂到细胞腔，之后溶剂通过渗透作用从细胞腔进入细胞壁。不同种类的树木细胞腔和细胞壁的结构有细微的不同，因此产生的渗透作用不同。有效提高液体渗透能力的方法是提高溶剂的浓度，增大浓度差，增大溶质溶解度和分子的运动来提高渗透速度，通过反复的渗透/干燥过程来增加高湿度差。

经红外光谱分析，可以清楚看到渗透过程前后在分子尺度发生的变化。对原始冷杉和冷杉渗入铁、镍和锌硝酸盐溶液后的产物进行红外光谱分析，结果如图 1.8 所示。主要吸收峰和该组织所代表的吸收峰值在表 1.1 中列出。在 3000~3700 和 1630 cm^{-1} 的峰表明结晶水的存在；位于 1630~1660、1386、830 和 670~710 cm^{-1} 的峰表明 NO_3^- 基团的存在。可以看到，在渗透作用后，高强度的硝酸根吸收峰被加在了原始的冷杉光谱上，这是由于模板吸收了硝酸盐。同时，在干样品中 O–H 的强吸收峰表明原始木材中的纤维素、半纤维素和木质素包含了大量羟基，而且部分金属离子作为碱也产生一些羟基基团。

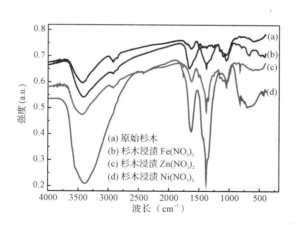

图 1.8 铁杉模板在浸渍前后的红外光谱图

根据液体在木材中的流动和扩散机制，有效提高木材浸渍能力的方法如下：增加和增大纹孔来减弱毛细管张力，增大浓度差来增强扩散性能，扩大孔道来增加液体流量等。纹孔和孔洞的数量和大小是由木质的种类决定的，但是通过优化前驱液和浸渍过程可以实现工艺优化的目的。

表 1.1 木材样品的主要吸收峰(cm^{-1})

原始木材	渗入前驱体溶液以后 FT-IR			基团
FT-IR	Fe(NO₃)₃	Ni(NO₃)₂	Zn(NO₃)₂	
3000~3600	3000~3600	3000~3600	3000~3600	O–H 伸缩振动
2924	2924	2924	2924	C–H (甲基-亚甲基) 伸缩振动
–	1660	1630	1630	O–N–O 反对称伸缩振动
1630	–	1630	1630	O–H 弯曲振动
–	1386	1386	1386	O–N–O 对称伸缩振动
		830	830	N–O 伸缩振动
	670~710	670~710	670~710	N–O 弯曲振动

　　用于浸渍木头的前驱液必须满足以下条件：(1)必须能够在不破坏模板结构的前提下浸湿木材表面；(2)前驱液要对溶剂有很大的溶解度以保证在木质孔洞中有足够的目标产物，进而 3D 模板的结构可以由煅烧后的氧化物充分保持。目前前驱液通常是金属烷氧化物、无机盐、醋酸盐、纳米粒子溶胶、柠檬酸盐等。之前的研究中，金属烷氧化物已经被成功的用于制备多孔氧化物材料，例如 Si、Ti、Zr、Ta 氧化物。因为金属烷氧化物比较昂贵，不易得到，而且对空气湿度敏感，科研人员逐渐开始尝试用各种无机盐和醋酸盐来替代醇盐作为前驱体。无机盐和醋酸盐有较低的价格，易于制备，可以被溶解于多种溶剂中。在本实验中，硝酸盐、醋酸盐和柠檬酸盐被用作前驱体备选方案。我们采用正交设计去优化 Fe_2O_3 前驱体溶液。关键因素是前驱体的溶质、浓度、溶剂组成以及添加的表面活性剂，通过三个阶段改变三个因素。根据表 1.2，共进行了 9 组实验。配置好 9 种前驱体溶液以后，将从氨水中提取的具有相同尺寸的杉木于 60 ℃大气环境中浸渍在不同的前驱液中，之后在 60 ℃烘箱中烘干。浸渍/干燥过程分别重复 1、2、3 次。以木材模板的渗透率作为实验结果，可以得到所有因素的不同渗透率。重复浸渍/烘干 1、2、3 次得到的实验结果见图 1.9。最大的平均体积所对应的阶段是最优阶段，最大极差对应的因素是影响实验结果最关键的因素。图 1.9 显示，浸渍/干燥的次数可以显著提高渗透率，而且可以扩大所有阶段渗透率之间的差距。

　　图 1.9 表明，浓度为 1.2 mol/L 硝酸铁以 1 : 1 溶解乙醇和水所制备的前驱体溶液可以得到最高渗透率。制备 Fe_2O_3、NiO 和 ZnO 前驱液的最优化参数列于表 1.3。分析表 1.3 中的数据后可以得出以下结论：具有高溶

解度的硝酸盐适于提供有效的金属离子,前驱液的高浓度有助于木材对金属离子的吸收,但是浓度过高会导致溶液粘度增大流动性降低,不利于前驱体渗入木材细胞中。乙醇也是影响实验结果的关键因素:一方面它可以作为减弱溶液表面张力的表面活性剂,来提高前驱液的浸渗能力,因此额外的表面活性剂不会再提高渗透率;另一方面,当乙醇的浓度和含量过多时,Fe^{3+} 易于沉淀致使难于渗入木材模板中。因此,水和乙醇以 1:1 混合是用于制备木材模版氧化物的最优配比。

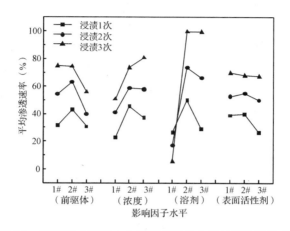

图 1.9 前驱液 4 因子 3 水平正交优化方案的平均渗透率

表 1.2 前驱液 4 因子 3 水平正交设计优化方案

序号	前驱体溶液	浓度 (mol/L)	溶剂 (乙醇:水)	表面活性剂
1#	硝酸铁	0.6	0:1	无
2#	醋酸铁	1.2	1:1	SDS
3#	柠檬酸铁	1.8	3:1	PEG 400

表 1.3 前驱体溶液最优参数

氧化物	前驱体溶液	浓度 (mol/L)	溶剂 (乙醇:水)	表面活性剂	最大 影响因子
Fe_2O_3	硝酸铁	1.2	1:1	无	3 溶剂
NiO	硝酸镍	1.8	3:1	无	3 溶剂
ZnO	硝酸锌	1.8	3:1	SDS	3 溶剂

如表 1.4 所示，通过设计一个 L9 正交实验对前驱体溶液的渗透条件进行最优化设计，其影响因子包括渗透温度、压力、渗透时间和渗透/干燥过程的重复次数。除压力因子外，其他所有因子均采用 3 次对比。图 1.10 列出了通过 9 次试验得到的平均渗透速率。渗透/干燥过程的重复次数对渗透速率影响最大，渗透时间的延长毫无疑问可以增加渗透速率，但是过量的重复渗透以及溶剂的蒸发会导致木材结构的膨胀，腐蚀木材成分，破坏木材结构，并最终导致氧化物产物中大量缺陷的形成。60 ℃的温度有利于木材细胞吸收金属离子，同时也有利于金属离子溶胶–凝胶过程；温度过低不利于离子形成凝胶，温度过高又会导致金属离子形成沉淀。真空环境有利于前驱体的渗透。因此，制备过程的最优渗透条件是 60 ℃真空环境下将渗透/干燥过程重复 3 次，整个过程进行 3 天。通过相似的正交实验也得到了 NiO 和 ZnO 的最优化参数。

表 1.4   4 因子 3 水平最优化渗透条件正交实验设计

水平	温度(℃)	压力	渗透时间(天)	渗透/干燥过程重复次数
1#	20	常压	1	1
2#	40	真空	2	3
3#	60	常压	3	5

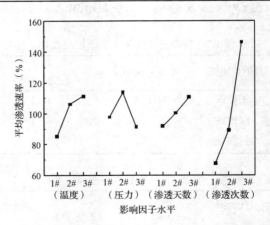

图 1.10   4 因子 3 水平最优化渗透条件正交实验设计平均渗透速率

在本实验中，冷杉木材分别用硝酸铁、硝酸镍和硝酸锌前驱体溶液在不同温度下浸泡了 24 h，它们的渗透速率 Δ 如图 1.11 所示。通过图 1.11

得知，随着温度的升高，不同溶液中的渗透能力都有所提高，而在硝酸镍和硝酸锌溶液中表现得尤为明显。这主要有三个原因：(1)温度的提高可以增加溶剂的溶解能力，进而在木材和渗透溶液间形成浓度梯度。(2)分子获得足够能量来增加运动速率和金属离子的扩散能力。(3)温度提高可以软化木材，使纤维素、半纤维素和木质素的无定形部分发生膨胀，并提供分子剧烈运动的自由空间。

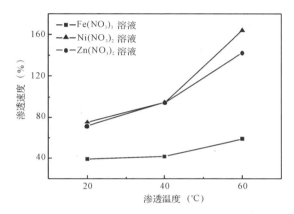

图 1.11 冷杉木材在不同温度和不同渗透溶液中的渗透速率

温度的提高有利有弊。它可以帮助 Fe^{3+} 在木材细胞壁的羟基化，形成稳定的 $Fe(OH)_3$ 凝胶，有利于扩散，但是会增加 Fe^{3+} 在水中的羟基化，形成 $Fe(OH)_3$ 沉淀堵塞木材表面的一些孔道。平衡二者影响结果，温度提高只能轻微提高渗透速率。

通过之前分析得知，渗透时间对渗透速率有很大影响。图 1.12(a) 和 1.12(b)列出了冷杉木材在不同渗透天数和不同的渗透/干燥重复次数下的渗透速率，借此来研究持续渗透天数和重复过程的影响。渗透时间的延长和重复次数的增加都可以有效提高渗透速率。在相同条件下，渗透 3 天的渗透速率比渗透 1 天的高 1.2 倍，这是由于时间的延长可以为溶液的流动和扩散提供足够的时间。到达临界点后，随着时间的增长，速率会变得越来越慢。在图 1.12(b)中，渗透/干燥过程重复 5 次的渗透速率是只进行 1 次的 2.7 倍，这是由于这个过程的重复可以很大地提高流动和扩散时间、纤维素的溶胀、木材的多孔性、水分梯度以及金属离子的扩散能力。然而，过长的渗透时间和过多的重复次数会溶解大量纤维素、半纤维素和木质素，破坏木材结构。

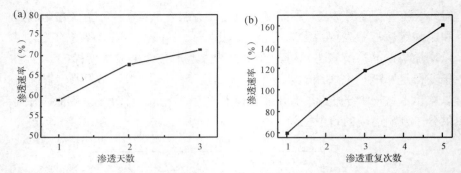

图 1.12　冷杉木材的渗透速率。(a)1 次渗透，不同天数；(b)渗透/干燥过程重复不同次数，每个过程持续 1 天

热重分析法用来研究浸泡后煅烧过程中的生化转变。经过浸泡之后，取一小片木材做热重测试来研究煅烧过程中的转换过程。图 1.13(a)~1.13(c)是冷杉木材浸过硝酸铁、硝酸镍和硝酸锌溶液后，从室温到 800 ℃的 TG-DTA 曲线；图 1.13(d)是浸过硝酸锌的泡桐木材相应的曲线。在图 1.13(a)中，样品似乎有剧烈的失重。根据热力学计算，硝酸铁在 177 ℃发生分解，所以样品从室温到 230 ℃原始木材分解完全，同时硝酸铁分解形成单一稳定氧化铁相，在此过程中经历了一系列的脱水、有机组分氧化、硝酸铁分解的过程。从图 1.13(b)可知，木材从室温到 128 ℃燃烧，硝酸镍在 294 ℃开始分解。将图 1.13(c)和 1.13(d)相比较，木材模板的种类对热分解过程几乎没有影响。浸过硝酸锌的样品的燃烧发生在 101~102 ℃之间，并在 330~440 ℃发生分解，与煅烧温度 365 ℃相一致。

经过煅烧之后，原始木材成分是否完全除去，首先通过 EDAX 进行了分析。图 1.14 是冷杉模板 Fe_2O_3 800 ℃煅烧后的元素分布图。其中 1.14(a)是冷杉模板 Fe_2O_3 的扫描图，可以看到管胞细胞形成规整的孔结构。从图中可知样品仅由 Fe 和 O 元素组成，而且元素分布图也与结构相符。这表明本样品的结构完全是由 Fe 和 O 组成的复合物，C 之类的原始木材元素已经通过煅烧完全被除去了。

为了证实 Fe 和 O 组成的复合物是 Fe_2O_3，粉状样品进行了 X 射线衍射分析。图 1.15(a)是冷杉模板 Fe_2O_3 不同煅烧温度时的 XRD 图。由图可知，确实是形成了 Fe_2O_3 产物，高温煅烧可以完全除去原始木材成分，进而形成单一的 Fe_2O_3 组分。图 1.15(b)为冷杉模板 NiO 不同煅烧温度时的 XRD 图。所有的图谱都有明显的衍射峰出现，表明形成了立方晶型单一组分

NiO。图 1.15(c)为冷杉模板 ZnO 不同煅烧温度时的 XRD 图。由图可知，六方形 ZnO 是其唯一的组分。在图 1.15(a)~1.15(c)中还列出了普通氧化物的 XRD 图，通过比较可知，与冷杉模板制成的氧化物的衍射峰并无不同。

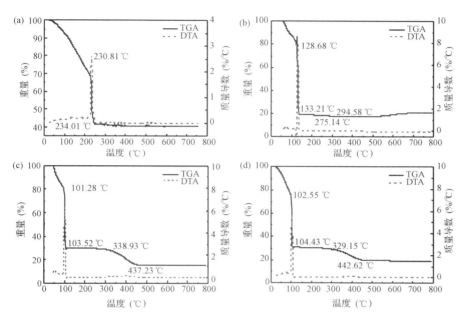

图 1.13 TG-DTA 曲线。(a)浸过硝酸铁溶液的冷杉模板；(b)浸过硝酸镍溶液的冷杉模板；(c)浸过硝酸锌溶液的冷杉模板；(d)浸过硝酸锌溶液的泡桐模板

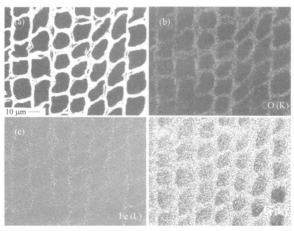

图 1.14 800 ℃煅烧冷杉模板 Fe$_2$O$_3$ 的 EDAX 图。(a)冷杉模板 Fe$_2$O$_3$ 的扫描图；(b) O Kα；(c) Fe Lα；(d) Fe Kα

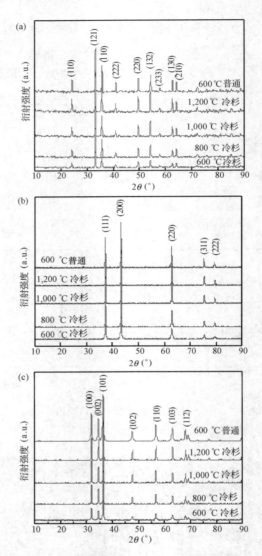

图 1.15 不同煅烧温度下的冷杉模板氧化物及 600 ℃煅烧的普通氧化物的
XRD 图。(a) Fe₂O₃；(b) NiO；(c) ZnO

冷杉模板的 ZnO 的 XRD 图通过 Williamson-Hall 公示计算得出了晶体
尺寸，如图 1.16 所示。ZnO、Fe₂O₃ 和 NiO 的晶体尺寸如表 1.5 所示。
随着煅烧温度的升高，冷杉模板氧化物晶粒和晶格常数都随之变大。在相
同煅烧温度下时，冷杉模板氧化物比普通氧化物有更小的晶粒和晶格常
数，这表明木材模板可以有效阻止晶粒的生长。

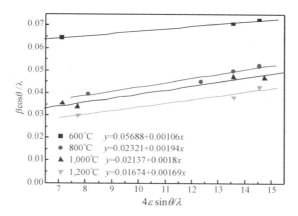

图 1.16 不同煅烧温度的冷杉模板 ZnO 用 Williamson-Hall 公式计算的晶粒尺寸及线性拟合

表 1.5 各种氧化物的晶体尺寸以及 ZnO 的点阵常数

氧化物	煅烧温度	晶粒尺寸(nm)			ZnO 点阵常数	
		ZnO	Fe_2O_3	NiO	a (Å)	c (Å)
冷杉模板氧化物	600 ℃	15.6	14.1	13.5	3.2421	5.1915
	800 ℃	38.3	25.3	18.8	3.2437	5.1949
	1000 ℃	41.7	33.4	25.6	3.252	5.2078
	1200 ℃	53.2	42.7	31.9	3.2522	5.2075
普通氧化物	600 ℃	50.3	45.1	41	3.252	5.2077

图 1.17(a)和 1.17(b)为碳化的泡桐和 600 ℃煅烧温度的泡桐模板 Fe_2O_3 的横截面扫描图。图 1.17(a)显示了直径约 50 μm 左右的管状结构和直径约 10 μm 左右的纤维状结构；1.17(b)显示有两种孔结构存在，它们的尺寸相似，与原始泡桐结构排列相同，这表明 Fe_2O_3 很好地保留了木材的分级大孔结构。

图 1.18(a)和 1.18(b)为 600 ℃煅烧的冷杉模板 Fe_2O_3 粉末扫描图，其为管状或片状的结构。图 1.18(a)可以看出复制材料保留了冷杉管胞细胞结构的中空管状结构，直径约 20 μm，长度约 80 μm。在图 1.18(b)中可以观察到冷杉凹面处的小孔结构，壁孔膜已经除去，所以凹面呈开孔状态。与大块模板 Fe_2O_3 相比，粉末 Fe_2O_3 也保留了明显的木材结构特征，只是在粉碎过程中形貌变得更小更短而已。图 1.18(c)是普通粉末 Fe_2O_3 的扫描图，明显不存在多孔结构和团聚现象。

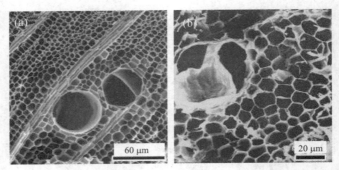

图 1.17   (a)原始碳化泡桐横截面扫描图；(b)泡桐模板 Fe_2O_3 横截面扫描图

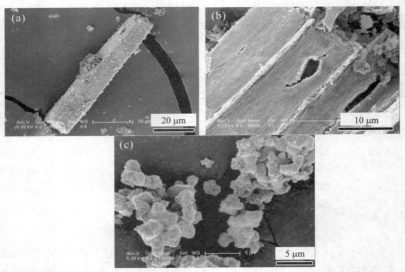

图 1.18   600 ℃煅烧粉末扫描图。(a)、(b) 泡桐模板 Fe_2O_3；(c)普通 Fe_2O_3

图 1.19 为 600 ℃和 1,000 ℃煅烧后，经过超生分散的冷杉 Fe_2O_3 粉末的微结构比较图。由图可知，600 ℃煅烧的 Fe_2O_3 晶粒尺寸约为 50 nm，远比 1000 ℃时的晶粒直径 500 nm 要小。

图 1.20(a)为放大的经过超声的 600 ℃煅烧的冷杉模板 Fe_2O_3 的透射电镜图。从图中可以观察到腮须状结构。通过对这种腮须状结构进行选区电子衍射证实所得到的样品为赤铁矿晶型。另一方面，选区电子衍射中衍射环和衍射斑点同时出现表明在这个小的衍射区域不止存在一个晶粒。同时在相同的衍射环中不同的背景程度表明了衍射的各向异性。图 1.20(b)为桦树的纤维素微纤维和微纤维薄片图。S_1 和 S_2 为次生壁外层和中间层，

这两层都是由腮须状的微纤维构成的，不同的是 S_1 的微纤维浓厚而 S_2 的微纤维稀疏。不同种类的木材都有相似的木材细胞组成。桦树的 S_1 和 S_2 组成与图 1.20(a)中冷杉模板 Fe_2O_3 的形态相似，证明 Fe_2O_3 在纳米级别保留了木材细胞壁的微纤维结构。

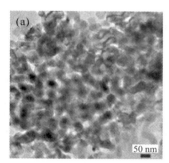
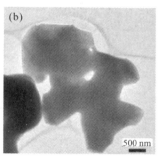

图 1.19　冷杉模板 Fe_2O_3 粉末透射图。(a) 600 ℃；(b)1000 ℃

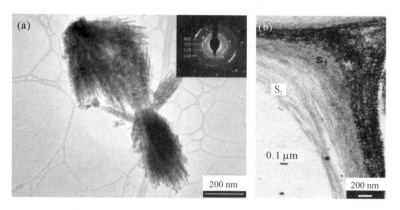

图 1.20　(a)600 ℃煅烧的冷杉模板 Fe_2O_3 粉末样品透射图，插图：选区电子衍射图；(b)松树纤维素微纤维和微纤维薄片图

图 1.21(a)和 1.21(b)为碳化的松树和 600 ℃煅烧的松树模板 NiO 的横截面扫描图。在纵切面方向上可以观察到 NiO 纤维束，其来源于起供养和传输水分的狭长型管胞细胞。NiO 还很好的保留了凹面结构，这表明 NiO 完整地保留了原始松树模板的细胞结构。

图 1.22(a)和 1.22(b)为 600 ℃煅烧的冷杉模板 NiO 和常规 NiO 的扫描图比较。图 1.22(a)表明在研磨过程中保留冷杉管胞结构的 NiO 层状结构在径向方向遭到了破坏。而常规 NiO 粉末没有规则的多孔结构，团聚不严重。

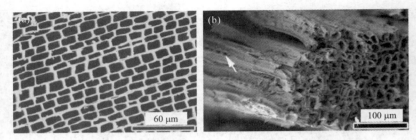

图 1.21   材料的扫描电镜照片。(a)碳化松树；(b)松树模板 NiO

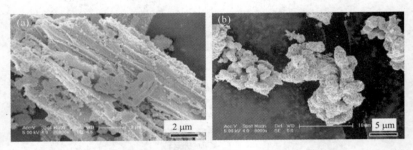

图 1.22   600 ℃煅烧的 NiO 粉末扫描图。(a)冷杉模板 NiO；(b)常规 NiO

图 1.23 为 600 ℃和 1000 ℃煅烧后，经过超生分散的冷杉 NiO 粉末的微结构比较图。由图可知，600 ℃煅烧的 NiO 晶粒尺寸约为 20 nm，远比 1000 ℃时的晶粒直径 200~400 nm 要小。与 Fe_2O_3 相比较，NiO 晶粒尺寸稍小，所以强度稍弱。

图 1.24(a)和 1.24(b)为碳化的冷杉和 600 ℃煅烧的冷杉模板 ZnO 的横截面扫描图。矩形的管壁细胞由直径约为 20 μm 的十字架行组成，说明冷杉模板 ZnO 完好的复制了这种管壁细胞结构。

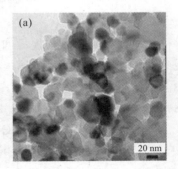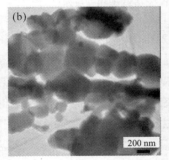

图 1.23   冷杉模板 NiO 粉末透射图。(a)600 ℃；(b)1000 ℃

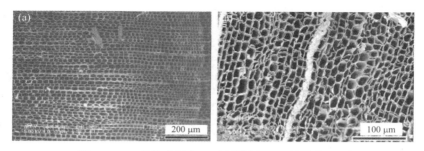

图 1.24 (a)碳化冷杉和(b)冷杉模板 ZnO 的横截面扫描图

图 1.25(a)和(b)为 600 ℃煅烧的碳化柳桉木和柳桉木模板 ZnO 的扫描比较图。如图 1.25(a)所示，柳桉木的有较小的纤维细胞，直径约为 5~10 μm，也有较大的纤维细胞，直径约为 15~20 μm。ZnO 样品中这两种尺寸的纤维细胞结构都得到了保留，并且彼此联通形成规则排列的多孔骨架。

图 1.26(a)和 1.26(b)为 600 ℃煅烧的冷杉模板 ZnO 和常规 ZnO 的扫描电镜图。模板法所制成的 ZnO 保留了冷杉管胞细胞的小孔结构，而普通 ZnO 粉末颗粒尺寸较大，团聚严重。

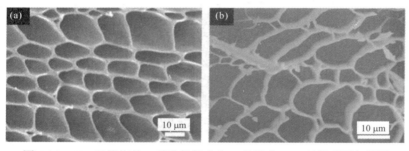

图 1.25 600 ℃煅烧的(a)碳化柳桉木和(b)柳桉木 ZnO 的横截面扫描图

图 1.26 600 ℃煅烧的冷杉模板 ZnO 粉末的扫描电镜图。(a)冷杉模板 ZnO；(b)常规 ZnO

图 1.27 为经过超声分散的 ZnO 粉末的透射电镜图。从图中可见，600 ℃
煅烧的样品为球形，尺寸大约为 20~50 nm；当温度提高到 1000 ℃后，粒
子尺寸增长到 200~500 nm。图 1.27(c)为球形粒子边界的高分辨透射图，
内插图为数字化高分辨透射的傅里叶变换。傅里叶变换表明高分辨透射取
点接近[001]晶轴，临近的晶格条纹经过测量大约为 0.28 nm，与 ZnO 晶体
的(100)晶面相符。图 1.27(d)为整个区域的选区电子衍射图，衍射环与多
晶六角 ZnO 的(100)、(002)、(101)、(102)、(110)和(103)面相符，这也印
证了 XRD 的结果。衍射环是不连续的，能观察到衍射点，表明 ZnO 样品
结晶性很好。

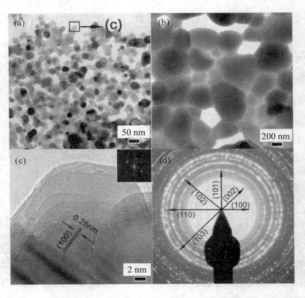

图 1.27   冷杉模板 ZnO 透射电镜照片。(a)600 ℃煅烧；(b)1000 ℃煅烧；(c)球形样品
边界的高分辨透射图，插图为高分辨透射的傅里叶变换；(d)选区电子衍射图

1.2.2   用棉花作为生物模板的遗态氧化铝和氧化锡

研究发现，通过模板方法制备得到具有微米以至纳米级结构的管状多
孔的合成材料，由于其显著的理化性质，可以作为催化剂载体以及在微电
子设备中的应用前景而更受欢迎(Johnson *et al.*, 1999)。近几年，生物结构
在微孔陶瓷材料合成中的应用引起了人们极大的兴趣。与合成材料相比，
像棉花、木头和竹子等的生物材料具有价格便宜、数量多、可再生的优势，

通过长期的进化过程中的发展和优化，它们表现出多尺度结构和稳定性(Dong *et al.*, 2002)。众所周知，成熟棉纤维的形态比其他种类的植物纤维更均匀。在纤维素中的氢氧键被认为是沸石晶化反应的合适位置，在高温下烧结可以获得纯净沸石膜。为了增加生物加工种类，我们选择了棉花作为自然模板来制备氧化铝陶瓷纤维。我们希望这种氧化铝陶瓷纤维能保持纤维棉原有的形态，从而提供一条新的而且便利的制备各种微陶瓷纤维的途径。

详细实验过程如下(Fan *et al.*, 2005)：首先，把干燥且疏松的棉纤维完全浸泡在氧化铝溶液中 2 min(质量分数为 5%，溶剂为纯水)。在 80 ℃烘干 24 h 后，水合氧化铝离子会均匀覆盖在棉纤维上。之后将它们放入刚玉坩埚中，在氧化炉中分别在 800、1000 和 1200 ℃烧结 2 h，以除去它们的棉花模板，最后获得生物态氧化铝陶瓷纤维。

X 射线衍射结果表明，超过 800 ℃时生成晶体 c-Al$_2$O$_3$，而且 c-Al$_2$O$_3$ 的生成峰随着温度的增加而增大，当温度达到 1000 ℃时峰值最大。当温度达到 1200 ℃时 c-Al$_2$O$_3$ 完全转化成 a-Al$_2$O$_3$。计算平均微晶尺寸约为 56 nm。

图 1.28 分别显示了烧结温度为 800、1000 和 1200 ℃的最终获得的纤维的扫描电镜图像。虽然除去了棉花，但这些纤维都保持了棉纤维的形态。正如图 1.28 所示，大部分的生物态氧化铝纤维是中空的，其空心部分的内径范围为 2~5 μm。

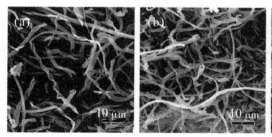
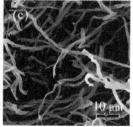

图 1.28　在不同烧结温度下获得的遗态氧化铝纤维的扫描电镜图像。(a)800 ℃；(b) 1000 ℃；(c) 1200 ℃

透射电镜观察结果(图 1.29)进一步证实不同烧结温度下获得的氧化铝纤维有纤维形态。如图所示，生物态氧化铝纤维的选区衍射模式表明这些在 1000 ℃获得的纤维属于多晶材料。相比之下，当烧结温度从 1000 ℃升高到 1200 ℃时，它们全部从 c-Al$_2$O$_3$ 晶相转化为 a-Al$_2$O$_3$。

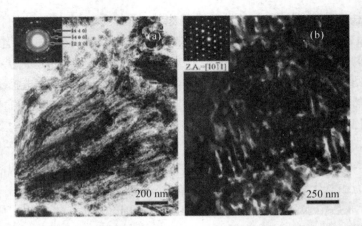

图 1.29 不同温度下获得的生物态氧化铝纤维的透射电镜图像以及他们相应的选区电子衍射模式。(a) 1000 ℃；(b) 1200 ℃

不同烧结温度对比表面积的影响结果列于表 1.6 中。随着烧结温度从 800 ℃升高到 1200 ℃，材料的比表面积从 127.6 m^2/g 减少到 10.2 m^2/g，同时还伴随着碳转换为铝的相变过程。烧结温度的增大导致了陶瓷纤维表面积的减小。这些微孔和中孔结构在数量上大幅减少但在尺寸上缓慢减小。

表 1.6 不同烧结温度下制备的氧化铝纤维的比表面积的对比

温度（℃）	800	1000	1200
比表面积（m^2/g）	127.6	125.1	10.2

同样的方法用于制备具有棉纤维微管的氧化锡材料(见图 1.30)(Sun *et al.*, 2005)。生物态氧化锡微管通过棉纤维在锡酚盐溶液中的浸润和烧结而得到。我们也对生物态氧化锡微管的比表面积和孔径分布的变化进行了研究。

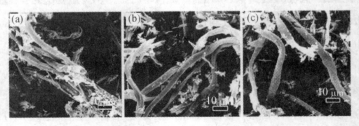

图 1.30 不同烧结温度下获得的生物态氧化锡微管的扫描电镜图像(比例尺为 10 μm)。(a) 600 ℃；(b) 700 ℃；(c) 800 ℃

图 1.31 显示了生物态氧化锡管的氮吸附–解吸等温线以及相应的孔径分布曲线。不同温度下的生物态氧化锡微管的比表面积和孔隙容积的数据表明，生物态氧化锡管在 700 ℃有最大的比表面积和孔隙容积。

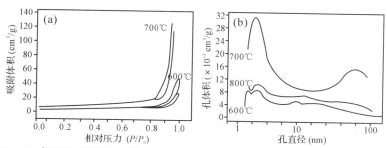

图 1.31 (a) 氮吸附–脱附等温线；(b)不同温度获得的生物态氧化锡微管的孔径分布图

生物态氧化锡微管的制造工艺由在生物结构表面包裹溶剂和选择性移除或转化这两步组成。生物态氧化锡的合成是在化学反应中生成的，见化学方程式(1.3)。棉花模板的消除是在空气中加热时棉花的高温热解的结果，一般来说，主要由纤维素组成的棉花的分解开始于 300 ℃并在 600 ℃时基本完成。

$$SnCl_4 \cdot 5H_2O \rightarrow SnO_2 + 4HCl + 3H_2O \tag{1.3}$$

1.2.3 天然纤维模板法制备掺杂金属氧化物(N-TiO₂、Ag-Al₂O₃)及微结构与性能

二氧化钛(TiO_2)由于其高效率、化学惰性、光稳定性和低成本(Linsebigler *et al.*, 1995)，是一种很有前途的光催化剂。对二氧化钛掺杂如N、S和C原子能够提高二氧化钛对可见光的响应(Asahi *et al.*, 2001)。另一方面，金属纳米颗粒掺杂半导体时，由于金属颗粒具有高效的电子传递和存储能力，可以大大增强半导体的光催化效率。利用自然界经过亿万年进化得到的精细结构作为模板，通过"遗态转化"的思路，我们有效地制备得到保持自然精细结构、具有生物独特多孔结构的金属氧化物。这些纳米孔径可以控制粒径的分布，避免嵌入的金属纳米颗粒的团聚。在前面的研究工作中，用改进的溶胶凝胶的方法制备得到了N掺杂的二氧化钛(N-TiO₂)，进一步我们将Au纳米颗粒组装到遗态N-TiO₂基体中，使得遗态

Au/N-TiO$_2$具有了良好的高温稳定性能。

具体实验方案如下(Li *et al.*, 2008)：将 10 mL 钛酸四丁酯(Ti(OBu)$_4$)溶于 120 mL 的 EtOH 中，同时加入 0.5 mL 乙酰丙酮(acac)混合磁力搅拌 30 min，取 15 mL 三乙胺(Et$_3$N)溶于 50 mL 的 EtOH 中，逐滴加入 Ti(OBu)$_4$/acac/EtOH 溶液中，并且利用硝酸将溶液 pH 值调至 7.5，然后加入 2 mL 去离子水，继续搅拌 30 min，制得前驱体。将干燥后的棉花薄片浸入前驱体溶液中，浸渍 30 min 后取出，在抽滤装置上抽去未被吸附的多余溶液，然后在空气中干燥 10 min。以上步骤重复 5 次后将浸渍过的棉花于 60 ℃干燥 3 h，然后于 500 ℃空气中烧结 3 h，升温速度为 1 ℃/min，得到淡黄色 N-TiO$_2$。

具有生物模板结构的 Au/N-TiO$_2$ 的制备：先配制氯金酸(HAuCl$_4$)水溶液，用 0.1 mol/L 的 NaOH 溶液将其 pH 值调至 6，期间伴随反应：[AuCl$_4$]$^-$ → [Au(OH)$_x$Cl$_{4-x}$]$^-$。将上述合成的遗态 N-TiO$_2$放入溶液中于 50 ℃搅拌 12 h，利用离心分离法分离溶液与氧化物，并加入去离子水反复分离洗去未被氧化物俘获的金离子。将以上处理后的遗态 N-TiO$_2$于 60 ℃干燥 1 h 后于 300 ℃空气中保温 2 h，从而得到遗态 Au/N-TiO$_2$。

图 1.32(a)~1.32(c)为棉纤维模板遗态 N-TiO$_2$ 的 FESEM 相片。样品为中空纤维状，管径为 5~10 μm。纤维外壁呈波纹状，内壁光滑。图 1.32(d) 和 1.32(e)为遗态 Au/N-TiO$_2$ 的 TEM 相片，从中可以得到 Au 纳米颗粒的粒径分布。从图 1.32(d)可以看到，Au 纳米颗粒均匀分布在 N-TiO$_2$氧化物基体中，粒径分布主要集中在 4~5 nm。图 1.32(f)中的 EDS 谱线探测出 N 和 Au。遗态 Au/N-TiO$_2$在 500 ℃保温 3 h 后，Au 纳米颗粒的粒径分布基本保持不变，遗态 N-TiO$_2$中分布均一的纳米孔有效地控制了组装在其中的 Au 纳米颗粒的粒径分布，并且防止了其在高温下发生团聚而使颗粒长大，使得遗态 Au/N-TiO$_2$具有了良好的高温稳定性能，同时 Au 良好的催化性能在高温下也能得以保持。进一步通过 X 射线光电子能谱(XPS)和傅立叶红外光谱(FTIR)来定量的分析遗态 Au/N-TiO$_2$中各元素的含量和 N 的状态。XPS 测试得出了遗态 Au/N-TiO$_2$中各元素的原子百分比为：Ti 21.2、O 53.4、N 1.2、Au 1.1、C 23.1。其中 C 来源由测试时采用的碳布引入。为了分析样品中掺杂 N 的状态，我们给出了 N 1s 高分辨 XPS 谱线。峰位产生在 399.7 eV，这表明样品中存在 N—O 键。遗态 N-TiO$_2$的傅立叶变换红外光谱(FTIR)中位于 1687 和 1024 cm^{-1}的峰也是由于 N—O 键振动引起。上述结果说明了氮在 TiO$_2$晶格中的连接方式为 O—N—Ti 或 N—O—T。

另外，在 XPS 谱上 Au $4f_{5/2}$ 和 Au $4f_{7/2}$ 的峰位出现在 86.9 和 83.3 eV，进一步证明了 Au 纳米颗粒与 N-TiO$_2$ 的结合。

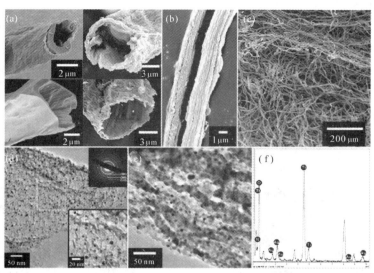

图 1.32 (a)~(c)遗态 N-TiO$_2$ 的 FESEM 相片；(d)遗态 Au/N-TiO$_2$ 的 TEM 相片，左下角插图为白色方框部分放大图片；(e)经过 500 ℃时 3 h 保温后的遗态 Au/N-TiO$_2$ 的 TEM 相片；(f)为(d)中 TEM 下的 EDS 能谱

我们分析比较了未掺氮遗态 TiO$_2$，以棉花为模板的遗态 N-TiO$_2$ 和遗态 Au/N-TiO$_2$ 的紫外可见吸收(UV-Vis)谱线。发现当掺入氮之后，起峰位置从 380 nm 红移至 550 nm。上文中结果已经证明 N 位于 TiO$_2$ 晶格的间歇位置，形成顺磁或者反磁中心，在 TiO$_2$ 带隙中形成局部态，位于局部态的电子跃迁值导带或者样品表面电子"俘获者"处所需的能量减小，于是在可见光下产生了响应。相比未掺氮遗态 TiO$_2$ 和遗态 N-TiO$_2$，遗态 Au/N-TiO$_2$ 样品在可见光范围内产生强烈的吸收，并且 Au/N-TiO$_2$ 在 558 nm 处有一吸收峰，这是 Au 纳米颗粒的表面等离子体共振峰。

相似的方法已应用于合成以天然植物为模板的遗态 Al$_2$O$_3$，将 Ag 纳米粒子组装在其纳米孔中。由于 Al$_2$O$_3$ 的化学和热稳定性，其被广泛应用于催化剂基体，而 Ag 是所有金属材料中导电和导热性能最好的，同时 Ag 纳米颗粒具有非常好的等离子体共振和表面拉曼增强效应、催化性能、抗菌性能以及较高的反应活性。

具体实验方案如下(Fan *et al.*, 2008)：通过上述类似的方法配置 0.1 mol/L 氧化铝溶胶前躯体，然后将干燥的脱脂棉花薄片浸入到前躯液中，置于 90 ℃烘箱中 1 h 后取出，在抽滤装置上抽去未被吸附的多余溶液，然后在 110 ℃干燥 30 min。以上步骤重复 3 次后，将遗态 Al_2O_3 浸渍于 10 mmol/L 硝酸银($AgNO_3$)溶液中，超声振荡。利用离心分离法分离溶液与氧化物，并加入乙醇反复分离，洗去未被氧化物纳米孔俘获的银离子。在 110 ℃烘箱中干燥后，将上述处理后的遗态 Al_2O_3 与 200 mmol/L $NaBH_4$ 溶液反应，把俘获的 Ag^+ 还原为 Ag 纳米颗粒。图 1.33 为上述样品的透射电子显微镜照片。

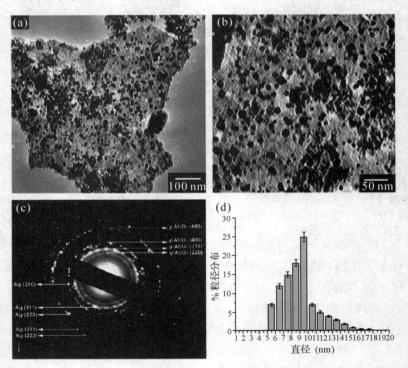

图 1.33　(a)遗态 Ag/Al_2O_3 的 TEM 相片；(b)为(a)中局部放大图；(c)选区电子衍射(SAED)图；(d)为(a)中 Ag 纳米颗粒粒径分布与基体氧化物纳米孔径分布比较。纳米颗粒分布在 5~18 nm，集中在 9 nm，与 Al_2O_3 基体的孔径分布一致

从图 1.33(a)、1.33(b)和 1.33(d)可以看出，Ag 纳米颗粒被组装在 Al_2O_3 基体中，分散均匀。Ag 纳米颗粒尺寸分布在 5~18 nm，大部分纳米颗粒的尺寸为 9 nm。Al_2O_3 基体中大于 10 nm 的 Ag 颗粒非常的少，是由于基体中 10 nm 以上的孔径非常的少的缘故。选区电子衍射(图 1.33c)花样为面心立方 γ-Al_2O_3 (311)、(400)和(440)晶面多晶环以及面心立方 Ag 纳米颗

粒(111)、(200)、(220)和(311)分散的斑点，证明了相片中的深色颗粒为 Ag 纳米颗粒，且粒径分布均与纳米孔径分布符合良好。这说明 Ag 纳米颗粒组装在 Al_2O_3 基体的纳米孔中，纳米孔有效地控制了 Ag 纳米颗粒的粒径分布。遗态 Al_2O_3 样品的紫外可见吸收谱线在可见光范围内几乎没有吸收现象。当 Ag 纳米颗粒被组装到氧化物基体中时，样品在可见光范围内产生强烈的吸收，并且在 410 nm 波长左右呈现表面等离子共振(SPR)峰。

1.2.4 超声化学法制备 SnO_2 及 TiO_2 遗态材料

超声化学过程可以用来制备具有特殊性质的新型材料(Wang *et al.*, 2000)。在水中高强度超声的传播可以产生空化效应，即微小气泡在超声液体中产生、生长、剧烈爆破的过程。我们可以利用气泡爆破形成的极端条件来打断金属–羟基键，并在纳米尺度形成金属、金属碳化物、金属氧化物和硫化物。在本书中，我们将对通过超声化学法利用生物模板来制备金属氧化物的工作进行讨论。

首先，利用超声化学法以棉花为模板，选用 $SnCl_2$ 为无机前驱体制备纳米管状 SnO_2。制备过程如下(Zhu *et al.*, 2010)：0.46 g $SnCl_2 \cdot 2H_2O$ 溶于 20 mL 无水乙醇，搅拌 3 h。然后，在剧烈搅拌下加入 10 mL 去离子水，得到透明水溶胶的前驱体。将新鲜干燥的棉纤维浸入上述溶液中，在高强度超声仪(100 kHz, 100 $\Omega/\chi\mu^2$)中超声 3 h。之后将棉纤维取出，用无水乙醇清洗若干次，在空气下干燥。干燥完成后分别在 450、550 和 700 ℃空气中煅烧 5 h，得到一维纳米管状结构 SnO_2。

图 1.34 为超声化学法制备的生物模板 SnO_2 在不同温度下进行煅烧得到的形貌图及原始棉花的对比图。天然棉花由平薄的管状细胞构成，长度约为几个厘米，有明显的螺旋(图 1.34(a)和 1.34(b))。棉花模板在热处理过程中发生分解进而去除。图 1.34(c)为 450 ℃处理 5 h 的样品的扫描图，从图可看到本样品保留了原始棉花所有的形态特征，只是在尺寸上有所收缩。图 1.34(d)的高分辨扫描图表明 SnO_2 复制样品是不规则纳米管的聚集物。

通过观察 550 ℃煅烧样品的横截面和纵截面扫描图也可以看到相似的结果。通过以天然纤维素纤维作为模板，使 SnO_2 具有很高的纵横比，如图 1.34(e)所示。纳米管外径约为几百个纳米，纳米管壁的厚度约为几十个纳米。从纵截面扫面图可观察到原始棉花的薄平细胞已经完全得到了

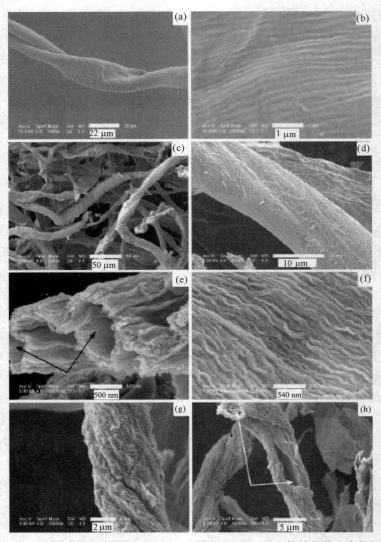

图 1.34 (a, b)原始棉花扫描图；(c, d) 450 ℃煅烧的 SnO₂ 纳米管的低倍和高倍扫描图；(e, f) 550 ℃煅烧的 SnO₂ 样品单纳米管高倍扫描图，箭头标示纳米管的开裂；(g, h) 700 ℃煅烧的 SnO₂ 单纳米管低倍扫描图

复制。700 ℃ 煅烧时，也可以观察到相似的纤维状形态(图 1.34(g)，1.34(h))。原始棉花的螺旋状扭曲也得到了精确复制(图 1.34(g))。即使在 700 ℃的高温下，SnO₂ 管口形状和尺寸也保持得相当规整。如图 1.34(h) 所示，所得到的 SnO₂ 样品具有中空管墙形成的纳米笼形结构。通过比较

图 1.34(c)~1.34(h)可知，随着温度的升高，样品收缩加剧。

以 700 ℃ 煅烧的样品为例，对纳米管的形态通过透射电子显微镜进行了进一步表征(图 1.35)。低放大倍数下的照片显示，高度多孔的纳米管是由相互连接的纳米晶形成的(图 1.35(a))，在整个长度上管壁厚度均一。这种管状纳米笼可以看做是由尺寸在 10~20 nm 的 SnO_2 粒子相互连接形成的网状结构，纳米笼的外直径从 100 nm 到 20 nm 不等(图 1.35(b))。图 1.35(c)的高分辨图可以很清晰的显示出一根单独的 SnO_2 管是由均一的结晶态 SnO_2 纳米粒子形成的。选区电子衍射图(图 1.35(d))既有连续环状又有单独的斑点，表明纳米粒子是结晶态的四角形金红石结构。

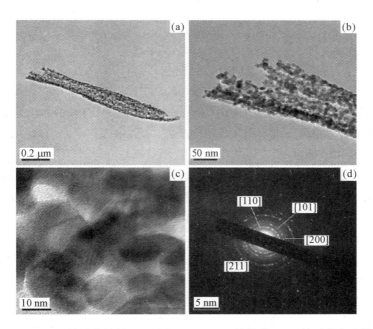

图 1.35 (a)~(b) SnO_2 单纳米管的 TEM 图；(c) 700 ℃煅烧的 SnO_2 粒子的高分辨透射图；(d)纳米管的选区电子衍射图

本实验的机理如示意图 1.1 所示，溶液中的金属离子化学吸附于羟基化的基体表面，形成有共价键合作用的单层，进而发生水解和缩合形成羟基化的凝胶层，凝胶层在超声作用下发生连续的膜沉淀过程。

除氧化锡之外，这种简单易行的方法还可应用于其他金属氧化物，比如二氧化钛(Zhu *et al.*, 2009)。作为一种半导体材料，TiO_2 被广泛用作光电池、气敏组件、异质光和热催化剂、带隙材料以及光电致变色器等。

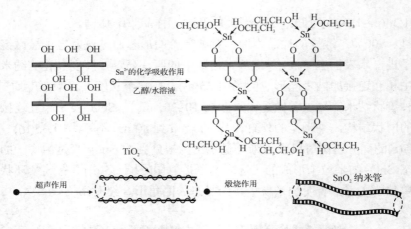

示意图 1.1　超声化学法制备 SnO₂ 纳米管示意图

将 TiO₂ 与自然界中的特殊分级结构相结合将增强其性能。

其制备过程如下：首先将 0.01 mol 的 TiCl₄ 溶于 10 mL 无水乙醇，在 20 ℃缓慢加入二次去离子水。所用模板首先要进行两步预处理。先将样品在室温下浸渍在 5% HCl 溶液中 3 h，之后用去离子水清洗，80 ℃烘箱中干燥 24 h。接下来，样品在 60 ℃浸入 H₂O₂/NaOH 溶液中 3 h，之后用去离子水清洗，80 ℃时干燥 24 h。将经过预处理的样品浸入 TiCl₄ 的乙醇溶液中超声 6 h，之后用去离子水进行彻底的清洗，80 ℃干燥 24 h。最后，在空气气氛下将样品在 450~600 ℃进行煅烧即可。所得到的样品用 TiO₂-X 标识(X 代表煅烧温度)。

对 TiO₂ 复制物的 N₂ 吸附/脱附等温曲线进行了比较。样品的等温曲线在(0.5~1.0)P/P_0 范围可以检测到明显的滞后回线，可归属为第 IV 类等温曲线。煅烧温度对 BET 表面积和空隙参数的影响总结如表 1.7 所示。450 ℃煅烧后，其比表面积达到了 54.8 m²/g，平均孔尺寸为 8.40 nm，孔体积高达 0.13 cm³/g。460 ℃煅烧后，其比表面积和孔体积分别为 45.2 m²/g 和 0.10 cm³/g。当煅烧温度增加到 500 ℃后，其比表面积(49.0 m²/g)与 450 ℃ (54.8 m²/g)时相比只有轻微下降。当温度进一步升到 600 ℃时，其比表面积和孔体积分别急剧下降到了 19.6 m²/g 和 0.065 cm³/g。

TiO₂ 样品的分级结构通过扫描电子显微镜进行了表征。图 1.36 为不同煅烧温度下样品的微结构图。在低放大倍数下，450 ℃和 460 ℃煅烧样品的细胞微结构比较均匀(图 1.36(a)和(c))。高放大倍数可以观察到细胞壁的精细结构(图 1.36(b)和(d))。木材的原始蜂窝状结构在 450~460 ℃时完整复制

表 1.7 煅烧温度对分级结构样品物理化学性质的影响

烧结温度 (℃)	相组成 A : R	比表面积 S_{BET} (m²/g)	孔体积 (cm³/g)	平均孔径 (nm)	晶粒尺寸 (nm)
450	100	54.8	0.13	8.40	7.4
460	90.5 : 9.5	45.2	0.10	5.76	11.8/20.2
500	8.2 : 11.8	49.0	0.12	7.78	11.2/26.4
600	59.2 : 40.8	19.6	0.065	12.9	16.8/22.9

形成了遗态 TiO_2 样品。图 1.36(e)和(f)为 500 ℃煅烧时 TiO_2 样品多孔微结构的横向和纵向图,得到的样品完整地保留了它们的原始形状。也就是说,在 450~500 ℃煅烧温度下 TiO_2 样品都保持了原始的多孔结构。其微结构由粗糙的中空洞以及小的蜂窝状通道包围的尺寸各异的平行通道组成。这种开放式的纳米孔(蜂窝)通道可以看作是一种理想的光传播通道,用来将光子能量以及液体分子引入到 TiO_2 的内部空间。在 600 ℃时,热解过程中在细胞壁形成裂纹,裂纹塌陷使孔全部或部分发生堵塞(图 1.36(g)和 1.36(h))。即使如此,TiO_2 复制物的细胞壁依然光滑,锐钛矿和金红石矿的晶粒尺寸(分别为 17 和 23 nm)与低温时样品相比只有轻微变大。EDX 谱图表明组成材料的主要元素为 Ti 和 O 以及微量的 Na,600 ℃时 Na 的峰明显比 450 ℃时强得多。

如示意图 1.2 所示,通过超声化学法,TiO_2 前驱体可以精确均匀地分散在模板的孔隙表面。超声化学过程中,模板的细胞壁首先被 $TiCl_4$ 插入,随后在有机相的极性基团附近钛前驱体发生缩合。超声可以通过绝热压缩或者在气泡爆裂时产生的震动波形成局部热点。气泡表面和本体溶液的高温可以加速钛氢氧化物的缩合,缩短反应时间。钛前驱体进一步的水解和缩合在模板表面完成精确覆盖。钛前驱体的水解和缩合还受前驱体浓度影响。

高的前驱体浓度可以增强水解和缩合的速率,形成厚的表面涂覆,但相应地,精细的微/介孔结构可能不能进行完美的复制。在较高前驱体浓度(70 mg/mL)下制备的 TiO_2 样品,与在较低前驱体浓度(37.5 mg/mL)下制备的样品相比,中孔数量明显减少。因此,在较高前驱体浓度时生物结构的微/介孔结构只能得到较弱的复制。这也通过扫描进一步得到了印证。当前驱体浓度从 37.5 mg/mL 增长到 70 mg/mL 时,宏观结构细节丢失,也观察不到分级结构,这可能是结构坍塌引起的。因此,为得到精细的分级 TiO_2 复制物,前驱体浓度必须低于 70 mg/mL。

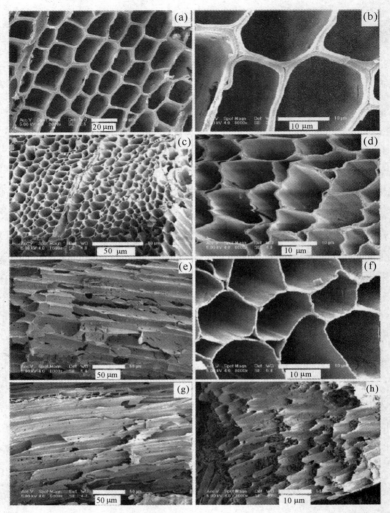

图 1.36 超声法 TiO_2 复制松木在不同煅烧温度下的扫描电镜照片。(a)~(b) 450 ℃；(c)~(d) 460 ℃；(e)~(f) 500 ℃；(g)~(h) 600 ℃

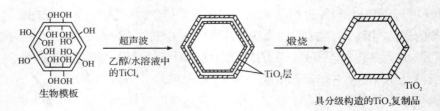

示意图 1.2 超声化学法制备生物模板 TiO_2 材料机理示意图

1.2.5 人工无机树叶的制备与光催化性能

绿色树叶具有的从微米级到纳米级的分级结构有利于提高光捕获率。受"遗态"思想的启发，以树叶分级结构为模板得到的复制体可望具有相似的结构并对入射光具有相似的调制作用以提高光捕获率。例如，以不同的绿色树叶为模板，采用两步浸渍法和煅烧工艺构建人工N掺杂ZnO和TiO$_2$树叶。其中，天然树叶中以不同形式存在的N元素结合金属离子，达到N自然掺杂的效果。

将新鲜树叶采下后浸泡于2%戊二醛/磷酸缓冲液(PBS，pH=7.2)中固定细胞和组织。随后在4 ℃浸泡12 h后，用0.2% PBS与去离子水漂洗，然后置于0 ℃保存。

首先将固定后的树叶进行酸洗(浸泡于5% HCl溶液中直至绿色树叶全部变成黄褐色)。酸洗后用去离子水漂净树叶，于130 ℃浸渍于0.2 mol/L Zn(NO$_3$)$_2$水溶液中12 h，直至黄褐色树叶全部变成浅绿色。浸渍后用去离子水漂净树叶。将漂洗后的树叶在60 ℃于0.8 mol/L Zn(NO$_3$)$_2$水溶液中浸渍72 h后，用去离子水漂净，夹于石英片(厚度为1 mm)之间于空气中自然干燥，然后进行梯度干燥，即于40、60、80和105 ℃依次分别干燥2 h。最后将夹于石英片之间的树叶于550 ℃空气中烧结3 h，升温速度为1 ℃/min，从而得到人工N-ZnO树叶。在干燥和焙烧过程中，所有样品都用玻璃片夹住，避免卷曲。

图1.37是对原始樟树叶从宏观到纳米尺度的结构表征。图1.38(a)~1.38(d)为人工掺氮氧化锌光催化系统从宏观、微观到纳米尺度的结构特征。从宏观上看，复制后的产物保留了原始树叶的基本形貌，但尺寸上因为煅烧过程缩减了约50%(图1.38(a)附图)。复制体的颜色呈现黄褐色，这是由于氮掺杂的原因。从微观上看，横截面上叶脉的多孔框架结构被完好复制(图1.38(a))，孔径大小处于微米级尺度(图1.38(b))。通过TEM观察，在复制体中依然存在类似于叶绿体基粒的纳米层片状结构(图1.38(c))。从放大图(图1.38(d))可见，纳米片层的厚度约为15 nm，略大于原始类囊体膜的厚度(10 nm)，这是因为在煅烧过程中纳米晶粒的长大导致片层厚度的增加。除了选用樟树树叶为模板外，另有三种树叶也被选来作为模板来合成一系列人工掺氮氧化锌体系，以证明该方法的通用性并用于后续对比。

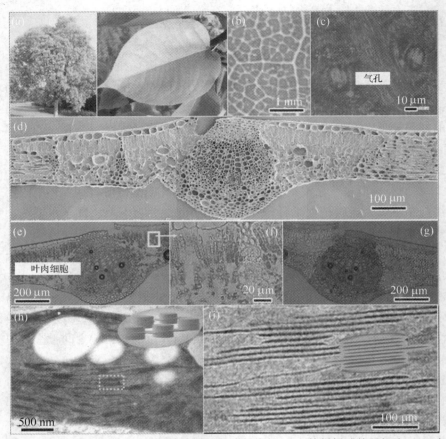

图 1.37 原始樟树树叶宏观、微观到纳米尺度的表征。(a) 樟树树叶数码相片；(b) 表皮形貌数码相片；(c) 表皮微观结构高倍数码相片；(d) 横截面微观结构 FESEM 图；(e)横截面微观结构光学显微镜图；(f)为(e)图选定区域放大图；(g) 横截面微观结构激光共聚焦图；(h) 叶绿体微观结构 TEM 图，附图为三维模型示意图；(i) 叶绿体类囊体纳米层片结构 TEM 图，附图为三维模型示意图

图 1.39 是通过类似氮掺杂氧化锌的方法制备得到的人工氮掺杂 TiO$_2$ 树叶的结构表征。人工 TiO$_2$ 树叶保留了天然树叶的微观结构和形貌。人工金属氧化物树叶保留了天然植物的自然分级结构同时又具有金属氧化物的性能，在污水处理，光捕获，能量存储方面有广泛的应用前景。

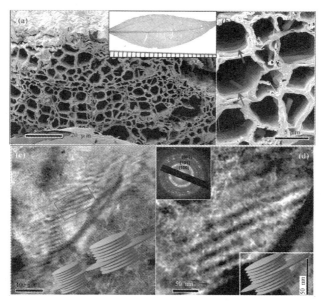

图 1.38 (a)樟树叶模板所得的掺 N 氧化锌光催化体系横截面 FESEM 图，插图为该体系数码照片；(b)为(a)中红色区域的放大图；(c)纳米层片结构的 TEM 图，插图三维模型示意图；(d)为(c)中红色区域 TEM 放大

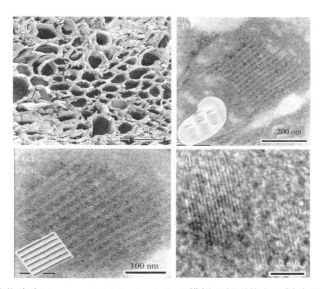

图 1.39 (a)棉花叶片(*Anemone vitifolia Buch.* leaf)模板下得到的人工树叶 N-TiO$_2$ 横截面场发射扫描电镜照片；(b)人工树叶 N-TiO$_2$ 纳米层片结构的 TEM 图，附图为三维模型示意图；(c) 纳米层片结构高倍 TEM 图；(d)沉积于人工树叶 N-TiO$_2$ 上的 Pt 纳米粒子高分辨透射电镜照片

1.3 遗态材料的应用

1.3.1 表面功能化的大豆秸秆为吸附剂去除铜离子

将工业废水中的金属元素除去的常规方法有：化学沉淀法、电解法、薄膜分离法、离子交换法和用活性炭吸附的方法。这些方法大多需要较高的成本、高昂的操作费用或者是需要处理生产中产生的废渣。近几年来，人们逐渐把注意力转到低消耗材料的研究上，例如将农副产品、工业废料和生物材料做成可以将工业废水中的重金属元素除去的吸附剂。本研究的设计思想是将大豆秸秆用氢氧化钠洗，以增强它对铜离子的吸收能力，再用柠檬酸(CA)处理，然后根据起初的 pH 值和 Cu^{2+} 浓度来研究它的吸附过程(Zhu *et al.*, 2008)。将用水洗和氢氧化钠洗过的大豆秸秆分别用 WWSS 和 BWSS 表示，而用 CA 处理过后的样品标记为 CA-WWSS 和 CA-BWSS，分别与 WWSS 和 BWSS 对应。

如图 1.40 所示，以大豆秸秆做吸附剂吸附 15 mmol/L 的 Cu^{2+} 溶液，前 10 min 的吸附速率很大。在快速的吸附之后，对 Cu^{2+} 的吸附速率减缓。首先，吸附点处的孔状部分打开，金属离子与吸附点很容易相互反应，因此可以观察到较高的反应速率。随着进一步的反应，吸附的反应驱动力——本体溶液和固液交界处之间的浓度差比最初时要高，这就使得吸附速率变得更高。所有的样品对 Cu^{2+} 吸附都在一个小时内达到平衡，图中的曲线也趋于平缓。快速去除金属离子有着重要的实践意义，这可以在只使用较小体积的吸附剂的同时保证高效而有经济性。

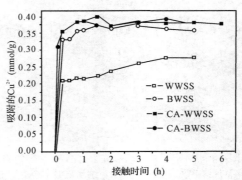

图 1.40 对 Cu^{2+} 的吸附效果与接触时间的关系(吸附剂 0.5 g，15 mmol/L Cu^{2+} 溶液 50 mL，初始 pH 为 5，温度为 20 ℃)

我们研究了 Cu^{2+} 溶液的初始 pH 在 2~6 时的影响。如图 1.41 所示，所有的样品都在 pH 为 2 时对 Cu^{2+} 的吸附能力最弱。没有用柠檬酸处理过的样品的主要官能团是羟基，在 pH 值从 2 到 5 增长时，和 Cu^{2+} 竞争吸附点的 H^+ 数量减少，WWSS 和 BWSS 吸附的 Cu^{2+} 数量逐渐增加。而用柠檬酸处理过的样品，官能团主要是羧基，其 pKα 值大约是 3，当 pH<3 时，羧基以非离子形式存在，即–COOH。由于缺少静电作用，所以此时 Cu^{2+} 的吸附量较小。当 pH>3 时，羧基转变为–COO–，对 Cu^{2+} 的吸附明显增强。虽然当 pH 在 3.0~5.0 时较为平缓，但是对于所有的样品，pH 超过 5 时，Cu^{2+} 的去除率显著提升，并在初始 pH 为 6 时达到最大值。当用脱过水的麦麸吸附 Cu^{2+} 时，与在 pH 值较低时的情况很相似，铜离子以 Cu^{2+}、$Cu(OH)^+$ 和 $Cu(OH)_2(s)$ 的形式存在。当 pH 值在 3~5 时，铜元素主要以 Cu^{2+} 和 $Cu(OH)^+$ 的形式存在，在 pH 超过 6.3 时，则以沉淀 $Cu(OH)_2$ 的形式存在。所以，pH 在 5~6 时吸附量的激增是由于溶液中铜离子的沉淀引起的。在这项研究中，铜离子在 pH 为 5.0 左右时会和大豆秸秆吸附剂中活性部位的阴离子发生强烈的反应。因此，吸附 Cu^{2+} 的最适酸碱度是 5.0，其他的吸附试验也要在这个酸碱度下进行。

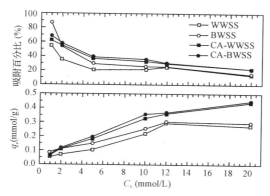

图 1.41 Cu^{2+} 的初始浓度对 Cu^{2+} 吸附作用的影响(0.5 g 的吸附剂，50 mL 的 Cu^{2+} 溶液，初始 pH=5，20 ℃进行 24 h)

同时，我们进行了数项试验以研究 Cu^{2+} 的初始浓度对其从溶液中除去的影响。研究数据显示，对于这些样品，当 Cu^{2+} 的初始浓度增加时，金属吸收增加，对 Cu^{2+} 吸附的百分比减小。对样品 CA-BWSS，当 Cu^{2+} 的初始浓度从 1 上升到 20 mmol/L 时，吸附的百分比从 68.6% (0.069 mmol/g)下降到

22.5% (0.450 mmol/g)。大豆秸秆吸附剂在污水中离子浓度较低时更为有效，所以可以通过稀释离子浓度较高的废水以提高净化量。

1.3.2 高分子功能化活性炭(来源于稻壳)去除 Cu^{2+}

通过小节 1.3.1 分析可知,去除各种水体中的重金属离子有很重大的科学和实际价值。吸附技术是一种有效处理废水的方式。除了农业废弃物、有机陶土和表面修饰介孔材料外,活性炭因其超高的表面积、微孔结构、优异的吸附性能以及良好的表面活性,在工业上被广泛用作去除重金属离子的吸附剂。根据不同资料显示,绝大多数报道都是着重于活性炭的物理吸附。在此,我们介绍一种用聚(N,N-甲基丙烯酸)(PDMAEMA)功能化的活性炭,并研究了其作为吸附剂去除水溶液中铜离子。最大的挑战是如何控制反应的过程,使高分子插入到孔内,同时又能保留有利于物理吸附的大的表面积。为了解决这一问题,先对活性炭用酸进行表面活化,再通过 N,N-甲基丙烯酸在孔内的聚合形成 PDMAEMA (Zhu *et al.*, 2009)。通过这种方法得到的复合物保留了大的表面积(789 m^2/g)和大的孔直径(3.8 nm),其在水溶液中对铜离子的吸附能力达到了 31.46 mg/g。

我们还研究了不同震荡时间的吸附结果。从图 1.42 可看出,在初期 Cu^{2+}吸附得非常快,30 min 之后,吸附过程基本达到平衡。平衡阶段之后,吸附的 Cu^{2+}的量基本不随时间发生变化。之后,吸附主要在高分子内表面进行,金属离子空隙扩散进入高分子基体使得吸附速率变慢。另一方面,本体系在长时间搅拌的情况下也不能发生 Cu^{2+}的解吸附,表明材料和铜离子间形成了很强的键合作用,而不只是发生了物理吸附。

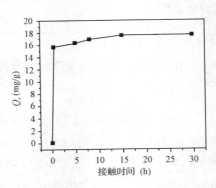

图 1.42 接触时间对 PDMAEMA-RHC 复合材料的影响

图 1.43 为不同剂量 PDMAEMA-RHC 时 Cu^{2+}的吸附量和吸附百分比。随着 PDMAEMA-RHC 量的增加，其吸附量从 30.24 mg/g 减少到了 9.3 mg/g，这是因为吸附反应中吸附点仍然未饱和，有效吸附位点的数目随着吸附剂量的增加而增加。在本体系中，Cu^{2+}的量基本稳定。Cu^{2+}浓度较高时，在 PDMAEMA-RHC 表面有更快的表面吸收，使得溶液中溶质浓度下降得更多。因此，随着吸附剂量的增加，每克吸附剂吸附的 Cu^{2+}量减少，进而引起 Q_e 值的减小。另一方面，当吸附剂的量从 5 mg 增加到 60 mg 时，Cu^{2+}的去除百分比从 23.4%增加到 86%。

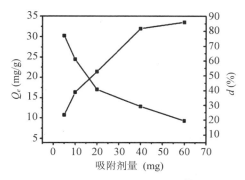

图 1.43 PDMAEMA-RHC 的量对 Cu^{2+}吸附的影响

表 1.8 为弗朗依德里吸附等温线常数、相关系数(R)以及剩余标准差(S.D.)。弗朗依德里模型没有描述低的关联系数(0.91)时吸附的饱和行为，因为高的逆行相关系数(>0.945)和低的 S.D.值(<0.500)在四种等温线中都吻合得很好。$1<n<10$ 表明 298 K 时 Cu^{2+}顺利被 PDMAEMA-RHC 吸附。从表 1.8 可知，朗缪尔等温线表现出高的 R 值和低的 S.D.值，显然比弗朗依德里模型更符合。

表 1.8 298 K 时 PDMAEMA-RHC 对 Cu^{2+}吸附等温线

	K_L	q_m	R	S.D.
Langmuir	0.889	31.46	0.95428	0.05257
	K_F	$1/n$	R	S.D.
Freundlich	8.908	0.35	0.914	0.42

1.3.3 用磁性纳米粒子功能化的活性炭去除染料

除了用高分子材料处理，科学家们也试图用合适的磁石对材料来进行磁性分离。如果我们可以结合廉价的活性炭和磁性粒子来制造出一种纳米复合材料，使它具有高比表面积、合适的孔径和磁分离性，那么我们就可以得到一种很有前景的新奇的吸附剂。

我们提出了一种简单的方法，利用稻壳作为模板来制备磁性 Fe_3O_4 纳米颗粒包覆活性炭(Yang et al., 2008)。稻壳被用作饲养家禽家畜的饲料而且产量很高。稻壳是一种农副产品，被用作饲养家禽家畜的饲料而且产量很高。如何在保证高比表面积的同时将磁性粒子吸收到孔隙中是把该材料应用为吸附剂的关键点为了解决这一问题，我们设计了一套合成路线，如示意图 1.3 所示。

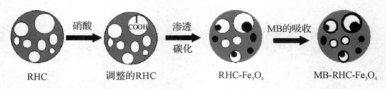

示意图 1.3 RHC-Fe_3O_4 的合成过程及其吸附过程

首先，将从稻壳中得到的活性炭用硝酸处理，使其变得亲水，然后再超声、过滤、干燥后将其分散到 $Fe(NO_3)_3 \cdot 9H_2O$ 溶液中。在 750 ℃氮气环境下热处理 3 h 以得到磁性纳米结构的 Fe_3O_4。这样处理过的样品标记为 RHC-Fe_3O_4。用 RHC-Fe_3O_4 将亚甲蓝从其水溶液中除去，来研究它的吸附能力。

用 X 射线粉末衍射对样品进行测量，如图 1.44 所示，许多典型的布拉格反射可由与面上的衍射峰(220)、(311)、(400)、(511)、(440)相对应的面心立方结构的 Fe_3O_4 所得。这些反射峰的形成更加说明制备的纳米级 Fe_3O_4 尺寸很小。

和原始的 RHC 相比，得到的 RHC-Fe_3O_4 比表面积由 826 m^2/g 降低到 770 m^2/g，因为孔隙里生成了 Fe_3O_4 的纳米粒子。RHC-Fe_3O_4 中的孔隙大小由 3.4 nm 减小到 3.1 nm，进一步证实了这一结论。RHC-Fe_3O_4 的热重量分析显示大约 23wt%的 Fe_3O_4 在所获得的纳米复合材料中。RHC-Fe_3O_4 表现了其超顺磁性，而且在室温下不表现出剩磁现象，磁饱和(M_s)为 2.78 emμ/g (图 1.45)。

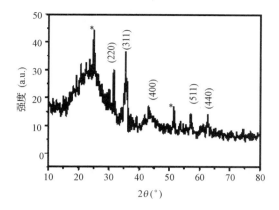

图 1.44　RHC-Fe$_3$O$_4$ 的 XRD 图谱(JDPS：　85-1436，峰值时由于石墨碳)

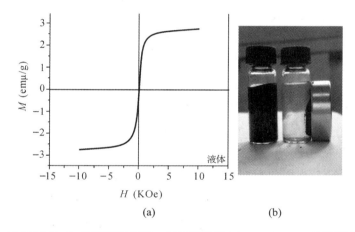

(a)　　　　　　　　　　　(b)

图 1.45　(a) RHC-Fe$_3$O$_4$ 的磁滞回周期；(b)用磁体将 MB-RHC-Fe$_3$O$_4$ 从溶液中分离

　　将 RHC-Fe$_3$O$_4$ 分散在水中，当将一强磁铁靠近盛放样品的玻璃瓶，瓶内溶液几分钟内就会由黑色变为无色。这也就是说，黑色的 RHC-Fe$_3$O$_4$ 的颗粒被磁体吸引，那么清液就可以很容易被倒出或是用移液管移取。这个简单的实验证明 RHC-Fe$_3$O$_4$ 具有磁性，可被用作取出液相中杂质的磁性吸附剂。这种磁性分离很有吸引力，可以替代过滤或离心作用。

　　图 1.46 显示了 RHC-Fe$_3$O$_4$ 上的 MB 在 25 ℃时的等温吸附线，该连线上的转折非常快，而且在高处几乎水平。该吸附等温线反映出吸收在碳表面上的 MB 是朗缪尔波类型，这可能是由碳表面的杂原子组和 MB 分子上正电荷的剧烈反应导致的。

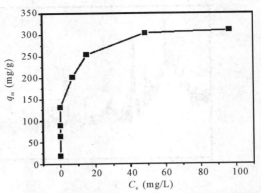

图 1.46　298 K 时，RHC-Fe$_3$O$_4$ 上的 MB 的吸附平衡

1.3.4 以木材为模板所制备的分级结构二氧化钛功能材料在光催化方面的应用

　　不同温度下以木材为模板制备而来的氧化钛样品的光催化活性用水溶液中的氧化 MB 来排除(Zhu *et al.*, 2009)。为了对比，商业光催化剂德居萨磷 25 的活性也在同样的条件下被测试。研究表明，分级结构的氧化钛功能材料的光催化性能和烧结温度有很大关系。随着烧结温度从 450 ℃上升到 600 ℃，分级结构的氧化钛功能材料的光催化效率下降。众所周知，大的表面积能吸收大量的水以及能够与光生空穴反应的羟基，所产生的羟基自由基对有机物的降解是强氧化剂。在我们的实验中，比表面积从 19.6 m^2/g 增加到 54.8 m^2/g，并且当烧结温度从 600 ℃降到 450 ℃时，*k* 值从 0.009 min^{-1} 增加到 0.0304 min^{-1} (图表 1.9)。

表 1.9　不同温度下烧结的样品和 P25 的速率常数

样品编号	TiO$_2$-450	TiO$_2$-460	TiO$_2$-500	TiO$_2$-600	P25
升温速度(K/min)	0.0304	0.0124	0.0157	0.009	0.0225

　　从各种文献中我们了解到 3 个可能解释光催化效率的因素：结晶相、表面积和分层结构。分层结构可能在增强光催化活性方面起重要作用。在这个研究中，TiO$_2$-450 的表面积几乎和 P25 的一样，但 TiO$_2$-450 仍然表现出比 P25 更好的光催化活性。在表面上包含大量羟基的相连的分层结构能帮助稳定电子-空穴对。P25 包含 80%的锐钛矿和 20%的金红石，并且

由于复合结构的 P25 从光生电子和空穴的再结合的减少上得到优化,它还表现出比纯锐钛矿更好的光催化活性。尽管 TiO₂-450 只含有很少量的金红石,TiO₂-450 在实验条件下降解 MB 的光催化活性仍然比 P25 要高。尽管分层结构的 TiO₂-500 样品含有 88%的锐钛矿和 12%的金红石,并且其比表面积(49 m²/g)和 P25 的(53 m²/g)几乎一样,但它的光催化性能比 P25 差。对这种现象的一个可能的解释是备份样品发生了钠污染。我们发现掺杂了质量分数不多于 1%的钠的氧化钛的光催化效率不会被掺杂的杂质影响。然而,当钠的掺杂量增加到 2.5%,我们发现氧化钛的光催化效率有明显的下降。我们的 X 射线衍射结果表明在烧结温度大于等于 460 ℃的样品中钠污染很明显,并且钠污染的程度随着烧结温度的增加而增大。很明显,TiO₂-450 的光催化活性不会因少量的钠污染而受到明显影响(图 1.47)。

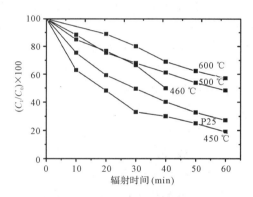

图 1.47 烧结温度为 450、460、500 和 600 ℃的样品和 P25 样品分别为催化剂时,MB 光催化降解时的浓度随辐射时间的变化

因此,烧结温度为460~600 ℃的分级结构氧化钛功能材料的活性降低可能源于少量钠离子的掺杂作用。TiO₂-600样品的斜率减小得快,可能是由于其表面积更小、晶体尺寸更大以及受到钠掺杂的影响。

1.3.5 木材结构氧化物的气敏性能

气体传感器在环境监控、化学反应控制、职业健康与安全等领域作用很大。气体感应器必须满足 3 个条件。首先,气体感应器必须具有物理化学稳定性,因为他们长期处在高温氧化或还原气氛中。第二,气体传感器必须对低浓度气体有高度敏感性，能快速并精确地探测到目标气体。低浓度的 H_2S (50~100 ppm)气体会引起慢性毒性、头痛、头晕、恶心、口干、长期咳嗽、胸闷、皮肤过敏等症状。高浓度的 H_2S (>700 ppm)气体则会导致气喘、肌肉痉挛甚至猝死。第三，为了在各种环境下从复杂的混合气体中精确地区分出目标气体，气体感应材料在实际应用中必须具有高度选择性。传感器要只响应目标气体而不被其他气体干扰，若缺失这种选择性，传感器可能出现误报，其应用范围将受到限制。

最后，为了快速探测到目标气体，气体传感器必须满足高的气体响应速率。另一方面，传感器在反复使用后需具备优秀的恢复能力。SnO_2、ZnO 和 Fe_2O_3 等氧化物优点众多：单相、稳定性好、灵敏度高、低功耗、安全可靠，因此这些氧化物被作为气体传感材料广泛研究和使用。然而，为了提高其工作能力并扩大应用范围，气敏材料的诸多性能需加以改善，比如灵敏度、选择性、响应/恢复时间和工作温度。特别地，与 SnO_2 相比，ZnO 仍存在高的工作温度、低选择性、稳定性差等问题。目前，为了改善 ZnO 的气敏性能，研究人员采用了掺杂以及改变形貌、晶粒尺寸、孔隙率、晶体缺陷、表面状态、工作温度和其他参数。

Fe_2O_3 作为一种常见的气体传感器，是具有尖晶石结构的 $\gamma\text{-}Fe_2O_3$，属于体控制型的半导体，灵敏度高但稳定性差，在一定温度下将不可逆地转变成 $\alpha\text{-}Fe_2O_3$ 相，而刚玉结构的 $\alpha\text{-}Fe_2O_3$ 具有高的化学稳定性，并且在和还原气体接触时很难还原成 Fe_3O_4。因此，大量学者致力于改善 $\alpha\text{-}Fe_2O_3$ 的气敏性能，解决氧化铁传感器的稳定性问题和 $\gamma\text{-}Fe_2O_3$ 使用过程中发生的逐渐相变所导致的灵敏度和稳定性下降这一难题。许多研究人员发现，$\alpha\text{-}Fe_2O_3$ 在本质上对气体的灵敏度低，而微观结构的改变可优化其气敏性能。目前最有效的方法是掺杂和细化晶粒。木材结构的 $\alpha\text{-}Fe_2O_3$ 是否有更好的气敏性能？这一点非常值得探索。

因此，本章节对基于木材结构的分级多孔结构 ZnO 和 Fe_2O_3 的气敏性能做了详细讨论。通过研究木制结构氧化物的传感性能，如气体灵敏度、选择性、响应/恢复时间，对自然分级结构材料的气体感应能力的改进和机理进行了探索，并且为制备未来更优秀的气敏材料提出了新的制备技术和新的研究方法。

由于金属氧化物和待测气体的多样性、氧化物与气体反应的复杂性，完整解释氧化物感应器的气体感应机理很困难。目前，感应器和气体反应引起的导电性能变化机理已有了一些模型，如表面电荷模型、晶界屏障模型、通道颈缩模型、体化合价控制模型。这些模型可分为两大类：表面控制型和体控制型。在表面控制模型中，半导体与吸附在其表面的气体间发生电子接纳行为，导致电导率等物理性能的改变，但内部化学组成不变。而在体控制模型中，半导体化学反应活性大，易于被氧化或被还原，因此与气体的反应除了改变导电性能，还有主体价位。此外，根据半导体的物理性能，感应器可分为电阻型与非电阻型。电阻型感应器利用与气体接触时发生的阻力改变来探测气体成分与浓度。非电阻型感应器则利用其他参数来探测气体，比如二极管特性的伏特-安培参数，以及场效应晶体管的阈值电压移动。在所有气敏材料中，研究最多的是半导体金属氧化物，正如本章所研究的 ZnO 和 α-Fe_2O_3。

表面控制型氧化物的表面有多种具有特定活性的表面位置，比如未成键轨道的表面原子、未被阴离子完全补偿的表面阳离子、表面杂质、酸中心、碱中心等。当这些表面位置被占据后，具有局部电子能级的表面状态就形成了。表面吸附离子可以形成受主或施主表面态，同时伴随电子在表面与体内的移动，这将进一步导致半导体表面能带弯曲，产生空间电荷层。在电荷层中，载流子显著变化，导致表面电导率相应改变。

半导体表面与气体分子间的吸附力可分为两类：物理吸附与化学吸附。任何气体都可发生物理吸附，在临界温度以下，固体在不发生电子移动的情况下通过范德华力吸附气体。而化学吸附并不适用于任何气体。在化学吸附过程中，电子发生转移，气体与固体间形成化学键，此作用力类似于化学键的作用力，比物理吸附中的范德华力要大许多。

就拿 n 型半导体来说，空气中的氧气在半导体表面发生物理和化学吸附。首先，发生了物理吸附作用：

$$O^{2-}(gas) \rightarrow O^{2-}(ads) \tag{1.4}$$

当被吸附的氧分子接收一个电子后，发生了化学吸附作用：

$$O^{2-}(gas) + e^- \rightarrow O^{2-}(ads) \tag{1.5}$$

室温下，这个过程十分缓慢，更高的温度下，O^{2-}可进一步转化为O^-：

$$O^{2-}(ads) + e^- \rightarrow 2O^-(ads) \tag{1.6}$$

　　氧从半导体表面夺取电子后起表面受主的作用。电子转移到表面受主能级中，从而空间电荷得到积累、表面静电势得到提高。能带向上弯曲、空间电荷层的形成降低了感应器的电导率，同时使电阻值变大。当一个 n 型半导体处在还原气氛中时，首先气体通过物理吸附作用吸附在半导体表面，继而氧发生解吸附反应，释放电子回到导带，势垒下降，电导率增加并且电阻下降。当还原性气体吸附在 p 型半导体上时，载流子减少，电阻值增加。当氧化气体吸附在 p 型半导体上时，载流子增加，阻力减小。图 1.48 是 n 型半导体吸附气体前和吸附后的能带图。

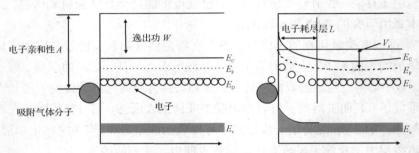

图 1.48　n 型半导体吸附前后气体能带图

　　最近的许多研究致力于提高ZnO的气体灵敏度和解释其感应机理。ZnO的气敏性能由多种因素决定，如掺杂、形貌、晶粒尺寸、工作温度、孔隙率。掺杂通过一种复杂的方式比如提高感应器的表面化学性质来提高其活性，是改变目标气体种类和提高灵敏度的一种常见的手段。Bhattacharyya *et al.*(2007)和Baruwati *et al.*(2006)认为，掺入的贵金属与氧化物的电子会相互影响，或者贵金属通过影响氧化物的逸出功起电子增敏剂的作用。同时，未掺杂氧化物的的形态结构和组织参数也是影响气敏性能的关键因素，如晶粒尺寸、晶粒网状、比表面积、孔隙率、凝聚状态和膜。晶粒大小(D)与比表面积被认为是影响吸附氧气与气-固反应的主要因素。L_s表示表面空间电荷层宽度，对于晶粒尺寸较大($D \gg 2L_s$)的晶粒与颈部沟道宽度较小的晶粒($D < L_s$)来说，气体灵敏度实际上与D无关，因为膜与陶瓷的电导受肖特基势垒的限制。若D接近$2L_s$，颈部沟道宽度将决定气体传感材料的电导率，气体灵敏度依赖晶粒尺寸。若$D < 2L_s$，每个晶粒均完全包含在空间电荷层内，电子转移受所吸附物质电荷的影响。此外，一些研究人员提出，多孔结构会影响灵敏度，因为，多孔结构为气体分子

提供传输路径。我们相信，晶粒大小与多孔微结构有利于气体传输，对提高材料感应性能至关重要。

木材结构对气敏性能的影响如图1.49所示。设定工作温度为273 ℃，将以冷杉、柳桉木为结构的Fe_2O_3和常规Fe_2O_3在1000 ℃烧结。图1.49表示冷杉、柳桉木结构的Fe_2O_3和常规Fe_2O_3对乙醇的响应/恢复曲线。木材结构对感应性能影响很大。从图1.49所示的响应曲线来看，这些样品属于不同类型的半导体，木材结构的Fe_2O_3是p型半导体，而常规Fe_2O_3属于n型半导体。

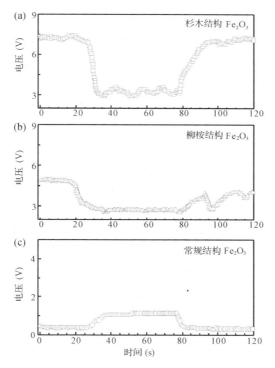

图1.49 1000 ℃焙烧 Fe_2O_3 对乙醇气体的响应/恢复曲线。(a) 衫木结构 Fe_2O_3；(b) 柳桉结构 Fe_2O_3；(c) 常规 Fe_2O_3

一般来说，n 型氧化物半导体较易获得，因为氧空位缺陷在导带附近形成了施主层。p 型半导体则需要通过退火处理去除缺陷、在制备过程中扩散或注入杂质离子来获得。通常情况下，α-Fe_2O_3 倾向于缺氧条件，有大量氧空位或间隙 Fe^{3+} 和 Fe^{2+} 离子。缺陷产生许多电子，因此是 n 型半导体，与常规 Fe_2O_3 一致。然而，木材结构的 Fe_2O_3 在未掺杂或退火处理的情况下呈 p 型。

用 XPS 光谱分析了木材结构与常规 Fe_2O_3 的表面成分与化学结构。图1.50 是木材结构与常规 Fe_2O_3 的 XPS 全谱图与 O 元素高分辨图谱。在 XPS 全光谱中，木材结构与常规 Fe_2O_3 的峰的位置相似。但在他们的 O 元素高分辨图谱中，木材结构 Fe_2O_3 的 O1s 峰在 529.7 eV 处，而常规 Fe_2O_3 的 O1s 峰在 530.1 eV 处，这表示木材结构 Fe_2O_3 的 O1s 的主峰有了明显的偏离。肩峰出现在比主峰更大结合能的位置。通过对 O1s 峰的分峰，O1s 峰可分解为 3 个峰，从低能到高能分别包括表面晶格中的 O1s 峰(O-Fe)、表面吸附 OH 的 O1s 峰(Fe-OH)、表面吸附 H_2O 的 O1s 峰；后两峰表明在 Fe_2O_3 表面存在氧空位。木材结构 Fe_2O_3 的结合能与氧吸附比常规 Fe_2O_3 低。用 XPS 分析计算所吸附的氧 O_{Ads} 与表面晶格中的氧 O_{Lat} 的百分比，可以得到 O_{Ads} 与 O_{Lat} 的原子比，列于表 1.10 中。该原子比表明，所吸附的氧的数量依冷杉结构 Fe_2O_3>柳桉木结构 Fe_2O_3>常规 Fe_2O_3 顺序递减，因此，木材结构 Fe_2O_3 有更强的氧吸附能力。

当气体吸附到表面后，所吸附 O^{2-} 和 O^- 表面负电荷会使能带弯曲($q\Delta V_s>0$)和逸出功增加($\Delta\Phi>0$)。n 型半导体的表面产生一个耗尽层，但由于所吸附氧的浓度低，主要的载流子仍是电子，因此常规 Fe_2O_3 呈现 n 型半导体特征，转换过程如图 1.51(a)到 1.51(b)。在木材结构的表面，O-Fe、氧吸附的结合能很低，因此产生了不稳定表面态，对表面附近的氧和水分子具有很强的表面吸附作用，大大增加了吸附氧浓度，原来的少子—空穴的浓度超过了电子，因此在 Fe_2O_3 表面产生反型层，使其表现为 p 型半导体，如图 1.51(a)向 1.51(c)的转变过程。同时由于能带弯曲的增加，p 型 Fe_2O_3 中总的自由载流子浓度也得以提高。由于 α-Fe_2O_3 物理性质稳定，自身的电子交换可能性小，使得纯相的 α-Fe_2O_3 电阻大、工作温度高。因此，载流子浓度大小对 α-Fe_2O_3 的气敏性能优劣起着非常关键的作用，可以预见到 p 型 Fe_2O_3 会具有更优异的气体敏感度。

图 1.52 表示 1000 ℃焙烧的杉木结构 Fe_2O_3、柳桉结构 Fe_2O_3 和常规 Fe_2O_3 对 9 种气体的气敏响应值。从气敏响应值变化来看，由于具有更高的自由载流子浓度，分级多孔 Fe_2O_3 的气体敏感度的确优于常规 Fe_2O_3。常规 Fe_2O_3 对各种气体几乎均没有响应，而分级多孔 Fe_2O_3 对 H_2S、甲醇、乙醇和丙酮有较好的敏感度。

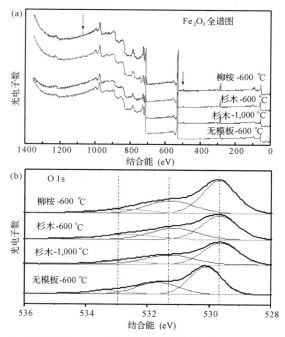

图 1.50 木材结构 Fe_2O_3 和常规 Fe_2O_3 的 X-射线光电子能谱(XPS)。(a) Fe_2O_3 全谱图；(b) O 元素的高分辨图谱

表 1.10 ZnO 和 Fe_2O_3 的氧原子比例

	木材模板，煅烧温度			
	冷杉 600 ℃	冷杉 1000 ℃	柳桉 600 ℃	常规 600 ℃
Fe_2O_3 (O_{Ads} : O_{Lat})	0.94 : 1	0.38 : 1	0.72 : 1	0.42 : 1
ZnO (O_{Ads} : O_{Lat})	0.92 : 1	0.54 : 1	0.86 : 1	0.38 : 1

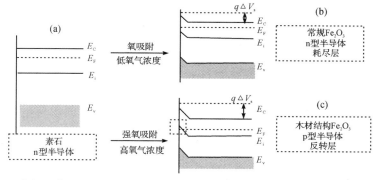

图 1.51 能级示意图。(a) 具有氧空位的 n 型半导体以及(b)它的耗尽层；(c) 形成反型层的 p 型半导体

在 273 ℃的元件工作温度下，图 1.53 研究了不同温度下焙烧杉木结构 Fe_2O_3 的气敏性能。焙烧温度对气体敏感度的影响非常明显，1000 ℃焙烧放入 Fe_2O_3 对乙醇和丙酮的气敏性是 600 ℃与 800 ℃焙烧的 Fe_2O_3 的 3~4 倍。

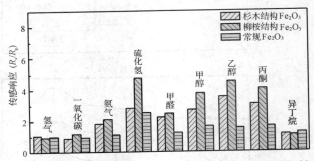

图 1.52   1000 ℃焙烧不同木材结构 Fe_2O_3 以及常规 Fe_2O_3 的气敏响应值

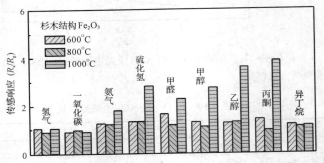

图 1.53   不同温度焙烧杉木结构 Fe_2O_3 的气敏响应值

由于 α-Fe_2O_3 稳定的物理化学性能，自身的电子交换可能性很小，因为电阻大、气敏性能差，因此为了增加载流子浓度和导电性，有必要构建有缺陷的非化学计量的 Fe_2O_3。电子浓度对 α-Fe_2O_3 的气敏性能至关重要。根据 Fe_2O_3 的紫外光致发光性能的研究，以及 XPS 对 Fe 和 O 原子比率的计算，1000 ℃焙烧的 Fe_2O_3 结晶性能最差，固有缺陷最多，这增加了载流子浓度与导电性，因此气敏性能得到改善。同时，表面积与孔隙率对气敏性能也有影响；较大的表面积有益于表面氧与测试气体的吸附，而较大的孔隙有益于感应器内气体的传送。由第 3 章的分析中可知，600 ℃焙烧的 Fe_2O_3 孔隙与表面积最大，尽管缺陷最少、载流子浓度最低，但它的气体灵敏性比 600 ℃焙烧的 Fe_2O_3 稍高。

在不同工作温度下(240、273、332 和 383 ℃)研究了 1000 ℃焙烧杉木结构 Fe_2O_3 对乙醇及丙酮气体的敏感度及响应/恢复时间，结果如图 1.54 所示。根据图 1.54(a)所示，Fe_2O_3 对乙醇气体的敏感度在 273 ℃的工作温度上达到峰值，随着温度升高，敏感度大幅度下降；但响应/恢复特性却在 273 ℃时最差，所用的响应时间和恢复时间都最长，但也仅为 12s 和 5s。温度升高，灵敏度下降，反应/恢复时间减短，这是因为在氧吸附与解吸附的过程中，高的工作温度限制了乙醇在 Fe_2O_3 表面的吸附。因此 Fe_2O_3 依然适于在 273 ℃这样较低的工作温度下对乙醇进行检测。图 1.54(b)所示为不同工作温度下对丙酮气体的灵敏度与响应/恢复时间曲线。灵敏度峰出现在 273 ℃，同样温度下，响应/恢复时间也最佳；温度升高，响应/恢复时间随之稍微升高。因此，273 ℃也是测试丙酮气体的最佳温度。

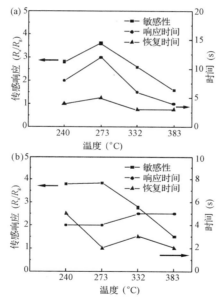

图 1.54 不同元件工作温度下，1000 ℃杉木结构 Fe_2O_3 对(a)乙醇和(b)丙酮气体的气敏响应值及响应/恢复时间

木材结构 Fe_2O_3 对乙醇、丙酮、H_2S 等气体具有高于其他气体的敏感度，但可以发现它并不具备对某种气体优异的选择性，不能在实际应用中检测目标气体。因此根据前文提出的气敏材料选择标准，木材结构 Fe_2O_3

作为气敏材料的应用价值不大。但由于木材结构 Fe_2O_3 具有更低的氧结合能以及更低的 OH 自由基结合能，因此将来可以作为氧敏和催化方面的候选材料进行进一步研究。

下文将研究木材结构 ZnO 的气敏性能，着重探讨 ZnO 的气敏性能和分级多孔结构之间的关系，同时通过改变木材类型、ZnO 焙烧温度、元件工作温度等来研究不同因素对分级多孔 ZnO 气体敏感度和响应-恢复特性的影响。

在 332 ℃的元件工作温度下，600 ℃焙烧的杉木结构 ZnO、柳桉结构 ZnO 和常规 ZnO 粉体的气敏响应值示于图 1.55 中。从图中可以明显看出 ZnO 对不同气体显示出差异很大的气敏性能，所有 ZnO 对 H_2S 气体的气敏响应值最高且远高于其他气体，对丙酮、乙醇、甲醇气体略有响应，而对 H_2、CO、氨气、甲醛和异丁烷则基本没有响应。H_2S 对其他测试气体的选择性系数列于表 1.11 中。可见木材结构 ZnO 对 H_2S 的选择性能优异。

可以从以下几个方面来解释木材结构 ZnO 对 H_2S 气体的高选择性。

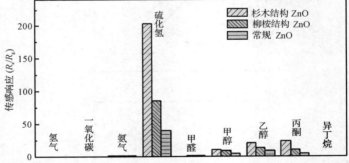

图 1.55　600 ℃焙烧不同木材结构 ZnO 以及常规 ZnO 的气敏响应值

表 1.11　600 ℃焙烧不同木材结构 ZnO 以及常规 ZnO 对 H_2S 气体的选择性系数

气体类型	冷杉结构 ZnO	柳桉结构 ZnO	常规结构 ZnO
丙酮	8.5	8.0	6.5
甲醇	9.8	6.2	4.1
乙醇	17.9	9.2	6.9
氢气、一氧化碳、异丙烷	198.0	81.8	34.8
氨气	87.8	41.9	21.9
甲醛	144.1	50.2	25.7

首先，ZnO 对气体进行物理吸附的过程中，气体分子大小会对气敏材料的物理吸附过程产生一定的影响，具有特定孔径分布的样品对比其孔隙略小的气体分子能达到最佳吸附，分子过大过小都不利于吸附过程。但根据表 1.12 所示，本研究中所用各种气体均为小分子，其分子动力学直径相似。因此这里可以忽略气体分子大小对 ZnO 敏感度所产生的影响。

表 1.12　气体分子的性状

气体种类	分子直径 (nm)	结构式	键合	键能 (kJ/mol)
氢气	0.289	H-H	H-H	436.0
二氧化碳	0.376	C-O	C-O	1076.5
硫化氢	0.36	H-S-H（S）	H-SH	381
氨气	0.26	H-N-H（H）	$H-NH_2$	435
甲醛	0.45	H-C=O（H）	H-CHO	364
甲醇	0.43	H-C-O-H	$H-OCH_3$ $H-CH_2$ H-CH	436.8 473 452
乙醇	0.51	H-C-C-O-H	$H-OC_2H_5$ $H-CH_2$ H-CH	436.0 473 452
丙酮	0.44	H-C-C-C-H	$H-CH_2COCH_3$	393
异丁烷	0.43	H-C-C-C-H	$H-CH_2$	473

其次，还原性测试气体的反应活性决定了气敏材料对它们的敏感度高低。本研究所用到的各种气体的分子结构式及其键能大小示于表 1.12 中。敏感度最高的 H_2S 中 H-SH 的键能只有 381 kJ/mol，远小于无机气体与多数有机气体。因此 H-SH 键很容易被打开，在化学吸附过程中与气敏材料

反应的活性较高。正如图 1.55 所示，其他几种气体的键能大，与气敏材料的反应活性差，因此气敏性能差。

几种有机气体如甲醛、甲酮与 H_2S 键能相似甚至更小，但却没有表现出相似的气敏性能。这表明除了气体本身性质的影响，化学吸附过程中气敏材料与测试气体的反应对气敏性能的影响也很大。当 H_2S 吸附在 ZnO 表面时，ZnO 不饱和的表面原子易与 H_2S 中的 H、S 原子结合以降低表面能。H_2S 与 ZnO 表面吸附的氧可以发生反应：

$$H_2S(ads) + 3O^{2-}(ads) \rightarrow H_2O + SO_2 + 6e^- \tag{1.7}$$

$$H_2S(ads) + O^{2-}(ads) \rightarrow H_2O + S + 2e^- \tag{1.8}$$

$$H_2S(ads) + O^-(ads) \rightarrow H_2O + S + e^- \tag{1.9}$$

同时 ZnO 表面可吸附分解 H_2S，发生如下脱硫反应，H_2S 首先分解为 HS，继而逐步分解为 S：

$$ZnO + H_2S(ads) \rightarrow ZnS + H_2O \tag{1.10}$$

方程式(1.10)的反应焓变 ΔH 计算为负值，表明 ZnO 与 H_2S 的反应为放热反应，能自发进行，因此 ZnO 对 H_2S 的灵敏度非常高。而 ZnO 与 H_2、CO 等气体只能发生吸热反应，反应不能自发进行。H_2、CO、氨气、甲醛、乙醇、甲醇、异丁烷等其他气体则只易与活性较高的 O^- 发生氧化还原反应：

$$R(ads) + O^-(ads) \rightarrow RO + e^- \tag{1.11}$$

随着氧离子释放的电子注入半导体、晶界势垒下降，电导提高、电阻降低。例如，当乙醇气体吸附在 ZnO 表面时，首先乙醇在 ZnO 表面发生脱水反应：

$$C_2H_5OH(ads) \rightarrow C_2H_4(ads) + H_2O^-(ads) \tag{1.12}$$

此步反应对乙醇灵敏度并无贡献，随后发生反应，释放电子：

$$C_2H_4(ads) + 6O^-(ads) \rightarrow 2CO_2 + 2H_2O + 6e^- \tag{1.13}$$

当表面氧离子足够多的时候，也会参加氧化乙醇的反应：

$$C_2H_5OH(ads)+O^-(ads) \rightarrow CH_3CHO(ads)+H_2O^-(ads) \tag{1.14}$$
$$CH_3CHO(ads)+5O^-(ads) \rightarrow 2CO_2+2H_2O+5e^- \tag{1.15}$$

丙酮气体吸附到 ZnO 表面后，分解出 H 原子：

$$C_3H_6O(ads) \rightarrow C_3H_5O(ads) + H(ads) \tag{1.16}$$

分解出的活性 H 原子与表面氧离子结合释放出电子：

$$2H(ads) + O^-(ads) \rightarrow H_2O + e^- \tag{1.17}$$

由图 1.55 可知，木材结构对 ZnO 的气敏性能有显著影响。杉木结构 ZnO 对 H_2S 的响应值是常规 ZnO 的 5.1 倍。气敏性能的变化可以通过晶粒尺寸和多孔结构两个方面的影响来研究。Yamazoe 等人认为只有在特定范围内的晶粒尺寸才会对气敏性能发挥影响，当 $D>2L$(L 为德拜长度)时，D 就不会对元件电阻的变化产生显著影响。由于纳米 ZnO 的德拜长度 L 为 30 nm，因此晶粒尺寸会影响 ZnO 的气敏性能。如 2.3.6 小节所述，由于木材模板对晶粒生长的抑制作用，分级多孔 ZnO 的晶粒尺寸远小于常规 ZnO，因此更小的晶粒度会通过减小导电通道的颈部宽度来帮助 ZnO 提高气体敏感度。

两种分级多孔 ZnO 具有相近的晶粒尺寸，但杉木结构 ZnO 对 H_2S 的响应值是柳桉结构 ZnO 的 2.4 倍，说明除了晶粒尺寸的影响外，分级多孔结构也对气敏性能有很大影响。根据电场发射扫描电子显微镜、压汞法和氮吸附的测试，木材结构的 ZnO 相比较常规 ZnO 具有更大的比表面积和更高的孔隙率。因此分级多孔结构可以提供更多的表面位置给氧气吸附，提高氧气吸附的能力；吸附的这些氧气以及 ZnO 表面晶格的氧气一起可以用于氧化测试气体，导致测试气体电阻值的降低，从而引起气敏响应值的增加。另外，以木材为模板合成的分级多孔结构的 ZnO 为气体的快速均匀扩散到传感器提供了内部的孔道。通过范德华力减少吸附在 ZnO 表面和孔道内的被测气体,气体吸附量和与氧进行相互反应的面积大大增加了。常规 ZnO 有团聚现象,内部没有孔道,因此氧和被测气体只能吸附在 ZnO 表面,偏低的比表面积降低了氧气和测试气体的吸附速率,因此它对各种气体的响应值都较低。这也是分级多孔 ZnO 气体敏感度大幅度提高的原因。

另外,根据表 1.13,杉木结构 ZnO 具有高于柳桉结构 ZnO 的孔隙率、比表面和介孔孔径等参数。在气体扩散过程中,分级多孔 ZnO 的大孔尺寸远大于气体分子的平均自由程,可以允许气体自由扩散。因此,遗传自不同木材的大孔尺寸不会对气体扩散过程产生显著影响。而对于介孔来说,气体分子平均自由程远大于毛细孔道直径,这就使分子与孔壁之间的碰撞机会大于分子间的碰撞机会。此时,气体沿孔扩散的阻力主要取决于分子与壁面的碰撞,这就是努森扩散,可推导出努森扩散系数 D_K 为:

$$D_K = \frac{4r}{3}\sqrt{2RT/(\pi M)} \tag{1.18}$$

其中,r 为气体半径,R 为通用气体常数,M 为气体分子量。可见,更大的介孔可以加速努森扩散过程;同时杉木结构 ZnO 更大的比表面积和孔隙率,也会增加气体的吸附量,并为气体的相互反应提供更大的面积。根据上述两点,600 ℃下焙烧制备的杉木结构 ZnO 相比较柳桉结构 ZnO 具有更优异的气体敏感性。

表 1.13　不同木材经 600 ℃焙烧制备的 ZnO 的孔径分布

木材品种	BET 表面积 (m²/g)	孔径尺寸 (nm)
柳桉	9.71	25
杉木	16.09	52

图 1.56 所示为木材结构 ZnO 和常规 ZnO 的 XPS 全谱图和 O 元素的高分辨图谱。从 ZnO 的 XPS 全谱图看出,木材结构 ZnO 和常规 ZnO 的谱线峰位大体一致,从 O 元素的高分辨图谱来看,所有 O1S 谱线都是由两个峰组成,位于 530 eV 左右的峰来自于 O-Zn 键中 O1s 的束缚能(O_{Zn}),531.5 eV 左右的峰来自于表面化学吸附氧或水中 O1s 的束缚能($O_{吸附}$)。

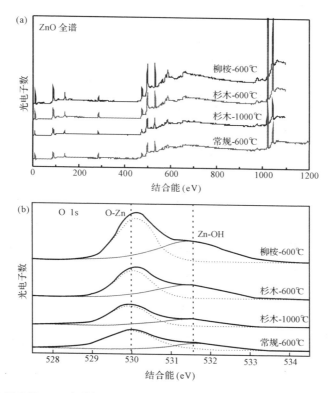

图 1.56 分级多孔 ZnO 和常规 ZnO 的 X 射线光电子能谱。(a) ZnO 全谱图；(b) O 元素的高分辨图谱

　　XPS 定量分析了 ZnO 表面的吸附氧($O_{吸附}$)和晶格氧($O_{晶格}$)的原子百分比，计算可得 $O_{吸附}$ 和 $O_{晶格}$ 的原子数比，如图 1.56(b)所示，ZnO 表面吸附氧量按杉木结构 ZnO>柳桉结构 ZnO>常规 ZnO 的顺序递减，证实了上文中对不同 ZnO 氧吸附能力的推断。

　　在相同的元件工作温度下，经过不同温度焙烧的 ZnO 陶瓷的气敏响应值如图 1.57 所示。这里使用的是分别经 600、800 和 1000 ℃焙烧的杉木结构 ZnO。600 ℃焙烧 ZnO 的气体敏感度最优。随着焙烧温度的升高，样品对各种气体的敏感度均有不同程度的下降，例如对 H_2S 气体的敏感度下降了 72.9%，丙酮下降了 61.4%，酒精下降了约 40%。三个样品对 H_2S 气体的选择性系数列于表 1.14 中。随着焙烧温度的升高，ZnO 对 H_2S 的选择性显著下降，但由于 800 ℃焙烧 ZnO 对丙酮和甲醇的敏感度降低速度高于 H_2S 气体，导致对 H_2S 气体的选择性反而有少许增高。

　　不同焙烧温度下气体敏感度的变化可以用晶粒尺寸的大小和孔结构的差异来解释。一方面，如表 1.15 所示，焙烧温度对晶粒尺寸有明显的影响，该结果由烧结和熟化所致。当晶粒尺寸随焙烧温度升高而增大，由于导电通道的限制，气体的灵敏度因此下降。另一方面，介孔的参数也有气体检测氧化锌性能的影响，较小的 ZnO 颗粒会增加孔隙率和表面积。焙烧温度越高，表面积和孔隙率越低。因此，温度升高造成氧气和测试气体的表面吸附区域、反应面积明显下降。气体敏感度会随着由焙烧温度所造成的孔隙率下降而降低。

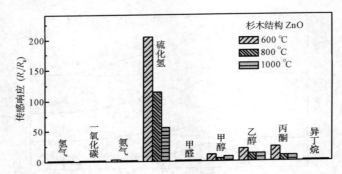

图 1.57　工作温度 332 ℃下不同温度焙烧杉木结构 ZnO 的气敏响应值

表 1.14　不同温度焙烧杉木结构 ZnO 对 H_2S 气体的选择性系数

气体类型	H_2S 的选择性系数		
	600 ℃	800 ℃	1000 ℃
丙酮	8.5	12.8	6.0
酒精	9.8	8.6	4.4
甲醇	17.9	24.7	6.7
H_2、CO、异丁烷	198.0	109.6	58.2
NH_3	87.8	82.1	30.1
甲醛	144.1	90.5	40.2

表 1.15　不同温度焙烧杉木结构 ZnO 的孔径分布

温度 (℃)	BET 比表面积 (m^2/g)	孔径尺寸 (nm)
600	16.09	52
800	5.37	30
1000	1.28	—

在各种气体中，H_2S 的气体敏感度随焙烧温度的升高而下降得最明显。当温度较低时，ZnO 粒径的降低和孔隙率的升高导致更多的氧空位的生成，表面原子百分比和协同不饱和度升高。这些原子易与 H_2S 中的 H 和 S 原子相结合以降低其表面能。相反，当焙烧温度升高，表面活性原子的减少造成 H_2S 气体敏感度的急剧下降。

气体敏感度与元件工作温度有关。为了研究元件工作温度对气敏性能的影响，在气敏测试过程中通过改变加热电压调节元件的表面温度。所用的元件工作温度分别是 240、273、332 和 383 ℃。在这 4 个温度下，分别研究了 600 ℃ 和 1000 ℃ 焙烧的杉木结构和柳桉结构 ZnO 对响应值较高的乙醇、丙酮以及 H_2S 气体的敏感度变化情况。

图 1.58 中所示为在 600 ℃ 和 1000 ℃ 不同工作温度下杉木结构和柳桉结构 ZnO 对乙醇气体的气敏响应值。在较低的工作温度下(240 ℃ 和 273 ℃)，气体的响应值都较低，随着工作温度升高响应值增大。工作温度增加到 332 ℃ 时，ZnO 的敏感度都大幅度增大。当温度继续升高至 383 ℃ 时，600 ℃ 焙烧 ZnO 的敏感度都有所降低，而 1000 ℃ 焙烧 ZnO 的敏感度却继续增加。可见 332 ℃ 是 600 ℃ 焙烧 ZnO 的敏感度拐点。随着工作温度的变化，600 ℃ 焙烧杉木结构 ZnO 的气敏响应值的最大值与最小值之比达到了 6.6 倍左右，1000 ℃ 焙烧杉木结构 ZnO 的比值为 2.7 倍，600 ℃ 焙烧柳桉结构 ZnO 的比值为 5 倍，而相差最少的 1000 ℃ 焙烧柳桉结构 ZnO 也达到了 1.7 倍。可见，工作温度对乙醇的气敏性能具有显著的影响。

图 1.59 所示为在 600 ℃ 和 1000 ℃ 的不同工作温度下杉木结构和柳桉结构 ZnO 对丙酮气体的气敏响应值。除 600 ℃ 焙烧杉木结构 ZnO 外，其他三种 ZnO 对丙酮的敏感度都随着元件工作温度的升高而持续小幅增加。600 ℃ 焙烧杉木结构 ZnO 在 332 ℃ 的工作温度下就达到最大值，而当工作温度进一步增大，敏感度反而有所降低。

图 1.60 所示为在 600 ℃ 和 1000 ℃ 的不同工作温度下杉木结构和柳桉结构 ZnO 对 H_2S 气体的气敏响应值。工作温度对 H_2S 的影响与对乙醇的影响十分相似。当工作温度从 240 ℃ 升高到 332 ℃ 时，所有 ZnO 的敏感度都随之升高。但当工作温度继续升高到 383 ℃ 时，600 ℃ 焙烧 ZnO 出现了拐点，敏感度明显降低，而此时 1000 ℃ 焙烧 ZnO 的敏感度却继续增大。可见，不同焙烧温度下制备得到的具有不同形貌和晶粒度的 ZnO、对元件工作温度变化的反应也会有所不同。比较元件工作温度对这三种气体的影响，发现 600 ℃ 焙烧 ZnO 具有比 1000 ℃ 焙烧 ZnO 更低的敏感度拐点，也就是具有更低的最优工作温度。

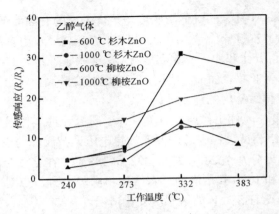

图 1.58　木材结构 ZnO 对乙醇气体的气敏响应值

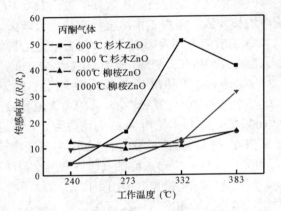

图 1.59　木材结构 ZnO 对丙酮气体的气敏响应值

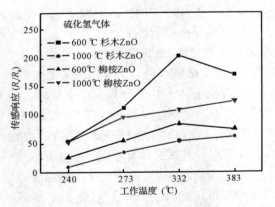

图 1.60　木材结构 ZnO 对 H_2S 气体的气敏响应值

根据图 1.58、1.59 和 1.60 的实验结果，计算了在不同工作温度下，H_2S 气体对乙醇和丙酮的选择性系数，分别列于图 1.61(a)和 1.61(b)中。由图中可见，选择性系数的变化规律与各气体的敏感度变化规律并不相同。由于 H_2S 和乙醇的敏感度的变化规律相近，且最大值均出现在 332 ℃的工作温度下，因此，在 332 ℃时，H_2S 的选择性反而大幅度下降，而在 273 ℃时，选择性系数反而出现了最大值。纵观 4 个样品的选择性变化规律发现，在各个工作温度下，600 ℃焙烧 ZnO 均有比 1000 ℃焙烧 ZnO 更优的选择性。

图 1.61 所示的 H_2S 气体对乙醇和丙酮的选择性系数的变化规律如下：杉木结构 ZnO 在较低的工作温度 273 ℃时选择性较好，而柳桉结构 ZnO 则在相对较高的工作温度 332 ℃时拥有更优的选择性。但是，不管在何种工作温度下，ZnO 对 H_2S 气体均有良好的选择性，选择性系数均高于 4.0。

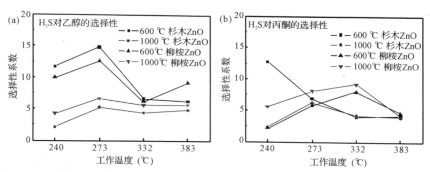

图 1.61 不同元件工作温度下，杉木和柳桉结构 ZnO 的 H_2S 选择性系数。(a)乙醇气体；(b)丙酮气体

如前所述，氧化物半导体的气体吸附分为物理吸附和化学吸附两个过程(图 1.62)，这两种吸附过程都受温度影响。曲线(a)所代表的是物理吸附过程，此过程不需要吸收能量，在低温下即可进行，温度的上升会造成氧脱附速率增大，因此随着温度的升高吸附量减少。曲线(b)为非平衡(不可逆)吸附过程，此时化学吸附需要克服吸附活化能，因此需在较高温度下进行。在此温度范围内，物理吸附的气体有足够的能量克服活化能而发生化学吸附，同时，脱附需要的活化能很大，因此温度升高，吸附量增大。曲线(c)为平衡化学吸附过程，此时温度升高会增加脱附速率，同样会造成吸附量的减少。

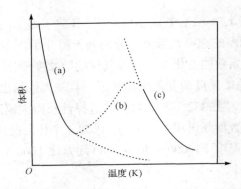

图 1.62 定压下的吸附与温度关系图。(a)物理吸附；(b)非平衡化学吸附；(c)平衡化学吸附

因此，工作温度的升高一方面会增加气体化学吸附量，但到一定程度后，温度的升高又会增加气体脱附量，从而减少 ZnO 表面的气体吸附量，降低被测气体的敏感度。

工作温度除了会对气体的解吸附过程产生重要影响，还可以帮助气体分子克服势垒来与 ZnO 表面的氧气反应，加快被测气体与氧之间的化学反应速度，增加电子浓度，增加样品的气敏性。根据阿伦尼乌斯公式(1.19)，温度与反应速率呈指数关系，温度越高，气体的反应速率越大。

$$k = Ae^{\frac{E_a}{RT}} \tag{1.19}$$

式中，k 为反应速率常数，A 为指前因子，E_a 为反应活化能，R 为理想气体常数，T 为热力学温度。但化学反应的加速也会限制转变过程，比如吸附到传感器表面的测试气体和氧气的吸附作用。温度过高还会促使 H_2S 与空气中的氧反应，导致灵敏度的降低。

在某一临界温度上，当化学反应过程和气体迁移过程达到了平衡，ZnO 的气敏性就会达到峰值。如图 1.63(a)所示，600 ℃焙烧 ZnO 具有更小的颗粒，在 332 ℃的工作温度上达到了临界温度，而 1000 ℃焙烧 ZnO 其颗粒尺寸更大，在更高的工作温度上才会达到临界温度，说明高温焙烧的 ZnO 势垒更大，克服势垒所需的能量更高。

响应-恢复时间是气敏元件的重要特性参数，是衡量气敏元件优劣的重要准则。在 332 ℃ 的工作温度下，600 ℃焙烧杉木结构 ZnO 对乙醇、丙酮和 H₂S 的响应-恢复曲线可见图 1.63。通过计算各 ZnO 对乙醇、丙酮及 H₂S 的响应-恢复曲线，可得不同工作温度下，600 ℃和 1000 ℃焙烧的杉木、柳桉结构 ZnO 的响应时间和恢复时间，计算所有四种 ZnO 对乙醇、丙酮和 H₂S 的响应-恢复时间，结果分别列于表 1.16~1.18 中。由图 1.63 可以看出，ZnO 对 H₂S 的响应很快，所需时间仅为 6 s，与乙醇接近，小于丙酮响应时间 10 s。而三种气体的恢复时间，则以乙醇为最短，仅为 7 s，而对其他两种气体的恢复时间相对较长，需 10 s。600 ℃焙烧杉木结构的 ZnO 对不同气体响应-恢复时间都比较短，没有明显的不同。

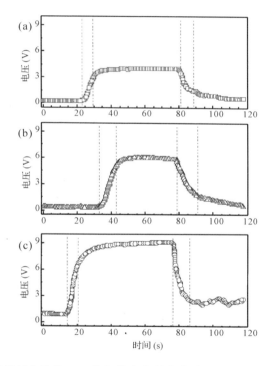

图 1.63　600 ℃焙烧杉木结构 ZnO 的气体响应-恢复曲线。(a)乙醇气体；(b)丙酮气体；(c)H₂S 气体

　　表 1.16 所示为不同工作温度下，四种结构的 ZnO 对乙醇的响应-恢复时间。随着工作温度从 240 ℃开始升高，响应时间和恢复时间逐渐减小，至 332 ℃时达到最小，而后随着工作温度增加到 383 ℃，响应和恢复时间又有所增加。四种 ZnO 样品没有较大的不同。总体来说，600 ℃焙烧

分级多孔 ZnO 所用时间略少于 1000 ℃焙烧分级多孔 ZnO 的，而木材种类的改变没有对响应-恢复时间产生明显的影响。另外，由于气体在常规 ZnO 中扩散速度较慢，因此所用的响应时间比分级多孔 ZnO 的略长。

表 1.16   ZnO 对乙醇气体的响应-恢复时间

ZnO 样品	响应时间 (s) /恢复时间 (s)			
(焙烧温度及木材结构)	240 ℃	273 ℃	332 ℃	383 ℃
600 ℃，杉木结构	13 / 12	14 / 5	6 / 4	12 / 4
1000 ℃，杉木结构	18 / 6	15 / 3	5 / 4	14 / 5
600 ℃，柳桉结构	14 / 8	10 / 5	4 / 3	9 / 3
1000 ℃，柳桉结构	20 / 14	16 / 7	5 / 3	9 / 6

不同工作温度下，四种结构的 ZnO 对丙酮的响应-恢复时间列于表 1.17 中。随着工作温度的升高，各 ZnO 的响应时间和恢复时间均有所下降。从 240 ℃到 332 ℃响应时间下降剧烈，332 ℃到 383 ℃恢复时间下降剧烈。对于不同的分级多孔 ZnO，与乙醇气体类似，依然是 600 ℃焙烧 ZnO 所用响应-恢复时间略少于 1000 ℃焙烧 ZnO 的。

表 1.17   ZnO 对丙酮气体的响应-恢复时间

ZnO 样品	响应时间 (s) /恢复时间 (s)			
(焙烧温度及木材结构)	240 ℃	273 ℃	332 ℃	383 ℃
600 ℃，杉木结构	10 / 23	9 / 17	8 / 12	7 / 4
1000 ℃，杉木结构	15 / 18	21 / 10	8 / 14	8 / 4
600 ℃，柳桉结构	9 / 20	13 / 15	8 / 10	6 / 3
1000 ℃，柳桉结构	15 / 24	8 / 18	10 / 16	9 / 3

不同工作温度下，四种结构的 ZnO 对 H_2S 在不同温度下的响应-恢复时间列于表 1.18 中。H_2S 的恢复时间与乙醇、丙酮气体相比较长，在 12~33 s 之间。当工作温度从 240 ℃升高至 332 ℃时，响应时间和恢复时间逐渐减小；工作温度继续增至 383 ℃，恢复时间略有减小而响应时间却略有增大。600 ℃焙烧 ZnO 所用响应-恢复时间依然少于 1000 ℃焙烧 ZnO 的，常规 ZnO 的响应-恢复所用时间比同样温度焙烧的分级多孔 ZnO 的更长。

表 1.18 ZnO 对 H₂S 气体的响应-恢复时间

ZnO 样品	响应时间 (s)/恢复时间 (s)			
(焙烧温度及木材结构)	240 ℃	273 ℃	332 ℃	383 ℃
600 ℃，杉木结构	15 / 32	8 / 20	6 / 10	5 / 17
1000 ℃，杉木结构	9 / 28	10 / 24	5 / 18	8 / 19
600 ℃，柳桉结构	11 / 25	4 / 22	3 / 16	3 / 23
1000 ℃，柳桉结构	13 / 33	8 / 24	4 / 14	9 / 16

600 ℃焙烧分级多孔 ZnO 所需的响应-恢复时间少于 1000 ℃焙烧分级多孔 ZnO 和常规 ZnO 的，这是由于 600 ℃焙烧分级多孔 ZnO 具有较高的孔隙率，被测气体及氧的解吸附速度都较快，因此响应-恢复特性较好。另外，在较高的工作温度(332 ℃和 383 ℃)下，气体的响应-恢复特性都优于较低的工作温度(240 ℃和 273 ℃)下的，这是由于工作温度会使 ZnO 表面氧的解吸附过程显著增快，同时可以加快被测气体与氧之间的化学反应的速度，减少响应-恢复时间。但是当工作温度从 332 ℃上升到 383 ℃时，响应-恢复时间会增加，如前面所提到的，这是由于传感器表面氧气和测试气体交换受限而引起的高速率的化学反应。

二氧化锡(SnO₂)传感器因为其在相对较低的工作温度下对有毒污染气体和可燃气体的高灵敏度(Comini *et al.*, 2002)受到人们的广泛关注。这些合成自棉花的生物形态SnO₂微管可能会提升自身的气敏性能。受到这种一维开放的管状结构的启发，我们认为这类半导体的纳米管有希望能够具有良好的气体响应和选择性质(Zhu *et al.*, 2010)。我们测试了700 ℃下焙烧的氧化锡纳米管的生物感应性质。图1.64表示当传感器受到不同种类的浓度为50 ppm的气体接触式的不同响应，气体种类包括乙醇、甲醛、甲醇、一氧化碳、氢、氨、丙酮。

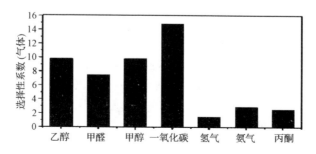

图 1.64 SnO₂ 传感器 350 ℃对不同气体(50 ppm)的敏感度

相比较其他的气体，二氧化锡对丙酮表现出了良好的敏感度。根据之前的报告，对气体的敏感很大程度上取决于传感器内部气体分子的扩散程度。有理由认为丙酮气体更容易扩散进入传感器的内部并与吸附在二氧化锡表面的氧气反应。如图 1.65 所示，一维二氧化锡纳米管传感材料对丙酮气体的响应值为 14.9，根据 Xu 的报告，正方的二氧化锡纳米线响应值为 7.8。

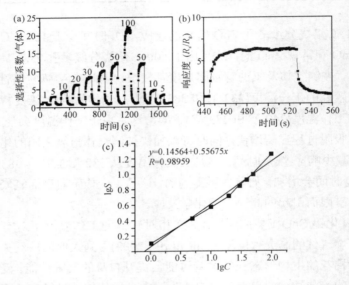

图 1.65 (a) 350 ℃下浓度从 1 到 100 ppm 的丙酮测量的 SnO$_2$ 纳米管传感器的灵敏度的变化；(b) 丙酮气体 20 ppm 时二氧化锡纳米管的响应-恢复点；(c) 传感器的灵敏度与丙酮的浓度的双对数拟合曲线

从上述讨论可知，我们详细研究了传感器对丙酮的响应效果。丙酮浓度从 1 到 100 ppm 二氧化锡传感器的响应的响应和变化如图 1.65(a)所示。敏感度 1.6、3.3、4.7、6.4、8.7、10.5、12.4、22.6 分别对应 1、5、10、20、30、40、50、100 ppm 的丙酮蒸气。丙酮浓度低至 20 ppm 时，传感器的灵敏度可达到 6.4，与 290 ℃时测量方形纳米线 SnO$_2$ 所得到灵敏度 5.5 相反。高响应程度可以归因于纳米管的多孔结构和小的晶粒尺寸。半导体氧化物的直径越小，响应较高。在这项研究中，氧化锡的晶粒尺寸约 15 nm，比所报道的方形纳米线的 80±5 nm 要小得多。细晶粒尺寸可以提高 SnO$_2$ 的表面和被检测气体分子之间的相互作用，管状的多孔结构将有助于气体快速、充分地进入 SnO$_2$ 的晶粒内。对反应丙酮蒸气的响应与否可以重复观测，发现没有明显的下降(14.38、4.8、3.3 对应于第二个周期 50、10 和 5 ppm 的丙酮，图 1.65(a))，说明了传感器的稳定性良好。响应值与丙酮浓度呈线性关系，也可由纳米管传感器观测得到(图 1.65(b))。响应程度随气体浓度的增加而增加表明 SnO_2 的表面覆盖着化学吸附的负氧离子，它可以与减少的丙酮反应。随着气体浓度的增加，可能会释放更多的电子到传感器的表面。因此，电阻会下降，气体的响应程度增强。拟合曲线显示为线性关系(图 1.65(c))：$lgS=0.14564+0.55675\ lgC$。传感器拟合曲线的相关系数 R 为 0.98959。根据文献，相关系数高是高灵敏度的必要条件。这种线性关系可由直径小于 15 nm 的纳米 SnO_2 观测得到。因此，上述结果表明，线性关系与 SnO_2 材料的小尺寸效应有关。

当丙酮浓度范围在 1~100 ppm，响应的对数对丙酮浓度的对数显示良好的线性关系。结果表明，配合双对数放大电路的传感器实际应用检测范围为 1~100 ppm 的丙酮蒸气。

进一步开发二氧化锡气体传感器纳米管对气体响应的应用，我们分析了其恢复曲线后，工作温度在 350 ℃下暴露在丙酮蒸气(浓度：20 ppm)(图 1.63(c))。传感器具有高速的响应时间(10 s)和恢复时间(9 s)。这可能是此类结构有利于加速氧分子的吸收，并在 SnO_2 纳米管的表面形成氧离子，这具有重要意义，可以减少传感器的恢复时间。

这种快速反应在其他一维的纳米传感器上也可以观察到，但恢复时间很长，一般长于 60 s。为了减少恢复时间，采取了一些辅助手段，如紫外线光照和高温处理。然而，当传感器需要不间断地检测目标气体时，这些手段往往造成了很多不便。因此，恢复时间很短的纳米管传感器更有希望得到应用。这种快速反应和恢复特性与大小和形态相关。实验表明，高表面积的小纳米颗粒在减小恢复时间上起到了重要的作用。从理论上说，表面反应速率与吸附在传感器外表面的气体量成正比例。纳米材料的高比表面积大大提高吸附的数量。因此，无论是响应还是恢复速率都是非常快的。此外，传感器响应和恢复速度快也归功于特殊形态的纳米管。纳米管结构使被检测气体分子的扩散相比较于其他密度薄膜传感器更容易。与单晶二氧化锡的单个纳米带制成的传感器不同，晶粒较小的多孔结构的 SnO_2 纳米管允许传感器保持最敏感的工作状态。

1.4 小结

我们已经证实，低成本的天然材料，如木材、棉花和水稻外壳，能被用于制备各种功能的生物态金属氧化物，例如氧化铝、氧化锌和氧化钛。已经研究出利用各种不同的从天然植物来制备金属氧化物功能材料的方案，包括浸渍和超声处理法。在浸渍工艺中，将植物模板浸渍到金属氧化物的前驱体溶液中，包括氯化铝溶液和锡酚盐溶液，之后在空气中高温烧结来制备终产物氧化铝纤维和氧化锡微管。采用的烧结温度对制备的氧化氯纤维的表面孔径分布有很大的影响。这种工艺还可以用于以棉花为模板合成生物态氮-氧化钛掺杂物(N-TiO$_2$)，并进一步合成有纳米空的 Au 纳米粒子。在这期间，以棉花为模板的生物态氧化铝先被合成，之后 Au 纳米粒子在生物态氧化铝的纳米空隙中被进一步合成。除了上述方法外，我们提出了利用声化学方法，以植物为模板，制备氧化锡和氧化钛功能材料(这里用的是棉花和木材)。浸过金属氧化物前驱体溶液中的棉纤维先在空气中超声处理，接着进行烧结以制备保持着棉花原始形态的纳米管材料。用此方法制备的有特殊结构和功能的样品在催化剂、传感器、吸附剂、锂电池材料以及高性能的电磁干扰防护的方面有潜在的应用。由于用此方法制备的生物态材料所表现出的优点以及自然植物的供给充足，使得这种方法在工业生产中有很大的应用前景。

参考文献

Asahi R, Morikawa T, Ohwaki T, Aoki K, and Taga Y (2001) Visible-light photocatalysis in nitrogen-doped titanium oxides. *Science*, 293:269-271.

Aslam M, Chaudhary VA, Mulla IS, Sainkar SR, Mandale AB, Belhekar AA, and Vijayamohanan K (1999) A highly selective ammonia gas sensor using surface-ruthenated zinc oxide. *Sensors & Actuators: B. Chemical*, 75:162-167.

Baruwati B, Kumar DK, and Manorama SV (2006) Hydrothermal synthesis of highly crystalline ZnO: a competitive sensor for LPG and EtOH. *Sensors & Actuators: B. Chemical*, 119:676-682.

Bhattacharyya P, Basu PK, Saha H, and Basu S (2007) Fast response methane sensor using nanocrystalline zinc oxide thin films derived by sol-gel method. *Sensors & Actuators: B. Chemical*, 124:62-67.

Calvo ME, Colodrero S, Rojas TC, Anta JA, Ocana M, and Miguez H (2008) Photoconducting Bragg mirrors based on TiO_2 nanoparticle multilayers. *Advanced Functional Materials*, 18:2708-2715.

Comini E, Faglia G, Sberveglieri G, Pan ZW, and Wang ZL (2002) Stable and highly sensitive gas sensors based on semiconducting oxide nanobelts. *Applied Physics Letters*, 81:1869-1871.

Dong A, Wang Y, Tang Y, Ren N, Zhang Y, Yue Y, and Gao Z (2002) Zeolitic tissue through wood cell templating. *Advanced Materials*, 14:926.

Fan TX, Li XF, Ding J, Zhang D, and Guo QX (2008) Synthesis of biomorphic Al_2O_3 based on natural plant templates and assembly of Ag nanoparticles controlled within the nanopores. *Microporous and Mesoporous Materials*, 108:204-212.

Fan TX, Sun BH, Gu JJ, Zhang D, and Leo WML (2005) Biomorphic Al_2O_3 fibers synthesized using cotton as bio-templates. *Scripta Materialia*, 53:893-897.

Johnson SA, Ollivier PJ, and Mallouk TE (1999) Ordered mesoporous polymers of tunable pore size from colloidal silica templates. *Science*, 283(5404):963.

Li XF, Fan TX, Zhou H, Zhu B, Ding J, and Zhang D (2008) A facile way to synthesize biomorphic $N-TiO_2$ incorporated with Au nanoparticles with narrow size distribution and high stability. *Microporous and Mesoporous Materials*, 116:478-484.

Linsebigler AL, Lu GQ, and Yates JT (1995) Photocatalysis on TiO_2 surfaces: principles, mechanisms, and selected results. *Chemical Reviews*, 95:735-758.

Liu Z, Fan T, Ding J, Zhang Di, Guo Qixin, and Ogawa Hiroshi (2008) Synthesis and cathodoluminescence properties of porous wood (fir)-templated Zinc oxide. *Ceramics International*, 34(1):69-74.

Liu Z, Fan T, Zhang D, Gong X, and Xu J (2009) Hierarchically porous ZnO with high sensitivity and selectivity to H_2S derived from biotemplates. *Sensors & Actuators: B. Chemical*, 136(2):499-509.

Liu Z, Fan T, Zhang W, and Zhang D (2005) The synthesis of hierarchical porous iron oxide with wood templates. *Microporous and Mesoporous Materials*, 85(1-2):82-88.

Liu ZT, Fam TX, and Zhang D (2006) Synthesis of biomorphous nickel oxide from pine wood template and investigation on hierarchical porous structure. *Journal of the American Ceramic Society*, 89(2):662-665.

Potyrailo RA, Ghiradella H, Vertiatchikh A, Dovidenko K, Cournoyer JR, and Olson E (2007) Morpho butterfly wing scales demonstrate highly selective vapour response. *Nature Photonics*, 1:123-128.

Sun BH, Fan TX, Xu JQ, and Zhang D (2005) Biomorphic synthesis of SnO_2 microtubules on cotton fibers. *Materials Letters*, 59(18):2325-2328.

Wang YQ, Tang XH, Yin LX, Huang WP, Hacohen YR, and Gedanken A (2000) Sonochemical synthesis of mesoporous titanium oxide with wormhole-like framework structures. *Advanced Materials*, 12:1183-1186.

Yang N, Zhu SM, Zhang D, and Xu S (2008) Synthesis and properties of magnetic Fe_3O_4-activated carbon nanocomposite particles for dye removal. *Materials Letters*, 62: 645-647.

Zhu B, Fan TX, and Zhang D (2008) Adsorption of copper ions from aqueous solution by citric acid modified soybean straw. *Journal of Hazardous Material*, 153: 300-308.

Zhu SM, Yang N, and Zhang D (2009) Poly (*N,N*-dimethylaminoethyl methacrylate) modification of activated carbon for copper ions removal. *Materials Chemistry and Physics*, 113:784-789.

Zhu SM, Zhang D, Chen ZX, Zhou G, Jiang HB, and Li JL (2009) Sonochemical fabrication of morpho-genetic TiO_2 with hierarchical structures for photocatalyst. *Journal of Nanoparticle Research*, 12(7):2445-2456.

Zhu SM, Zhang D, Gu JJ, Xu JQ, Dong JP, and Li JL (2010) Biotemplate fabrication of SnO_2 nanotubular materials by a sonochemical method for gas sensors. *Journal of Nanoparticle Research*, 12:1389-1400.

2

以蝶翅为模板的遗态材料

蝴蝶作为自然界真善美之精灵，备受世人的关注。其耀眼的色彩是那么地显眼，那么地引入注意，对它的描述不仅仅出现在文学著作里。最近，其耀眼的色彩吸引了大量的材料科学家。在本章中，我们介绍以具有精细分级结构的蝴蝶翅膀为模板的遗态材料的研究。蝴蝶作为自然界最绚丽多彩的物种之一，所属的蝶亚目，共有 180,000 种之多，其中大约有 100,000 余种是通过其翅膀的颜色和微观结构加以鉴别的，并且大多数的蓝色和绿色是由于其精细分级的微观结构而产生的结构色。以具有精细分级的微观结构的蝶翅作为模板，可制备出多种功能材料。在此我们介绍以蝶翅为模板的光功能材料的制备及研究。

这一章的组织结构如下：在 2.1 节中，我们将回顾蝴蝶翅膀微观结构的研究，它曾指导和鼓舞了我们合成多功能无机蝴蝶翅膀复制物。在 2.2 节，描述我们小组在这方面的合成方法，这为随后的研究工作提供了精致的范例。在 2.3~2.5 节，我们对合成的蝴蝶翅膀复制物进行了表征，显示出各种功能，比如光学性质、气敏性能及其在太阳能电池上的应用。

2.1 引言

在自然界中，数量惊人的蝴蝶展现出光辉绚丽的颜色，称作"结构色"。这些颜色是自然光与蝶翅精细微结构产生复杂相互作用的结果。自然界中大多数结构色是利用了某种特殊的物理机制来增强色彩，从而达到生物学目的。到目前为止，人们普遍认为结构色主要基于以下 5 个基本光学机制或它们的组合：(1)薄膜干涉；(2)多层膜干涉；(3)衍射光栅；(4)光散射；(5)光子晶体。与前一章介绍的树木和竹子的微观结构相比，蝴蝶翅膀的微观结构小得多，是在亚微米和纳米尺度。这些微结构在遗态材料的转化和表征上有巨大潜力。

要区分这些物种，一个主要的方法是识别不同蝶翅鳞片的颜色和结构的细微差异。鳞片呈薄板形式，其典型的尺寸为 100 μm 长，50 μm 宽，大约 0.5 μm 厚，像屋顶交错的瓦片一样。区分这些蝴蝶翅膀的微观结构可以引导我们在蝴蝶翅膀复制物及其应用这一领域的研究。这里我们将简单回顾一下蝴蝶翅膀微观结构的研究进展。

正如我们上面提到的，蝴蝶家族拥有数量惊人的物种(超过 100,000 种)。要区分这些物种，一个主要的方法是识别不同蝶翅鳞片的颜色和结构的细微差异。艳丽的蝴蝶翅膀作为一种独特的视觉展示，不仅带有自然的美学色彩，也蕴含着进化的机制和科研的灵感。它们是由相当小的鳞屑组成，在基膜上形成两个或两个以上的层。Ghiradella (1989)根据结构本身的反射、散射和衍射把不同形式的蝴蝶微结构做了分类。这些微观结构形成三大类，每种都是由多层膜或其他衍射和散射系统组成。一些闪亮的蝴蝶已经被许多科学家广泛地研究，如 *M. rhetenor*、*M. didius*、*P. palinurus* (Vukusic *et al.*, 1999)、*T. magellanus* (Parker *et al.*, 2001)。此外，一些蝴蝶亚种中，翅膀角质层展示出非凡和复杂的 1D、2D 和 3D 光子晶体结构 (Srinivasarao, 1999；Vukusic *et al.*, 2000；Biró *et al.*, 2003)，和部分或全部光子带隙(Argyros *et al.*, 2002)。

基于麦克斯韦方程的计算，一个完整的带隙只能通过特定的晶体对称性和大的折射率差(至少超过 2)来实现。然而，蝶翅鳞片上的角质层材料是一种棒状甲壳素和蛋白质基质的复合，它在可见光波段的折射率约为 1.56~1.58 (Land, 1972)，这也部分地解释了为什么 *P. palinurus* 等只生成部分光子带隙(PBGs)而不是完整的 PBGs。最近，我们小组已经在努力制备具有完整光子带隙微观结构的蝴蝶复制物。在此期间，对显微组织的一些特殊性质和应用进行了仔细研究。这里，我们将比较完整地回顾一下这个工作。

2.2 蝶翅遗态材料的合成工艺

2.2.1 化学溶液浸渍方法

化学溶液浸渍方法能完好地保留原始蝶翅精细分级微结构,并且应用化学溶液浸渍方法可得到大量的金属氧化物蝶翅仿生材料。把原始蝶翅浸渍在醇盐的水溶液或乙醇溶液中,通过水解和凝聚反应使无机颗粒渗透到自然蝶翅精细分级结构中,导致蝶翅鳞片的脊和肋等精细分级结构矿物化(Zhang *et al.*, 2006c)。

高温加热混合材料以除去有机物,并使渗透在分级精细结构上的金属氧化物结晶,从而形成具有蝶翅精细分级结构的金属氧化物遗态材料。

基本制备工艺为(Zhang *et al.*, 2006c):首先,对按照选择的蝶翅生物模板进行前处理,并配制含有所需成分的前驱体溶液。通过 EDX 对原始蝶翅化学成分进行分析可知,蝶翅的主要成分为壳质素,并含有少量的盐及蛋白质,如图 2.1 及表 2.1 所示。我们得知,原始蝶翅的各化学元素的平均含量为:C 占 70.03%,O 占 28.45%,其他元素占 1.52%。为了去除原始蝶翅模板上的杂质,分别用稀盐酸和氢氧化钠溶液对原始蝶翅进行处理。首先,原始蝶翅在室温下浸渍于 6%盐酸溶液中 3 h,然后用去离子水清洗;再在 100 ℃浸渍于 10%的氢氧化钠溶液中 4 h。为了减小对原始蝶翅精细分析结果的破坏,有时碱溶液的浓度被降低到 8%,温度降低到 50 ℃。之后,采用去离子水进行清洗,并在 80 ℃的干燥箱中干燥 24 h。

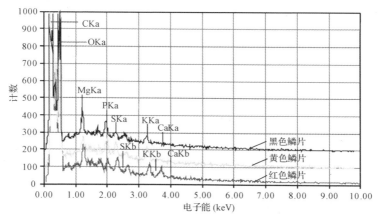

图 2.1 蝶翅鳞片不同区域的 EDX 谱线。线的颜色代表蝶翅上不同的区域

表 2.1   图 2.1 中 EDX 谱线的峰值(wt%)

原始样品	C	O	Mg	P	S	Cl	K	Ca	总计
黄色鳞片	69.28	28.49	0.30	0.56	0.51		0.80		100
黑色鳞片	67.19	30.26	0.81	0.54	0.43	0.27	0.50		100
红色鳞片	65.95	31.18	0.64	0.31	0.50		0.74	0.68	100

其次，将前处理得到的蝶翅模板浸渍到配得的前驱体溶液，调节浸渍参数，以获得最佳浸渍效果。本小组对多种前驱体溶液进行了详细的研究，包括硝酸盐($Zn(NO_3)_2$、$Zr(NO_3)_4$)制备 ZnO、ZrO_2 和硫酸盐制备 TiO_2 等。有些金属盐在实验室的制备中需要避免水解。为了提高前驱体的浸润性和浸渍性，有机溶液特别是无水乙醇溶液被应用于对前驱体进行前处理。

浸渍后(大多数浸渍时间大于 12 h)，蝶翅在 500 ℃以上的温度下进行煅烧。在空气中对原始蝶翅进行热重分析(tga2050, TA Instruments Inc.)发现，在 294 ℃温度下开始热解，365 ℃温度后完全热解，如图 2.2 所示。实验数据显示，材料几乎不含灰。并且含壳质素的蝶翅在 25~200 ℃的温度下非常稳定。因此，把蝶翅浸渍入前驱体溶液进行前处理对蝶翅的影响不大。

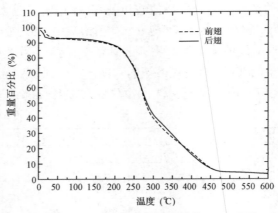

图 2.2   壳质组成的原始蝶翅的 TGA 曲线

第三，浸渍后的蝶翅模板进行烧结处理，以达到去除蝶翅生物模板的同时，获得所需组分的蝶翅结构氧化物材料。烧结时需选择适当的烧结温度及升温速率，以减小甲壳素基层在烧结过程中的断裂。烧结后，烧结炉采取自然冷却的方法，使烧结炉的温度达到室温。

经过一系列的转化之后，得到了具有拟旖斑蝶外形和内部蝶翅结构的

ZnO 态材料，见图 2.3 (Zhang *et al.*, 2006a; Song *et al.*, 2009)。从图 2.3 可以看出拟崎斑蝶右前翅在复制转化过程的颜色变化(左栏)以及成分转变(右栏)。原始蝶翅模板的 XRD 图谱上可以看出，在宽化的非晶背底上有三个较尖锐的衍射峰，即 19.7°、28.2°和 31.3°，其中 19.7°为甲壳素结晶体的(110)晶面的衍射峰。经过前处理和浸渍之后，蝶翅变得更加透明，可以透过蝶翅看到下面的蓝色织物背景，这是由于前处理和浸渍过程中除去了大部分色素，特别是存在于翅脉部分的黑色素。从这里也可以看出，拟崎斑蝶翅脉黑色的来源是色素；没有色素的存在，整个蝶翅呈现的就是甲壳素基体的无色透明状态。此外，由于浸渍在蝶翅基体上的硝酸锌前驱体部分水解，导致浸渍之后的蝶翅鳞片略呈黄色，XRD 分析显示这些浅黄色物质为 $Zn(OH)(NO_3)(H_2O)$ (SG：P21/c；JCPDS：84-1907)。经过烧结之后，得到了拟崎斑蝶右前翅的遗态材料，见图 2.3(c)。整个翅膀完整复制保留下来，翅脉和翅室清晰可辨。XRD 分析显示所得样品衍射峰与 ZnO (SG：P63mc；JCPDS：36-1451)一致，为六方红锌矿结构。精确量取(101)衍射峰的半峰宽，根据 Scherrer 公式，估算出所得 ZnO 晶粒的尺寸大小为 13 nm。

　　采用不同沉积参数合成三种 SnO_2(SnO_2-1、SnO_2-2 和 SnO_2-3)，并选择 SnO_2-1 作为代表进行物相、成分和微结构分析。原始蝶翅、蝶翅复合物、SnO_2-1 样品及参比样品 SnO_2-R 的 XRD 测试结果如图 2.4。原始蝶翅和蝶翅复合物在 10°~30°具有晶体衍射峰，这表明蝶翅的甲壳素是以稳定的结晶态形式存在，且浸渍过程不能改变其晶体结构。550 ℃烧结产物中的甲壳素晶体峰消失，印证了甲壳素在 550 ℃的完全分解。在大于 25°的区域，SnO_2-1 和 SnO_2-R 显示出一系列明显的晶体衍射峰，峰位和相对强度与四方金红石相 SnO_2 一致。宽化的衍射峰说明 SnO_2-1 和 SnO_2-R 由细小的纳米颗粒组装而成。根据谢乐公式，两者的晶粒尺度分别为 7.0 nm 和 14.2 nm。由合成工艺可知，SnO_2-1 和 SnO_2-R 采用相同前驱材料和热处理工艺制备，然而两者却具备不同的晶粒尺寸，这主要归结于蝶翅分级结构的空间束缚作用抑制了晶粒的长大。TEM 图片进一步展示了蝶翅形貌 SnO_2-1 的多孔网络结构(图 2.4(a))，其空心骨架的构造也清晰可见。分级多孔 SnO_2-1 由纳米颗粒堆积而成(图 2.4(b))。

　　通过以上分析可知，化学溶液浸渍法可制备无机蝶翅遗态材料。然而浸渍生物模板，受前驱体扩散率的影响，往往需要较长的浸渍时间。于是，我们接下来将介绍比浸渍法更快的声化学处理法。

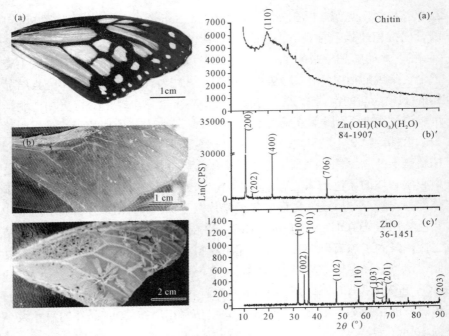

图 2.3 左：每一步合成过程中样品的照片。(a) *Ideopsis similis* 的前翅；(b)浸泡之后的蝶翅模板；(c)合成之后的白色样品；右：与左图对应的样品的 XRD 衍射谱线

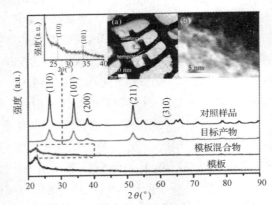

图 2.4 模板、模板化的混合物、目标产物以及对照样品的 XRD 图。插图(a)、(b)分别为模板化的混合物的 TEM 和 HRTEM 图

2.2.2 声化学合成方法

作为一种能合成具有优异性能新材料的技术，声化学广泛应用于材料

的研究。在高强的声波或超声波的辐照下，能产生声空化。由于液体的动能转化为气泡内容物的热能，液体中的气泡在爆裂时产生大量的能量。在空化作用中气泡的压缩比热传输更快，这就产生了瞬时的局域热点。利用气泡爆破期间的极端条件，可以分解金属-羰基键，在纳米尺度上合成金属、金属碳化物、金属氧化物和硫化物。在这里，我们报道一个使用超声波辐照来复制蝴蝶翅膀的分级微观结构的方法。声化学方法的优点是不仅复制很精确，而且复制过程更加简单、高效，整个过程只需几个小时。

对比前一节中介绍的方法，这里用声化学方法制备了氧化锡、二氧化硅和二氧化钛无机蝶翅复制物(Zhu *et al.*, 2009a; 2009b)。

所有预处理后的翅膀都浸入乙醇/水混合前驱体溶液中，随后在室温下用高强度的超声波探头(Ti horn, 20 kHz, 100 W/cm^2)超声 2.5~3 h。针对 TiO$_2$ 复制物，摩尔比率：乙醇：水：TiCl$_4$=35：11：1；针对 TiO$_2$ 复制物，乙醇：水：正硅酸乙酯：HCl=3：12：1：0.03；针对 SnO$_2$ 复制物，乙醇：水：SnCl$_2$·2H$_2$O=100：100：1。最后，取出超声之后的蝴蝶翅膀，用乙醇溶液洗 3 次，并真空干燥。在 500 ℃下烧结 3 h，与空气反应去除甲壳素基质，留下陶瓷性蝶翅结构的金属氧化物。

尽管合成的时间已经大大减少，但形态完整性仍然得到了很好的保持，以 TiO$_2$ 为例(图 2.5)。经历了剧烈的声化学和焙烧过程，脊和肋结构仍保留下来了(图 2.5(a)~2.5(b))，可以清晰看到在人工复制物中有着原始鳞片的精细结构。特别地，沿着纵脊分布着重叠的倾斜薄片，在纵肋的边上连接着横肋和微肋，这些精细微结构在 TiO$_2$ 上都得到了再现。在薄片之间是支撑性的十字微肋，有着 1 个或 2 个的支架立在地面，呈现中空骨架(图 2.5(b))。在肋和鳞片底部之间交叉点的无缝连续壳结构，说明 TiO$_2$ 同时在肋和底面生长(图 2.5(c))。图 2.5(d)中复制物好好的横截面和平滑的表面说明没有额外的短程或长程无序结构产生。纵脊间距大约 1.25 μm，脊之间的横肋的间距大约 100 nm，尺寸收缩约 22%。TEM (图 2.5(e)~2.5(f))可看出，TiO$_2$ 保留了原始蝶翅鳞片的全部形貌。

拉曼光谱分析(图 2.6(a))进一步表明，TiO$_2$ 是由锐钛矿组成。主要的拉曼模式可以被定位成锐钛矿晶体的拉曼模式：399 cm^{-1} (B1g(1)), 520 cm^{-1} 和 637 cm^{-1} (Eg(3))。能量色散谱分析证实了复制物就是 TiO$_2$ (图 2.6(b))。SnO$_2$ 和 SiO$_2$ 复制物也同样如此，更多的细节参见 Zhu *et al.* (2009a)。

图 2.5　以蓝闪蝶为模板的 TiO$_2$ 复制样品。(a)~(b)为二氧化钛复制品的 FESEM 扫描图片；(c)~(d)为蝶翅复制品横截面的 FESEM 扫描图片；(e)~(f)为 TEM 扫描图像

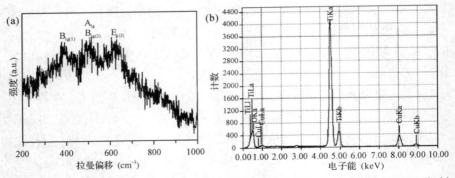

图 2.6　(a)以蓝闪蝶为模板复制的 TiO$_2$ 样品典型的拉曼显微分光镜分析；(b)TiO$_2$ 复制样品的 EDX 谱线图，展示出结构中 Ti 和 O 的存在，Cu 源自试验中使用的碳铜光栅

2.2.3 溶剂热制备纳米复合材料的方法

该部分应用纳米复合原位自身合成方法制备具有蝶翅微结构的功能材料。通过复合合成可加强或调节复合模板的光学性能。CdS 是一种典型的 II-VI 族半导体，其直接带隙为 2.4 eV。通过调节 CdS 的大小和表面形貌，在可见光区域具有可调的光致发光特性。CdS 纳米颗粒与光子晶体结构相结合可实现在单一结构情况下更优化的可调的自发辐射，从而使开发纳米尺度的光源成为可能。更可喜的是，CdS 纳米颗粒与具有天然光子晶体结构的蝶翅鳞片相结合，为该领域的发展开辟了一条全新的具有跨时代意义的道路(Han *et al.*, 2009)。

根据先前的研究，蝶翅的蛋白质/甲壳素成分经 EDTA/DMF 活化后新增了许多 COO^- 活性位点，从而增强了金属在蝶翅的蛋白质/甲壳质上的沉积。于是，首先采用 EDTA/DMF 对自然蝶翅进行活化，然后通过预沉积和水域热处理这两个过程来有效地复合 CdS 纳米颗粒与蝶翅鳞片的分级微结构。

活化体系由乙二胺四乙酸(EDTA)分散于 N,N-二甲基甲酰胺(DMF)中形成的悬浮液构成(EDTA 与 DMF 体积比约 1∶10)。过程 1 中镉源前驱体由 $CdCl_2·2.5H_2O$、无水乙醇、氨水按照 0.4 g∶5 mL∶4 mL 的比例配制而成(pH 9.7)；硫源前驱体由 $Na_2S·9H_2O$ 和无水乙醇按 12.5 mmol/L 的浓度配制而成。过程 2 中溶剂热体系由上述镉源前驱体、过程 1 处理的蝶翅与硫脲配制而成，其中 9 mL 镉源前驱体对应 0.115~0.2 g 硫脲。所用到的化学试剂选用国药集团化学试剂有限公司的分析纯(>98.5%)试剂。高压釜外壳材料为不锈钢，内胆材料为聚四氟乙烯，置于鼓风干燥箱中加热。

纳米硫化镉/蝶翅光子晶体的制备工艺流程见图 2.7，简述如下：蝶翅浸渍于 110 ℃ 的活化体系 6 h，取出用氨水/无水乙醇漂洗以获得 EDTA/DMF 活化的蝶翅。活化后的蝶翅浸渍于镉源前驱体 30 min，取出用氨水/无水乙醇漂洗，再浸渍于硫源前驱体 30 min，取出用无水乙醇漂洗，获得硫化镉种子/蝶翅(过程 1)。硫化镉种子/蝶翅浸渍于镉源前驱体中，再向其中添加硫脲，接着将溶剂热体系转入高压釜中于 100 ℃ 保温 30~40 min，取出处理后的蝶翅用氨水/无水乙醇漂洗，最终得到纳米硫化镉/蝶翅(过程 2)。典型样品及对比样品的参数如表 2.2 所示。

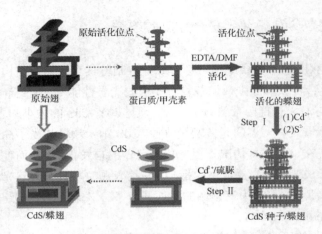

图 2.7 纳米硫化镉/蝶翅的制备机理图

表 2.2 纳米硫化镉/蝶翅样品制备参数及形貌特征表

FESEM 标签号	活化		过程 1 (原位形核)		过程 2 (溶剂热过程)				纳米 CdS 团簇
	试剂	处理参数	(1) Cd^{2+}	(2) S^{2-}	介质成分			处理参数	
					Cd^{2+} (mol/L)	Thiourea (mol/L)	Ethanol/ammonia (v/v)		
a, b^a	EDTA/ DMF	110 ℃ 6h	60 ℃, 30 min	RT, 30 min	0.195	0.168	5/4	100 ℃, 30 min	均匀分散
c	无活化^b		60 ℃, 30 min	RT, 30 min	0.195	0.168	5/4	100 ℃, 30 min	球形
d	EDTA/ DMF	110 ℃, 2.5 h	60 ℃, 30 min	RT, 30 min	0.195	0.168	5/4	100 ℃, 30 min	蠕虫状
e	DMF	110 ℃, 6 h	60 ℃, 30 min	RT, 30 min	0.195	0.168	5/4	100 ℃, 30 min	小岛状
f	EDTA/ DMF	110 ℃, 6 h	无过程 I		0.195	0.168	5/4	100 ℃, 30 min	球形
g	EDTA/ DMF	110 ℃, 6 h	RT, 30 min	RT, 30 min	0.195	0.168	5/4	100 ℃, 30 min	蠕虫状
h	EDTA/ DMF	110 ℃, 6 h	60 ℃, 1h	RT, 30 min	0.195	0.168	5/4	100 ℃, 30 min	蠕虫状
i	EDTA/ DMF	110 ℃, 6 h	60 ℃, 30 min	RT, 30 min	0.049	0.168	5/4	100 ℃, 30 min	小岛状
j	EDTA/ DMF	110 ℃, 6 h	60 ℃, 30 min	RT, 30 min	0.049	0.168	5/13	100 ℃, 30 min	小岛状

^{a}: 采用传统方法制备的样品;^{b}: 采用改进的传统方法制备的样品;方框表示强调

原始蝶翅由蛋白质和甲壳素构成，其傅里叶变换红外光谱如图 2.8 所示，位于 1655 和 1543 cm^{-1} 的吸收带分别对应于蛋白质结构的 amide I 和 amide II 吸收带。位于 1157、1115、1074 和 1543 cm^{-1} 的吸收带可指标为甲壳素的 C–O 特征振动。1728 cm^{-1} 吸收带(COOH 中的 C=O 伸缩)对应于天门冬氨酸和谷氨酸残基的 COOH，而 1250 cm^{-1} 吸收带可指标为 S=O 伸缩振动。由此可见，原始蝶翅的蛋白质/甲壳素成分上已有一些活性位点(如–COOH 和–OH)。尽管如此，我们仍然需要对蝶翅进行活化处理，使之具有合适分布密度的活性位点。经过 EDTA/DMF 活化，原始蝶翅获得了附加的 COO$^-$活性位点，导致红外光谱中 1415 cm^{-1} 吸收带(COO$^-$伸缩振动)强度略微增加。接着将活化后的蝶翅作为可反应的基体束缚镉离子，再吸引硫离子，原位形成硫化镉种子(过程 1)。在这一过程中，由于 Cd^{2+} 的结合作用，1728 cm^{-1} 吸收带(COOH)消失，同时 1415 cm^{-1}(COO$^-$)和 1115 cm^{-1}(环 C–OH 的 C–O 伸缩振动)吸收带的强度增加。由此可见，过程 1 反应时，活化的蝶翅上的活性位点包括蝶翅蛋白质的 COOH/COO$^-$基团(COO...Cd^{2+})、蝶翅甲壳素的环上 C–OH 基团(环状 C–O...Cd^{2+})以及前述 EDTA/DMF 活化过程附加的 COO$^-$基团(COO...Cd^{2+})。其后硫化镉种子/蝶翅被转入含有镉离子([Cd(NH$_3$)$_4$]$^{2+}$)和硫脲的溶剂热体系，其中硫脲逐渐分解，并为硫化镉在硫化镉种子/蝶翅上的非均匀形核提供硫离子(过程2):

$$(NH_2)_2CS + OH \rightarrow NCNH_2 + SH^- + H_2O \tag{2.1}$$

$$NCNH_2 + H_2O \rightarrow O=C(NH_2)_2 \rightarrow NH_4CNO \tag{2.2}$$

$$SH^- + OH^- \rightarrow S^{2-} + H_2O \tag{2.3}$$

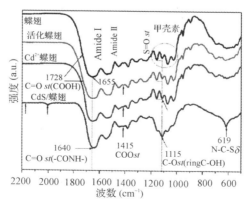

图 2.8 原始蝶翅、活化的蝶翅、Cd^{2+}蝶翅以及纳米硫化镉/蝶翅的傅里叶变换红外光谱图。Cd^{2+}蝶翅指的是过程 1 中将活化的蝶翅浸渍于镉源前驱得到的反应中间产物

随着过程 2 中硫化镉进一步在基体上沉积，1415 $cm^{-1}(COO^-)$和 1115 cm^{-1}(环 C–OH)吸收带的强度进一步增大，同时 1655 cm^{-1}吸收带(酰胺 I：–CONH–中 C=O 的伸缩振动)的强度增强并位移至 1640 cm^{-1}(C=O…CdS)。这时不仅前面提到的 COO^-基团和环上 C–OH 基团，而且肽键上的 C=O 也参与了硫化镉的合成和组装过程。同样值得一提的是在纳米硫化镉/蝶翅的红外光谱中 2173 cm^{-1} 处的弱峰应源于少量的副产品$(N=C=O)^-$。此外，位于 2002 cm^{-1} 处的新吸收带$((N=C=S)^-$，来自硫脲中常存在的少量杂质)表明了产物中含有少量硫脲，同时位于 619 cm^{-1}处(硫脲-Cd^{2+}中的 N–C–S 不对称弯曲振动)的吸收揭示了最终产物中硫脲和硫化镉的相互作用(这也可能是造成肽键 C=O 向较低角波数位移，而不同于第 2 章中位移至较高角波数的原因)。由此可见，蝶翅经过 EDTA/DMF 的活化作用可以为硫化镉的原位合成和组装提供活性基体，获得的硫化镉覆盖层被硫脲所包裹。

通过肉眼观察和 XRD 分析(图 2.9)，可以证实硫化镉纳米颗粒负载于蝶翅上。原始异型紫斑蝶雄蝶的前翅呈现耀眼的紫色，这与它的光子晶体结构相关(可以通过反射光谱证实)。经过活化处理，蝶翅变成较为暗淡的蓝紫色，亮度和饱和度都降低了。这应归于蝶翅在活化过程中光子晶体结构参数的改变(例如折射率和点阵距离)，而其仍然显示颜色的现象则预示了光子晶体结构得以保留。此外，XRD 分析发现，原始蝶翅和活化后的蝶翅的三个主峰都位于 21.5°、23.8°和 26.7°，这说明它们具有相同的组成。在最终产物中，21.5°和 23.8°两个峰也能观察到，这说明了原始蝶翅的化学组分在整个反应过程中没有发生变化。同时最终产物在 26.6°、44.2°和 52.3°的附加宽化峰证实了蝶翅上硫化镉晶粒的形成，并且峰的宽化暗示了所形成的硫化镉晶粒细小。需要指出的是，位于 26.6°的峰应看做甲壳素(26.7°)和硫化镉在这一范围内峰的叠加。由于硫化镉在蝶翅上的成功负载，最终产物呈现出耀眼的蓝绿色，对应的反射光谱呈现以 465 nm 为中心的反射峰。这一反射峰意味着纳米硫化镉/蝶翅具有光子禁带，耀眼蓝绿色应被认为是光子晶体结构色。原始蝶翅和纳米硫化镉/蝶翅的反射光谱存在差异，该现象可以解释为原始蝶翅的光子晶体结构得以保留，然而其光子晶体结构参数(例如折射率和点阵距离)因硫化镉的负载而发生了变化。因此硫化镉纳米晶能够负载在活化后的蝶翅上，同时不破坏原始蝶翅的光子晶体结构，这可以通过反射光谱和进一步的场发射扫描电镜照片所证实。

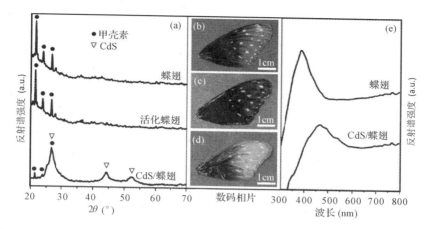

图 2.9 (a)原始蝶翅、活化的蝶翅以及纳米硫化镉/蝶翅的 X 射线衍射花样；(b~d)数码照片：(b)原始蝶翅，(c)活化的蝶翅，(d)纳米硫化镉/蝶翅；(e)原始蝶翅及纳米硫化镉/蝶翅的反射光谱，相对重叠层结构垂直入射垂直反射(使用的是异型紫斑蝶雄蝶的前翅)

图 2.10 显示了纳米硫化镉/蝶翅典型样品的各个放大倍数的场发射扫描电镜照片。图 2.10(a)中插图是原始蝶翅相同放大倍数的照片。可见硫化镉纳米颗粒覆盖于蝶翅的光子晶体结构上，使得蝶翅结构表面变得略微粗糙。然而，这一覆盖层相当均匀，它精确覆盖了从微米级到约 100 nm 尺度的原始蝶翅的精巧结构。在纳米硫化镉/蝶翅上可以清楚地观察到微米级的平行脊结构(图 2.10(b)，ridge)，以及脊中纳米级的重叠薄片(图 2.10(a)，lamella)。这些结构是原始蝶翅光子晶体结构的关键部分，因此可以说天然光子晶体的有效结构细节在负载硫化镉纳米颗粒的过程中都得以保留。此外，蝶翅鳞片的截面照片显示，在脊下的柱状结构也被均匀覆盖了一层硫化镉纳米颗粒(图 2.10(c)，pillar)，这指明了纳米硫化镉覆盖层对内部结构的均匀覆盖。在较低倍数的观察下(图 2.10(d))，纳米硫化镉/蝶翅显现出与原始蝶翅相似的鳞片排列。由此可见，硫化镉纳米颗粒从纳米尺度到宏观尺度均匀分布于蝶翅的外部和内部结构，精确地覆盖了天然光子晶体结构，形成纳米复合光子晶体。

硫化镉覆盖层/蝶翅横肋结构(crossrib)的细节可以通过 HRTEM 分析观察(图 2.11)。利用能谱分析附件探测到了镉、硫和碳元素，对应于硫化镉覆盖层以及来自原始蝶翅的蛋白质/甲壳素成分(图 2.11(b))。尽管纳米硫化镉/蝶翅在进行透射电镜观察前被置于无水乙醇中进行了长时间(约 300

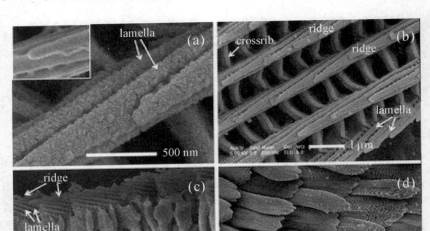

图 2.10　纳米硫化镉/蝶翅典型样品的场发射扫描电镜照片。(a)中插图显示了用于对比的相同放大倍数下原始蝶翅的场发射扫描电镜照片(使用的是异型紫斑蝶雄蝶的前翅)

min)的超声振荡,所得碎片中仍能观察到大量硫化镉成分,可见硫化镉与蝶翅的结合很紧密。图 2.11(a)显示硫化镉覆盖层由硫化镉纳米颗粒构成,纳米颗粒的直径约 6~7 nm,与 X 射线衍射花样中衍射峰宽化的现象相符。选区电子衍射结果呈现衍射环和点的花样(图 2.11(c)),分别对应于产物的主要相和次要相。清晰的衍射环与立方相硫化镉(JCPDS:89-0440)吻合得很好,对应的晶面可指标为(111)、(220)、(311)、(331)和(422),而较弱的衍射斑点可以指标为六方相硫化镉的(102)和(103)晶面。通过图 2.11(a)中插图可见,单个纳米颗粒的晶格条纹相(晶面间距 0.338 nm),对应于立方相硫化镉的(111)面。

　　其他具有不同形貌的蝶翅,如异形紫斑蝶和巴黎翠凤蝶,也可以作为模板来合成硫化镉纳米蝶翅。所以本节介绍的方法也可用于在其他蝶翅装配纳米颗粒。

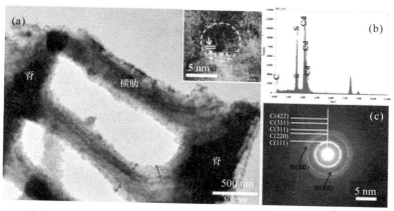

图 2.11　纳米硫化镉/蝶翅典型样品经超声分散在无水乙醇中的(a)高分辨透射电镜照片、(b)能谱分析结果和(c)选区电子衍射花样。(a)中插图显示单个硫化镉纳米颗粒(使用的是异型紫斑蝶雄蝶的前翅，显示横肋结构)

2.2.4　小结

综上所述，这三种用来制备蝶翅复制品的方法都是实验室容易进行的方法。化学溶液浸渍法具有多种变化，可以应用于大量的目标样本；声化学处理法是一种比化学溶液浸渍法更有效的方法，可以通过超声来加速反应；溶剂热复合法，在自然模板上能原位自生出更多的混合物。接下来，我们对合成的模板的性能进行研究。

2.3　蝶翅的光学性能及遗态材料制备

原始蝶翅最吸引人的莫过于它的光学性能。本研究以遗态材料制备思想为指导，制备具有蝶翅鳞片微结构的无机仿生材料，从而实现对原始蝶翅光学性能的加强和调节。

大多数蝴蝶都呈现出绚丽的彩色。拟旖斑蝶是生活在中国东南地区一种很常见的蝴蝶，其透明的前翅具有与其他蝶翅不同的蓝绿色。利用这种透明的蝶翅作为模板，制备彩闪色氧化锌蝶翅仿生材料。蝶翅仿生材料的光学性能可通过改变制备材料从而改变折射率，以达到对仿生蝶翅材料的光学性能的调节(Zhang *et al.*, 2006a)。

图 2.12(a)示出的是拟旖斑蝶原始照片。通过肉眼可以观察到翅脉之间为白色且有一定的透明性。图 2.12(b)展示了两种鳞片，一种是较为窄长的 α 型鳞片，另外一种是略宽一点的 β 型鳞片。α 型鳞片主要分布在半透明的翅室表面，而 β 型鳞片则覆盖在黑色的翅脉之上。这点可以从图 2.12(c)的扫描电镜照片上看出，图片左上即是 α 型鳞片分布区域，右下方是 β 型鳞片覆盖的黑色翅脉。图 2.12(d)和 2.12(e)分别为 α 型鳞片和 β 型鳞片更高倍数的 FESEM 图，图中组成鳞片显微结构的翅脊与翅肋形貌明晰，且翅脊表面的微肋也是清晰可辨。与鳞片外形一致，α 型的鳞片内由脊和肋组成的小窗较 β 型鳞片的略小，不同的是，β 型的肋较 α 型的有一个向下的弧度。

图 2.12 (a)拟旖斑蝶的照片；(b)前翅上两个典型鳞片的反射光显微图片；(c)低放大率(500×)FESEM 图像展示出蝶翅鳞片的排列；(d)和(e)为两个典型鳞片的高放大率 FESEM 图像：(d)较长的鳞片，脊平行于从 A 到 A'的线，上面的微肋(■)刚好能被看见，脊下面的横肋(●)和与之成一定的角度的为平面 2，*代表脊上面的薄片

2.3.1 以透明蝶翅鳞片为模板的氧化锌遗态材料制备

对于制备得到拟旖斑蝶蝶翅遗态材料，利用场发射扫描电镜比较制备前后显微结构的变化，如图 2.13 所示。从图中我们可以看出右栏所制得

的蝶翅结构遗态 ZnO 材料与左栏对应的原始蝶翅结构形貌基本一致。在较小的放大倍数下，狭长的 α 型鳞片稀疏排列在翅面基膜上(图 2.13(a))，烧结之后这些狭长的鳞片仍然规则有序，沿着翅根至翅端的方向排列在基膜之上。但是由于热收缩的缘故，鳞片尺寸有着不同程度的缩小(表 2.3)，同时基膜上出现了几道裂纹。由图 2.13(c)和 2.13(d)可见，鳞片嵌插入基膜里。鳞片内部有翅脊和翅肋组成的交叉网络结构均完整保留在遗态 ZnO 材料中。不仅如此，鳞片所在的基膜表面的花纹也得到了比较好的保留(图 2.13(c)和 2.13(f))。这些花纹的宽度在数十个纳米以下，这些花纹的外形和尺度在复制后的 ZnO 结构中都得到了近乎完美的体现。

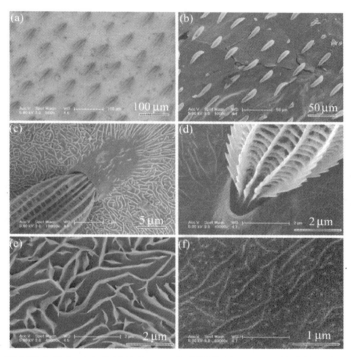

图 2.13　逐渐增大倍率下自然蝶翅和 ZnO 复制样品的 FESEM 的比较。左：原始蝶翅模板；右：ZnO 复制样品。(a)~(b)展示了蝶翅骨架上鳞片的排列；(c)~(d)展示了鳞片根部附近的区域；(e)~(f)展示了膜片的脉序

经过一系列的浸渍、烧结制各流程之后得到的蝶翅结构遗态 ZnO，其光学显微图像见图 2.14。透明翅室部分基膜笼罩在一层浅蓝色下，基膜上的 α 型鳞片显出从浅黄至紫红，像彩虹一般的光辉（图 2.14(b)及其左下

插图）。而 β 型鳞片所在的翅脉部分，则没有这样的彩虹色出现，仍然显示出灰褐色（图 2.14(c)和(d)）。这说明通过遗态转变，将甲壳素基体转变为 ZnO 之后，不同的蝶翅结构产生了不同的光学性能。

表 2.3　原始蝶翅/ZnO 模板的平均尺寸

	样品	原始模板 L_1 (μm)	ZnO 遗态材料 L_2 (μm)	收缩率$(1-L_1/L_2)$ (%)
鳞片	长度	73.3	34.4	53.1
间距	宽度	26.2	14.8	43.5
鳞片	长度	66.0	31.3	52.6
尺寸	宽度	14.5	8.6	43.4
翅肋	长度	1.0	0.5	50.0
间距	宽度	0.7	0.4	42.9

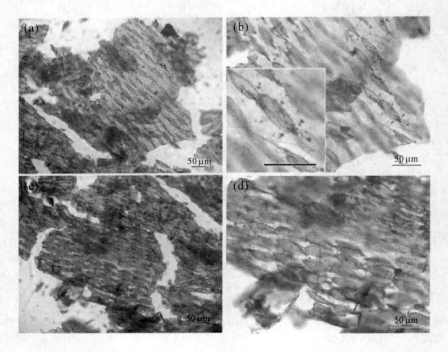

图 2.14　ZnO 复制样品的反射光显微结构。(a)复制的鳞片的放大区域展示了较长鳞片的稀疏排列；(b)中等放大倍率下彩色和加长鳞片复制区的图像，插图：彩色鳞片复制区的高分辨率放大图；(c)深棕色翅脉的放大图展示了根部较宽鳞片的有序排列；(d)棕色鳞片复制区的中等放大倍率图

2.3.2 大面积彩虹色遗态材料的制备

在前一节介绍的合成分级周期性结构的氧化锌的方法，是一种转化精细微结构的温和有效的工艺。由于一些美丽彩虹色蝶翅是天然的光子晶体材料，这里介绍的方法在光子晶体上有潜在的应用价值。成功合成的彩虹色 ZnO 鳞片复制物给了我们技术和理论上的支持(Chen *et al.*, 2009)。

根据以上的结果和讨论，随着材料折射率的提高，周期性亚显微结构对可见电磁波有更强的调制作用，这个之前是从未有过报道。用目前的化学方法，在纳米尺度还不能精确调控复制物的厚度。实验结果显示，当材料的折射率足够大时，结构色对膜厚度不敏感，而这是与之前的研究结果不相吻合的(Huang *et al.*, 2006)。相反，通过改变鳞片的堆叠数目，或沿着不同方向收集反射波，可以得到不同的颜色。这些现象将有助于控制光波在介质材料中的传播。

用声化学处理的方法，我们做了进一步的研究工作，同前面介绍的工作相比，一些透明材料如 SiO_2 (*RI*=1.4)、锐钛矿相(*RI*=2.65)、SnO_2 (*RI*=1.45)，已经被用来制备有着准光子晶体效应的蝶翅复制物。我们用的模板是大闪蝶属的一种蝴蝶的鳞片，闪烁着金属质感的蓝绿光。由于鳞片中微结构的特殊排列或者来自上面覆盖的细胞层的衍射，随着视角的改变，这种蓝绿色会有变化。根据之前的研究，这种结构可以看成是光子晶体。光子晶体由周期性的纳米结构的介质组成，正如半导体中周期性势场通过导带和禁带影响电子运动，它影响着电磁波的传播。本质上，光子晶体内部包含了高和低反射率的周期性重复单元。由于空气是低折射率的材料，所以提高其他材料的折射率是一种获得具有完整带隙的光子晶体的有效方法。

图 2.15(a)是我们实验中所用的雄性大闪蝶。这种大面积的蓝色来自数以万计的有序鳞片，见图 2.15(b)的光学照片。一个鳞片的尺寸是 150 μm 长，60 μm 宽(Zhu *et al.*, 2009a)。

成功制备的 TiO_2、SnO_2 和 SiO_2 复制物，形态和光学性能都很好地得到了复制。在可见和近红外光波段的反射谱测量揭示了复制结构和光的相互作用(图 2.16(a))。原始蝴蝶翅膀在 323 nm(紫外区)处有反射峰值，在短波段强烈的反射造成了其自然的蓝紫色。TiO_2 在 415 nm 处有一个红移的反射峰值，这跟光学显微镜下观察到的绿/粉红色是一致的(图 2.16(a))。这个结果表明，与原始蝶翅相比，复制物的主峰峰宽和峰强都增大了。

图 2.16(b)展示了 SnO_2 和原始蝶翅的反射光谱。图中表明 SnO_2 复制物在 300~400 nm 和 500~650 nm 处有强烈的反射峰，只是峰强比原始蝶翅的低一些。这种差异是由特定材料对波长的选择性吸收造成的。在光镜下，SnO_2 遗态材料显示出蓝、灰或黄(图 2.16(b)的插图)。尽管 SiO_2 和 SnO_2 的折射率很相近，但是反射模式明显不一样，在 450~600 nm 处有反射峰(图 2.16(c) 插图)，峰强与原始的相近；反射模式中没有出现所期望的对折射率的选择性，可能是由于微观结构的变形造成。

图 2.15   (a)蓝闪蝶原始蝶翅的照片；(b)光学显微图

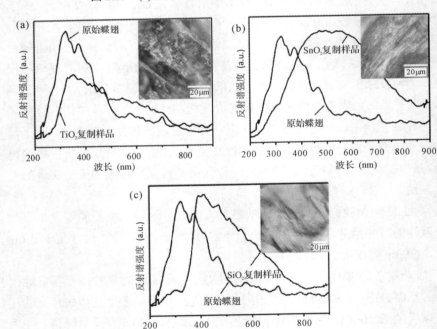

图 2.16   蓝闪蝶翅膀的反射光谱图。(a)TiO_2 复制样品；(b)SnO_2 复制样品；(c)SiO_2 复制样品。插图为相应的无机复制品的光学显微图

后来我们又设计优化了实验。用蝶翅为生物模板制备了大块彩虹色 ZrO_2 复制物，氧化锆的折射率是 2.12(在 1.08 μm)，分别比 ZnO、Al_2O_3、几丁质要高出至少 9%、21%、35%。氧化锆的热膨胀系数小，热分解温度低，高温可加工性好，使得制备简单易行(Chen *et al.*, 2009)。

图 2.17 是烧结前后的蝶翅样品。图 2.17(a)是预处理后的样品，色素已经都被去除。用 2.2 节所述处理方法，得到了 ZrO_2 复制物(图 2.17(b)~2.17(d)，在不同视角下观测的)。这些样品完整地保留了原始结构。高折射率的 ZrO_2 复制物强烈地反射可见光，用肉眼就能观察到这些颜色。此外，彩虹色能够从不同视角获得(图 2.17(b)~2.17(d))，说明很好地复制了原始光子晶体结构。

用数字光学显微镜(VHX-600, Keyence)，在不同区域观察彩虹色 ZrO_2 复制物的细节。观测前，用标准色卡仔细调节设置了仪器，以避免可能的歪曲像差。在光镜观测下，ZrO_2 复制物呈现出蓝、灰、红。值得一提的是，在单鳞片中间的颜色和重叠的边缘的颜色是不同的。这现象同样出现在原始蝶翅和褪色的蝶翅上，只是颜色和清晰度不同。

在图 2.18(a)和 2.18(b)中点 A~E 标记的是重叠区域的 2 个或 2 个以上的鳞片的光镜照片。颜色由重叠的鳞片数决定。颜色不只是简单地随着鳞片堆叠数目的增加而红移或蓝移，而是从灰色(1 片)到蓝色(2 片)到黄色(3 片)，最后红色(4 片)。通过进一步的研究，可以对这类现象作出详细的解释。

如之前介绍的，用 QDI 2010 紫外-可见-近红外显微分光光度计测得反射光谱(图 2.19)。所有的入射光垂直于基底面，见图 2.19(a)插图。图 2.19(a)是完整蝶翅的反射光谱结果，图 2.19(b)是在蝶翅上微小区域的测量结果。两者的反射比值在同一数量级。作为对比，在图 2.19(a)中列了原始蝶翅的反射光谱。ZrO_2 复制物也有一个强烈的反射峰，只是强度比原始的略低，因为原始蝶翅的色素会影响反射光谱。复制物的反射光谱中，在 650~700 nm 处有一强烈的反射峰，表明了在复制的结构中存在着光子带隙。与蝶翅混合物相比，反射峰发生红移。因为随着材料的折射率的增加，光子带隙会向长波段移动。图 2.19(b)是微区反射光谱。A 和 B 分别代表了两片重叠的鳞片和单鳞片区域。对于 A，在 350~450 nm 的峰证实了我们在点 A、B、D 直接看到的从紫到蓝的颜色。对于 B，在 600~700 nm 的主峰解释了我们在单鳞片上看到的灰色。

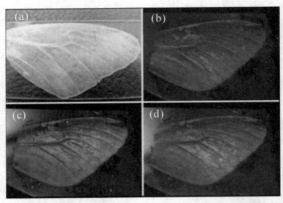

图 2.17   褪色后的原始蝶翅以及 ZrO_2 矿化蝶翅样品的光学照片。(a)褪色后的蝶翅；(b)不同观察角度下的 ZrO_2 样品

图 2.18 ZrO_2 样品的光学显微图像和 XRD 图样

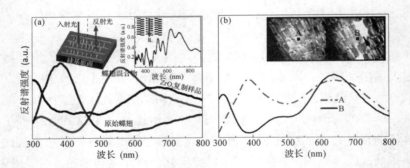

图 2.19   蝴蝶翅膀和 ZrO_2 样品的光反射结果。(a)原始蝶翅、浸泡过的蝶翅经真空退火后的蝶翅混合物、ZrO_2 样品的反射光谱。插图展示了反射测量装置的简图和 FDTD 模拟结果；(b)重叠鳞片和单个鳞片 ZrO_2 复制样品的反射光谱。插图是被测鳞片的光学图片

　　为进一步认识这些实验结果，我们从理论上用时域有限差分法(FDTD)计算了反射光谱。图 2.18(a)中是我们基于蝶翅的模型和计算结果。单鳞

片模拟计算结果与图 2.18(b)中的 B 区域的反射谱数据很好地吻合。我们的复制物是由亚微米级别的 ZrO_2 粒子组成的，粒子表面会引起额外的漫反射。此外，鳞片复制物的表面不是完全平整的，也会带来一定的偏差。今后我们还将继续该研究，通过改善技术，我们有信心制备出具有精细的蝶翅分级微观结构的完美复制物。

2.3.3 制备具有优异光学性能的纳米复合材料

本章充分利用鳞片组分甲壳素/蛋白质的反应活性，在其精巧结构上采用液相法原位合成光功能纳米颗粒，获得复合材料产物。这一工艺有三大优势：其一是充分利用了天然结构模板的反应活性，使制备过程能在常规化学实验室完成，而不需要借助昂贵的设备(如：原子层沉积设备等)；其二是液相法原位合成工艺能够同时在鳞片内部和外部结构上进行均匀的反应，而且容易实现从纳米尺度到宏观尺度结构的精确刻画；其三是最终产物保留了天然鳞片的有机成分，使之提供光子晶体结构和有机基体，避免了纯无机材料构成的结构易碎的不足，以及采用烧结工艺除去模板时常导致鳞片结构收缩、扭曲的现象。此外，在应用时如有需要亦可通过溶解工艺除去所获复合材料中的蝶翅组分，获得纯无机结构。

本研究选取异型紫斑蝶和巴黎翠凤蝶作为材料制备的模板，来制备硫化镉蝶翅遗态材料，其(准)一维光子晶体结构分别位于鳞片外表面和鳞片内部。硫化镉的直接带隙为 2.4 eV，可导致可见光的光致发光。当硫化镉颗粒直径接近 6 nm 时，其光学性能由纳米颗粒的尺寸及表面积所决定。当波长由 800 nm 降到 400 nm 时，其折射率由 2.3 增加到 2.5。纳米硫化镉/光子晶体的结构样式对其光学性质有着重要影响，因此，我们选取了若干类型的蝶翅鳞片作为模板，以获得具有不同结构样式的纳米硫化镉/蝶翅复合光子晶体。

巴黎翠凤蝶的色斑处和零星点处的结构色鳞片内部存在周期性排列的多层膜结构，其结构周期 100~200 nm，与可见光波长可比。该结构应视为一维光子晶体结构，是色斑处和零星点耀眼色彩的来源(图 2.20(a))。异型紫斑蝶的结构类似于闪蝶，在蝶翅鳞片表面，具有由平行的倾斜的膜堆积而成的脊结构(图 2.20(b))。

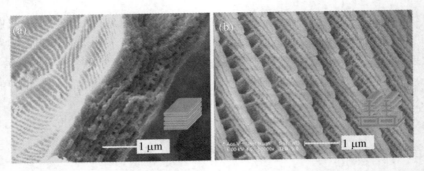

图 2.20   FESEM 图像以及对应的结构图示。(a)具有典型一维光子晶体结构的纳米 CdS/蝶翅(巴黎绿凤蝶);(b)具有准一维光子晶体结构的纳米 CdS/蝶翅(异型紫斑蝶)

由图 2.21 可见,纳米复合材料的光子晶体结构的反射光谱(实线)与自然纳米光子晶体的反射光谱不同(虚线)。经典的一维光子晶体(图 2.21(a))和准一维光子晶体(图 2.21(b)),其自然光子晶体和纳米复合材料的光子晶体都具有一个主要的反射带。然而纳米复合材料的光子晶体的反射带相对于自然光子晶体的反射带具有红移现象。这一个红移现象可由公式(2.4)来解释:

$$\lambda = 2(n_1 d_1 + n_2 d_2) \tag{2.4}$$

其中,λ 为光栅结构反射峰的波长,n_1 和 n_2 分别为第一层和第二层膜的折射率,d_1 和 d_2 分别为第一层和第二层膜的厚度。纳米硫化镉/巴黎翠凤蝶多层膜的一个周期依次为硫化镉层、活化的甲壳素/蛋白质层、硫化镉层及空气层。该一维复合光子晶体的结构参数与原始蝶翅的差异有:活化过程导致甲壳素/蛋白质层折射率的改变,附加的两层硫化镉层,以及空气层厚度的减少。这些因素综合起来造成了反射光谱的红移。

当观测方向在脊所在平面内变化时,纳米硫化镉/异型紫斑蝶准一维复合光子晶体的反射性质将受到其倾斜特征的调制。图 2.22 是从不同角度拍摄纳米硫化镉/异型紫斑蝶的数码照片,可见拍摄方向与垂直翅面的方向存在一定角度时,复合光子晶体表现出的颜色最为耀眼,有色区域也较大(图 2.22(a)),而从另一方向拍摄时却几乎观察不到耀眼色彩(图 2.22(c))。这一现象与原始蝶翅独特的反射现象相一致,从宏观上证实了纳米 CdS/蝶翅复合光子晶体很好地保留了原始蝶翅的微观结构特征。数码照片上方的示意图显示了观测时入射、反射方向与纳米硫化镉/蝶翅微观结构的角度关系。由于脊上平行排列的薄层与翅面存在夹角(约 11°),因此当观测方向与翅面垂直方向的夹角约 11°时，入射、反射方向与重叠薄层结构的法线方向重合或存在较大角度，并分别呈现最耀眼色彩(图 2.22(a))或无结构色(图 2.22(c))。通过改变观测角度，前述纳米硫化镉/巴黎翠凤蝶的多层膜结构显示出了不同波长的耀眼色彩，而此处纳米硫化镉/异型紫斑蝶却出现结构色增强或消失的现象，这与异型紫斑蝶中独特的准一维光子晶体结构的倾斜特征密不可分。

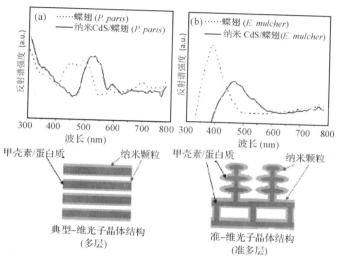

图 2.21 在垂直入射光和垂直反射光时测得的光子晶体结构纳米 CdS/蝶翅(实线)和原始光子晶体(虚线)的反射光谱，光谱下面的图注描述了相应的光子晶体结构纳米 CdS/蝶翅。(a)具有典型一维光子晶体结构的纳米 CdS/蝶翅(*P. paris*)；(b)具有准一维光子晶体结构的纳米 CdS/蝶翅(*E. mulciber*)

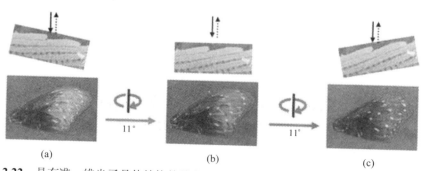

图 2.22 具有准一维光子晶体结构的纳米 CdS/蝶翅在不同角度下的照片，顶部的图片说明了在微观尺度的观察角。(b)图是在垂直方向的照片

综上所述，自然周期性生物结构为纳米复合光子晶体材料的制备提供了优异的模板。通过调节光子带隙结构来完成纳米复合光子晶体材料的光学性能的调节。

2.4   蝶翅分级多孔结构遗态材料的制备及气敏性

2007年，通用电气全球研究中心发现夜明珠闪蝶的彩虹色翅膀鳞片对许多工业蒸汽具有不同的光学响应特性。通过研究发现，材料表面分级结构加强了材料的蒸汽响应特性。通过调节空间某一周期排列参数来调节材料表面特性，从而导致选择性蒸汽响应得到加强。受此启发，本文采用本组的合成技术制备 SnO$_2$ 气敏传感器。选择蝶翅作为模板合成具备疏松薄壁骨架特点分级多孔的 SnO$_2$ 材料。接下来将对本研究进行详细的描述。

2.4.1   蝶翅开放式分级多孔结构的表征

本研究选用光学性能已经被详细研究过的异型紫斑蝶翅为代表。酒精是一种典型的挥发性有机化合物气体，广泛用做气敏测试的目标气体，用来表征材料的气敏性能。灵敏度通过气敏响应值 Res 来表征，Res 定义为气敏材料在一定浓度检测气体中的电阻 R_g 与正常空气中的电阻 R_a 的变化大小。对于还原性气体：$Res=R_a/R_g$；对于氧化性气体：$Res=R_g/R_a$。响应和回复速率可通过响应时间(τ_{res})和回复时间(τ_{rec})来表征；τ_{res} 为气敏材料接触测试气体后，负载电阻 R_L 上的电压由 U_0 变化到 $U_0+90\%(U_X-U_0)$ 所需的时间，τ_{rec} 为气敏材料脱离测试气体后负载电阻 R_L 上的电压由 U_X 变化到 $U_0+10\%(U_X-U_0)$ 所需的时间。

分级多孔结构具有优异的气敏性能，如高灵敏性和短响应时间。接下来采用 FESEM 和 TEM 对 SnO$_2$ 蝶翅模板进行微结构形貌表征。

图 2.23 为 SnO$_2$ 蝶翅模板和原始蝶翅的 FESEM 图片。由图 2.23(a)~2.23(e)可见，SnO$_2$ 蝶翅模板和原始蝶翅上都覆盖了大量的蝶翅鳞片。在单个鳞片上，蝶翅均呈高度开放的有序网状结构。如图 2.23(b)~2.23(f)，脊相互平行等间距排布，在垂直方向上，等间距的横肋结构将平行脊划分为许多大小一致的小窗口。此外，脊上还存在纳米尺度的有序结构。如图 2.23(c)~2.23(g)，脊两侧分布着微沟槽和重叠薄片，并

与鳞片表面呈一定角度，构筑成类似于光栅的层片状褶皱结构。这一结构特征也极大地增加了结构的表面积。图 2.23(d)~2.23(h)进一步分析了 SnO$_2$ 蝶翅模板和原始蝶翅的内部结构。平行脊间的横肋向下延伸到底部的基底层，在鳞片的内部构筑了多孔网络骨架，并与表层开放性多孔结构相连通。这不仅极大地便利气体在其内部的传输和扩散，同时也赋予了结构大的表面积。

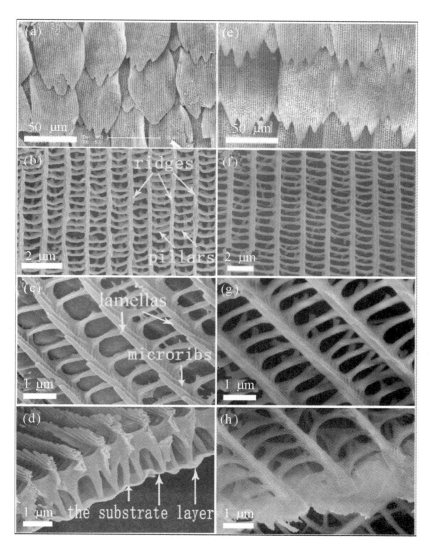

图 2.23　(a)~(d) SnO$_2$ 样品的 FESEM 图像；(e)~(h) 原始蝶翅的 FESEM 图像

由图 2.23 可见，蝶翅表面的开放式分级多孔结构得到了完美的复制，蝶翅鳞片上多孔结构和脊上的纳米层片结构都被完整的保留下来，尽管 SnO_2 蝶翅模板相对原始蝶翅出现一定的皱缩。图 2.24(a)展示了其内部的多孔网络骨架(基底层被剥离)，插图中的放大区域显示其骨架内部呈空心状态。图 2.24(b)和 2.24(c)显示脊和基底层也都呈空心态。由此可见，SnO_2 蝶翅模板不仅是分级多孔结构，同时还具有是空心骨架结构特点。空心骨架的构造也证明了蝶翅结构的复制是通过在蝶翅表面沉积致密、均匀和连续的前驱物包覆层的方式实现，沉积层厚度约为 32 nm。EDX 图(图 2.24(d))说明了 SnO_2 蝶翅脊壁上包含有 Sn 和 O 元素。

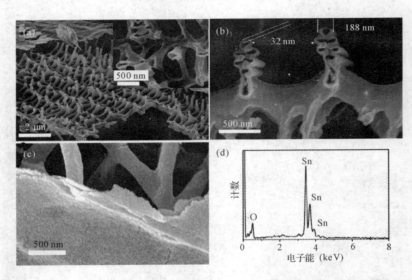

图 2.24 FESEM 图像。(a)衬底层移除后的 SnO_2 单鳞片的的反面，插图展示了脊梁内部的多孔状；(b)SnO_2 鳞片横截面；(c)双层结构的衬底层；(d)SnO_2 鳞片的 EDX 图谱

TEM 图片进一步展示了 SnO_2 蝶翅模板的多孔网络结构(图 2.25(a))，其空心骨架的构造也清晰可见(图 2.25(b)~2.25(d))，空心管壁厚度约为 31 nm，与 FESEM 结果相一致。分级多孔 SnO_2 蝶翅模板由纳米颗粒堆积而成(图 2.25(e))，SAED 测试结果为一系列同心衍射环，这表明组装颗粒呈多晶态，衍射环由内到外分别对应 XRD 谱线中的衍射峰(110)、(101)、(200)、(211)和(310)。HRTEM 图中可以清晰地看到晶粒的晶格条纹，每组平行的条纹区域代表一个完整的纳米晶粒(图 2.25(f))。据此，晶粒大小约为 7.0 nm，与 XRD 估算的结果相一致。其中两组晶格条纹的间距约为

0.3418 nm 和 0.2677 nm，分别对应了金红石相 SnO_2 的(110)和(101)晶面。

采用氮吸附脱附测试对 SnO_2 蝶翅模板的孔径分布、比表面积、平均孔径尺寸和孔容进行了测量。可知，由纳米颗粒组装而成的分级多孔 SnO_2 蝶翅模板具有更大的比表面积和孔容，能够为气体的传输提供更多的传输通道，为表面反应提供更大的比表面积。

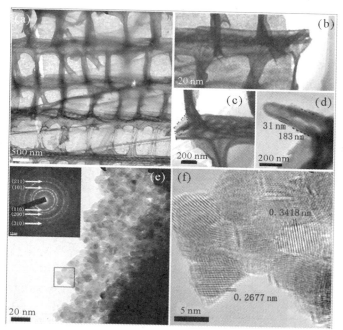

图 2.25 TEM 图像。(a)部分 SnO_2 单鳞片；(b)脊的俯视图；(c)脊的横截面；(d)微管的顶端；(e)SnO_2 纳米颗粒团簇；(f)为(e)中矩形区域的 HRTEM 图像

2.4.2 蝶翅形态 SnO_2 的气敏性研究

通过采用 2.2.1 小节所介绍的简单易行的溶液自沉积过程与热处理相结合的方法，成功地将蝶翅型开放式分级多孔结构引入到 SnO_2 气敏材料。由纳米颗粒组装而成的分级多孔结构使 SnO_2 蝶翅模板具有优异的气敏性能。

通过表面化学吸附和电子响应对感应电阻的变化进行测量，从而实现对气敏性进行表征。在空气中，SnO_2 颗粒表面吸附了大量的氧基团（$O_2(ads)$、$O_2^-(ads)$、$O^-(ads)$、$O^{2-}(ads)$），吸附氧在 SnO_2 颗粒表面束缚了

材料中的载流子-电子,使得材料处于高电阻状态。本气敏性测试以 170 ℃
作为工作温度并保持周围的空气湿度为 25%。

图 2.26(a)为蝶翅形貌 SnO$_2$ 在酒精气体环境中测试的实时响应曲线
(1~100 ppm)。由图 2.26(a)可见,SnO$_2$ 蝶翅模板的气敏性反应可逆,气敏
响应时间随气体浓度增加而增加。当乙醇浓度为 20 ppm 时,SnO$_2$ 蝶翅模
板的气敏性反应/回复的时间为 11/31 s,其对比样品的响应时间为 33~50 s。
图 2.26(b)为 SnO$_2$ 蝶翅模板与对照样品对不同浓度酒精气体的气敏响应值
对比。由图 2.26(b)可知,SnO$_2$ 蝶翅模板在相对低的工作温度下(170 ℃)
具有高的响应值。当酒精气体浓度为 1、2、5、10、25、50 和 100 ppm 时,
其响应值分别为 3.7、6.0、10.3、23.1、32.2、49.8 和 96.4。当酒精气体浓
度高于 10 ppm 时,其响应值随气体浓度增加而呈线性增加。响应值与酒
精气体浓度的关系式为:$S=KC^n$,C 代表酒精气体浓度,K 和 $n(\approx 1)$ 为常数。
当酒精气体浓度低于 10 ppm 时,其响应值随气体浓度减小而急剧降低。
出现急剧降低的原因可能是由于在低浓度调节下非饱和气体分子吸附所
引起的。由纳米颗粒组装而成的分级多孔 SnO$_2$ 蝶翅模板具有大的比表面
积和孔容,其响应值比对比样品的响应值要高出 7 倍多。更加值得注意的
是,在酒精气体浓度为 1 ppm 时,SnO$_2$ 蝶翅模板的响应值依然能到达 3.7。
这强有力地证明蝶翅型开放式分级多孔结构具有提高材料气敏响应值的
作用,特别是在低气体浓度的情况下。

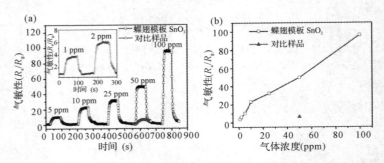

图 2.26　(a)在不同分压下对乙醇的实时气敏响应;(b)气敏响应-乙醇分压曲线图

图 2.27 展示了采用三种不同合成参数制备的终产物 SnO$_2$-1、SnO$_2$-2
和 SnO$_2$-3 的 FESEM 图。通过断面图测量得到 SnO$_2$-1、SnO$_2$-2 和 SnO$_2$-3
中的沉积层厚度分别为 30~40 nm、60~80 nm 和 90~110 nm。沉积层厚度
的不同主要是由于前驱液浓度和沉积时间的不同,随前驱液浓度和沉积时

间的增加，沉积层厚度增加。

图 2.28 展示了在酒精气体浓度为 50 ppm 调节下，不同的 SnO_2 蝶翅模板在工作温度下的响应值柱状图。其中 SnO_2-1、SnO_2-2 和 SnO_2-3 蝶翅模板的酒精气体的响应值分别为 49.8 (170 ℃)、24.8 (170 ℃)和 17.6 (210 ℃)。由此可知，在 140~240 ℃的工作温度范围内，酒精气体的响应值随着蝶翅模板的沉积厚度的增加而减小。

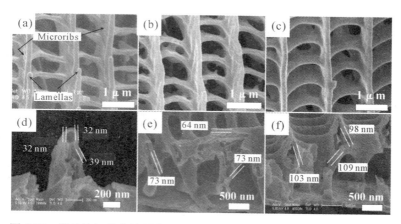

图 2.27 样品的扫描电镜照片。(a, d) SnO_2-1；(b, e) SnO_2-2；(c, f) SnO_2-3

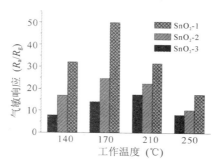

图 2.28 在工作温度下传感器的响应对 50 ppm 甲醇的依赖关系

图 2.29(a)为蝶翅形貌 SnO_2 在酒精气体环境中周期性循环测试的实时响应曲线。蝶翅形貌 SnO_2 在经历多次循环测试后，依然保持快速的响应和回复，表现出很好的循环测试性能。此外，对浓度仅为 1~2 ppm 的酒精气体，蝶翅形貌 SnO_2 也能迅速响应和回复，响应值可达 3~6，可用来检测低浓度的易挥发性有机气体。在 170 ℃的工作温度下，蝶翅形貌 SnO_2

在甲醛气体环境中需要较长的回复时间。因此，我们在 210 ℃测试了蝶翅形貌 SnO$_2$ 对甲醛气体中的循环响应性能。如图 2.29(b)，蝶翅形貌 SnO$_2$ 表现出与酒精中类似的规律：在经历数次循环测试后，材料依然能作出快速响应和回复，而随着气体浓度的增加，各个样品的响应值随之增加。在任一浓度下，响应值依然保持规律：$Res_{SnO_2-3} < Res_{SnO_2-2} < Res_{SnO_2-1}$。图 2.29(c) 和 2.29(d)分别为不同的 SnO$_2$ 蝶翅模板在不同的酒精气体(170 ℃)和甲醛气体(210 ℃)浓度下的浓度与响应值的曲线图。对于 SnO$_2$-1 蝶翅模板，当酒精气体浓度为 5、10、25、50、100 ppm 时，其响应值分别为 10.3、23.1、32.2、49.8、96.4；当甲醛浓度为 1、5、10、50 ppm 时，其响应值分别为 3.3、7.6、9.7、30.4。与其他结构的 SnO$_2$ 样品的响应值进行对比发现，SnO$_2$ 蝶翅模板的响应值要高些；其高响应值随着酒精和甲醛浓度的升高呈线性增加。

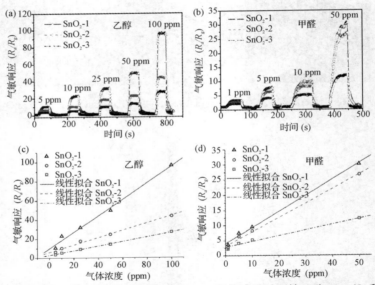

图 2.29　不同气体分压下的实时气敏响应(a, b)和传感器对酒精乙醇(170 ℃)和甲醛(210 ℃)的响应变化曲线(c, d)

　　吸附脱附模型是利用气体在金属氧化物表面的物理化学吸附和脱附引起材料的电子交换来进行解释。氧是强氧化性气体，它可以通过如下反应式在金属氧化物如 SnO$_2$ 表面进行物理和化学吸附，如公式(2.5)~(2.8)。当 SnO$_2$ 材料处于酒精气体中时，酒精气体分子能与表面的吸附氧发生(2.9)

式反应，从而释放束缚的载流子，使得材料的电阻降低($R_a/R_g>1$)。当 SnO_2 材料在甲醛气体环境中时，发生(2.10)式反应。

$$O_2(g) \Leftrightarrow O_2(ads) \tag{2.5}$$
$$O_2(ads)+e^- \rightarrow O_2^-(ads) \tag{2.6}$$
$$O_2^-(ads)+e^- \rightarrow 2O^-(ads) \tag{2.7}$$
$$O_2^-(ads)+e^- \rightarrow O^{2-}(ads) \tag{2.8}$$
$$C_2H_5OH(g)+O^-(ads) \rightarrow CH_3CHO(g)+H_2O(g)+e^- \tag{2.9}$$
$$CHOH(g)+O^-(ads) \rightarrow CHOOH(g)+e^- \tag{2.10}$$

通过酒精和甲醛的气敏测试结果分析，我们可以发现一些重要的规律：(1)在各个温度下，蝶翅形貌 SnO_2 的气敏响应值都随沉积层厚度的增加而减小，即 $Res_{SnO_2-1}>Res_{SnO_2-2}>Res_{SnO_2-3}$；(2)在同一温度下，蝶翅形貌 SnO_2 对不同浓度气体的气敏响应值也随沉积厚度的增加而减小。据此，我们进一步探讨了沉积层厚度对材料的气敏性能的影响过程。

如图 2.30，蝶翅型开放式分级多孔结构带来了三维尺度的大孔连通结构，通过这些孔道，气体能通过分子扩散的形式畅通无阻地进入材料内部。而气体在分级结构骨架内的进一步传输，则需要通过骨架薄壁上的介孔或微孔的表面扩散(Knudsen diffusion)来实现，其扩散系数 D_k 由如下公式决定：

$$D_K = \frac{4r}{3}\sqrt{2RT/(\pi M)}$$

其中，T 为温度，r 为孔径大小，M 为扩散气体分子量，R 为气体常数。

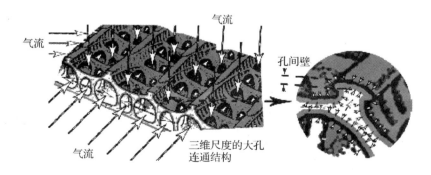

图 2.30　图解多孔分级结构中气体扩散的两个步骤

前述分析表明，蝶翅形貌 SnO_2 的三组样品具有相同介孔结构，因而气体在其骨架薄壁上的扩散速率是相同的。然而沉积层厚度越大，气体扩散到内部的量就越少，气敏响应值响应减小。同时，由上式可知 D_k 与温度 T 的平方根成正比，因而温度的增加能提高气体在材料中的扩散速率，使得更多的内部颗粒能与气体分子发生表面反应。这也导致了 SnO_2-3 的最佳工作温度上升到 210 ℃或者有上升的趋势。以上分析表明，沉积层的厚度决定了与气体分子发生表面反应的敏感颗粒的数目，从而影响材料的气敏性能。

该项研究开发了简单易行的溶液自沉积过程与热处理相结合的方法，成功地将蝶翅型开放式分级多孔结构引入到 SnO_2 气敏材料，溶液自沉积过程可实现致密、均匀而连续的前驱物纳米层在蝶翅表面的沉积。蝶翅型开放式分级多孔结构对 SnO_2 晶粒长大和颗粒团聚具有空间束缚作用，晶粒尺度由无模板产物的 14.2 nm 减小到 7.0 nm，比表面积和孔容则分别从 14.1 m^2/g 和 0.06 cm^3/g 增加到 50.4~56.2 m^2/g 和 0.14~0.16 cm^3/g，且不随沉积层厚度而明显改变。蝶翅形貌 SnO_2 气敏响应值随工作温度呈火山状变化，随气体浓度的升高而急剧增加。在相对较低的工作温度下(170 ℃)，就能表现出高的气敏响应值和快速响应/回复速率，对 50 ppm 酒精和甲醛的气敏响应值分别为 49.8 和 57.4，是 SnO_2 参比样的 6 倍多；响应/回复时间仅为 11/31 s，而参比样则长达 33~50 s。更加值得注意的是，随沉积层厚度的增加，蝶翅形貌 SnO_2 的最佳工作温度升高或者有升高的趋势(50 ppm 酒精气体：170 ℃→210 ℃)，气敏响应值则迅速下降(49.8→24.8→17.6)。这主要归结于沉积厚度的增加提高了气体分子在分级结构骨架中的扩散难度，减少了发生气敏反应的颗粒。这表明气体在分级骨架内的进一步传输成为了开放式分级多孔结构气敏材料性能提升的瓶颈问题，这也为气敏材料的结构开发指明了方向。

2.5   具有高光俘获效率的太阳能电池光阳极

蝶翅结构的无机模板应用到太阳光捕获，将有效的增加光阳极的太阳光捕获效率。通过改变蝶翅鳞片的微结构形貌，使蝶翅上出现闪闪发光的彩虹色。最近研究发现，某些结构的蝶翅表面能有效地吸收太阳光，从而表现出黑色。因此，通过对所建模型正入射时的反射进行研究。假设反射是由于交替的角质层和空气层而产生的，并通过蝶翅鳞片中的脊和肋来吸收和传递太阳热。对于这些蝴蝶而言，深色的翅膀能使其吸收更多的能量，从而使自己的体温快速升高到合适的温度，增加其在寒冷气候下和高海拔地区的生存机率。最近研究发现某些凤蝶科蝴蝶黑色翅膀上的微细鳞片具有准蜂窝的结构。这种结构经实验验证可以最大限度地吸收可见光，平均吸收率在 96% 以上。这些具有准蜂窝结构的黑色鳞片较普通鳞片有着更低的反射率和更高的光吸收率。蜂窝状的鳞片结构起着类似光陷阱的作用，一如光在光纤中的传播，即光进入蝶翅鳞片表面之后，在其内表面反复反射吸收。受这些研究结果启发，在下面的工作中，研究具有蝶翅微结构的二氧化钛薄膜的光阳极，并说明这种具有蝶翅微结构的太阳能电池的光阳极有效地增强了太阳光的吸收。

染料敏化太阳能电池又叫 Gratzel 光电化学电池(Dye Sensitized Solar Cells，简称 DSSC 电池)。1991 年，以瑞士洛桑高等工业学院的 Griitzel 教授为首的研究小组采用高比表面积的纳米多孔二氧化钛膜作半导体电极，以铂或碳作为对电极，以羧酸联吡啶钌(II)作染料，并选用适当的氧化还原电解质首先研制出可实用的 DSSC 电池。对于这样一个由多个组件构成的系统来说，最终 DSSC 的效率受多种因素影响。很多研究通过开发新的染料，抑制电荷复合及提高光阳极性能来提高染料敏化电池的效率。光阳极的性能是影响光捕获的的关键因素，从而影响整个染料敏化太阳能电池的效率。于是，大量的研究通过优化和处理二氧化钛光电极来提高染料敏化太阳能电池的效率。研究人员通过研究晶相大小、掺杂、优化材料及优化结构等方法来提高光阳极性能，特别是光捕获性能。最近，许多工作通过改变薄膜的形貌来增加光程长度。在相同的情况下，光程长度增加将提高光捕获效率。因此，通过研究新的结构材料来增加光程长度，发展有效的光捕获模型。此外，增加染料敏化太阳能电池的光程也将造成光子与染料分子的相互作用，这对入射光的散射作用非常重要。增加光散射颗粒及散射中心的梯度有利于提高光电转换效率。

为了制备二氧化钛介孔薄膜光阳极，研究者采用了许多方法，如刮刀沉积、逐层沉积、电沉积、喷雾热解沉积及丝网印刷技术等。在此，我们应用生物模板法在光阳极薄膜上完整复制了蝶翅微观结构。

本研究主要利用两种蝴蝶作为生物模板，一种是巴黎翠凤蝶，另一种是紫斑环蝶。使用不同浓度的硫酸钛乙醇溶液作为前驱体溶液。在 60 ℃温度下搅拌 1 h 后，通过滴加稀硫酸来调节 pH 值至 2.5~3.0，加入适量的非离子表面活性剂 Triton X100。在前处理之前，要对蝶翅进行除无机盐及蛋白质的处理。除去蝶翅模板上的无机盐及蛋白质后，蝶翅被浸渍在硫酸钛前驱体溶液中，在 60 ℃温度下保温 24 h 或更久。之后再移去前驱体溶液，用无水乙醇溶液清洗干净。首先，应用与 Grätzel 相似的方法在光阳极基底表面沉积一层 TiO₂ 胶体。浸渍后的蝶翅鳞片展开平铺在 FTO 玻璃表面，同时在其上表面覆盖一块未经亲水处理的导电玻璃，紧密夹紧晾干后，再置于烧结炉中进行处理。以 1 ℃/min 的升温速率升温至 500 ℃。以这样低的升温速率是为了避免在升温过程中，蝶翅表面开裂和结构变形。通过在 500 ℃温度下保温 2 h，角质层基底与空气反应被完全清除，仅留下 TiO₂ 陶瓷蝶翅。从而获得了具有蝶翅为结构的光阳极。图 2.31 为蝶翅结构光阳极制备流程示意图，显示了一个简化的蝶翅结构光阳极合成过程。所合成的光阳极可分为 4 层，自下而上分别为玻璃基体层、FTO 导电层、预烧结的锐钛矿层及最终形成的蝶翅结构层。

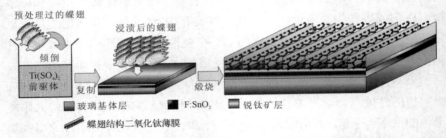

图 2.31　蝶翅结构光阳极制备流程示意图。最右边示出的是光阳极各层的成分与结构示意图，自下而上分别为玻璃基体层、FTO 导电层、预烧结的锐钛矿及最终形成的蝶翅结构层

巴黎翠凤蝶是一种生活在中国南方的漂亮的凤蝶，翼展大约有 100 mm，全翅黑色，散布金绿色鳞粉。前翅外缘有金绿色的小斑列，后翅中部有一块翠蓝绿色斑，像一枚绿宝石镶嵌在黑色的天鹅绒上，十分华贵，所以也有称其为宝镜凤蝶、绿宝石蝶的。所有蝶翅根据不同的颜色剪切成大小 1 cm×1 cm 的小方块。

利用四级观察法研究巴黎翠凤蝶的结构特征。第一级为宏观尺度下肉眼所观测到的蝶翅形貌，如图 2.32 最左侧所示。第二级为光学显微镜所观测的尺度，如图 2.32(a)和 2.32(d)所示。其中后翅靠腹部处黑色鳞片如图 2.32(a)所示，翅蓝色镜斑中央蓝色鳞片如图 2.32(b)所示。通过这些图片完全可以把蝶翅鳞片的颜色和轮廓区分开来。用 FESEM 来对蝶翅微结构进行第三级和第四级观测。黑色和蓝色鳞片的低倍 FESEM 图像分别如图 2.32(b) 和 2.32(e) 所示。利用场发射扫描显微镜观察可以看到黑色鳞片与蓝色鳞片有着截然不同的显微结构。利用高倍 FESEM 对蝶翅微结构进行第四级观测。黑色鳞片脊之间填充着复杂的网络结构，称之为"准蜂窝结构(Quasi honeycomb like structure，QHS)"，如图 2.32(c) 所示。而蓝色鳞片表面结构则是由排列整齐的浅坑(Shallow concavities structure，SCS)构成，这些浅坑大约 5 μm 宽，10 μm 长，如图 2.32(f) 所示。正是由于这些浅坑的存在，使得这些鳞片呈现出令人目眩的蓝色，这一点已由 P. Vukusic 的研究得到证实。从 FFT 转换图上可以看出两种结构有着明显的差异，QHS 鳞片 SEM 图像 FFT 转换图为环形，是由翅脊中间分布的准蜂窝结构变换形成的。贯穿环形，分布在一、三象限的直线代表了基本呈垂直平行排列的翅脊，如图 2.32(c) 中插图所示。SCS 的 FFT 变化图主要分布在二、四象限，呈扁平星云状，这些代表了翅脊中间微微凸起的翅肋及浅坑里的不连续条纹。贯穿一、三象限的直线代表了平行分布的翅脊，如图 2.32(f) 中插图所示。利用 Image Pro Plus 软件对 QHS 和 CRS 结构的蝶翅制备前后的孔径和填充率等参数进行了测量统计，结果见表 2.4。从表上可以进一步看出，对于 QHS 结构的蝶翅而言，原始模板的填充率为 0.363。经过制备之后，尽管平均孔直径和平均孔均有不同程度的收缩，但是填充率仍有 0.316。而较大浓度浸渍得到的 TPB 材料，由于准蜂窝结构全部被填充，经测量之后填充率降至仅为 0.071，CRS 结构制备前后填充率同样基本保持不变，均为 0.5 以上。

　　进一步增加 FESEM 的放大倍数，可以观察到鳞片内部显微结构，见图 2.33。图中(a)和(b)是较低浓度的前驱体浓度烧制所得的鳞片结构，(b)和(d)为较高浓度下的鳞片内部显微形貌。对于具有 QHS 结构的 TPB-PpBu 材料(图 2.33(a) 和 2.33(b))，增加浸渍浓度之后，鳞片内部蜂窝空隙被填满，比表面积将会相应减少，不仅不利于对染料的吸附，而且过于密实的结构将大部分入射光反射出去，减少了光在鳞片内部的传播距离，影响了光捕获效率。对于具有 SCS 结构的 TPB-PpBa 材料，增加浸渍浓度之后，形成前坑的翅脊和坑壁的表面被前驱体覆盖，细节有不同程度的缺失。从对应的 FFT 变换图中，可以看出结构特征的变化。图 2.32(c) 的 FFT 变换图呈环状，制备之后得到的 TPB-PpBu 材料(图 2.33(a))的 FFT 变换图也呈环状，但是由于准蜂窝结构内部被部分填充，导致环逐渐发射，环宽也有所增加。当采用高浸渍浓度制备之后(图 2.33(b)),准蜂窝结构完全被填充,FFT 变换图中的环全部消失,只剩下斜向排列的翅脊留下的贯穿二、四象限的直线。

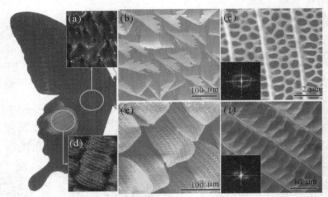

图 2.32   巴黎翠凤蝶显微结构图。(a)和(d)是光学显微照片;(b, c, e, f)是扫描电子显微镜图。(a, b, c)黑色鳞片;(d, e, f)蓝色鳞片;(c、f)中左下插入的是对应的 FFT 变换图

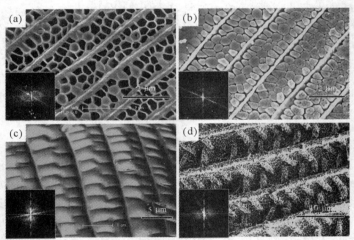

图 2.33   不同工艺条件下得到的 TPB-Pp 显微结构 FESEM 图像。(a, b)准蜂窝结构;(c, d)浅坑结构

对准蜂窝结构的二氧化钛薄膜进行 TEM 观察,并与 FESEM 观测结果进行比较。TPB-PpBa 的准蜂窝结构在图 2.34(b)中用细小的白虚线标出。通过观测可知,复制的蝶翅的脊偏厚,约 200 nm,超出了 TEM 的分辨率极限,从而导致图片不是很清晰。

表 2.4 蝶翅模板(QHS 和 CRS 结构)制备前后显微尺寸测量统计表

样品	平均孔径 (μm)	平均孔面积 (μm²)	总孔面积 (μm²)	总面积 (μm²)	填充率 (孔)
QHS (原始)	0.364	0.118	16.659	45.92	0.363
QHS-1 (复制品)	0.263	0.061	8.881	28.13	0.316
QHS-2 (复制品)	-	-	3.590	50.62	0.071
CRS (原始)	0.502	0.220	16.021	29.02	0.552
CRS (复制品)	0.522	0.209	39.612	74.52	0.532

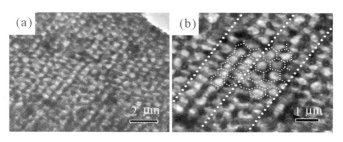

图 2.34 准蜂窝状结构 TPB 材料的 TEM 图像。(a)中等分辨率 TEM 图像；(b)高分辨率 TEM 图像

图 2.35(a)是制备前蝶翅模板的透射曲线。根据吸收率公式：

$$A(\lambda)=1-R(\lambda)-T(\lambda)$$

其中，$A(\lambda)$代表吸收率，$T(\lambda)$为透射率，$R(\lambda)$位反射率。对于 QHS 结构的巴黎翠凤蝶黑色鳞片而言，有着最低的反射率和最小的透射率。所以巴黎翠凤蝶的黑色鳞片较 CRS 结构的紫斑环蝶黑色鳞片有更大的光吸收率。对于光阳极材料而言，光捕获效率(LHE)是评价其光吸收性能的一个重要参数，可以通过下式进行计算：

$$LHE(\%)=100-R\%-T\%$$

从公式可以看出光捕获效率与光吸收率是一致的。所以通过比较光阳极材料的光吸收性能可以评价其光捕获性能(图 2.35(b))。作为背底，FTO 导电玻璃的吸收曲线也被采集。从图上可以看出三种不同结构的 TPB 材料的可见光吸收谱存在较大差异。CRS 结构较 FTO 玻璃基体及手术刀法制得的锐钛矿层在Ⅳ见光波段有一定程度地增强，SCS 结构的 TPB-PpBu

在 450 nm 有一微弱的吸收峰,而 QHS 结构的 TPB-PpBa 有着最强的光吸收率,而且吸收曲线的吸收边有 20 nm 左右的红移。光阳极材料吸收性能的变化可能有两种原因:一是材料成分的差异;另一个是显微结构的变化。因为所有样品均在同样的条件下制备,使用了同样的前驱体溶液,加之原始模板在烧结之后全部去除,因此,造成它们光吸收率差异的主要原因就来自于显微结构的差异。

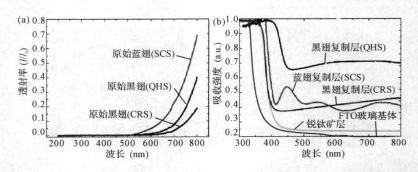

图 2.35　(a)不同结构原始蝶翅的透射曲线;(b)导电玻璃及 TPB 材料的可见光吸收曲线

　　二氧化钛薄膜的参数,如表面积、孔径分布、孔隙率、颗粒大小,对 DSC 光电转换效率有很大的影响。对二氧化钛薄膜光阳极的微结构进行设计,优化介孔二氧化钛光阳极,这对高转换率的太阳能电池的制造发挥着重要的作用,因为优化的介孔光阳极对染料的光吸收和电子传输有着非常大的影响。图 2.36 为二氧化钛薄膜的三种不同结构 TPB 材料氯气吸附-脱附等温线及孔径分布曲线。不同生物模板的二氧化钛薄膜的比表面积、孔隙容量、平均孔径等参数详见表 2.5。当 BET 比表面积分别为 22.58 和 16.89 m^2/g 时,准蜂窝状蝶翅的 BET 比表面积大于 66 m^2/g。

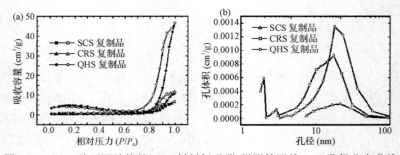

图 2.36　(a)三种不同结构的 TPB 材料氮吸附-脱附等温线;(b)孔径分布曲线

表 2.5   氮吸附及压汞法测量所得 TPB 材料的结构参数

测量方式		样品		
方法	项目	浅坑结构鳞片样品	交叉结构鳞片样品	准蜂窝结构鳞片样品
氮气吸附法	BET 面积(m^2/g)	16.89	22.58	66.60
	孔体积(cm^3/g)	0.065	0.195	0.355
	平均孔径(nm)	15.4	18.5	23.8
压汞法	实体密度(g/cm^3)	1.9648	0.9647	0.6381
	视密度(g/cm^3)	4.3991	4.3321	4.3352
	孔隙率(%)	55.34	77.73	85.28
	平均孔径(μm)	0.1602	0.0457	0.0136
	总孔面积(m^2/g)	1.335	5.299	21.694

图 2.37 给出了压汞法测量的结果,从中可以分析得到三种 TPB 材料不同的结构特征。TPB-PpBu 具有的 SCS 结构,主要孔径分布在 20 μm 左右,都是大孔,样品中无小孔和介孔分布。而对于具有 CRS 结构的 TPB-TdBa 材料,存在两个主要孔径分布峰,一个位于 1 μm 左右,另一个位于 40 nm 左右。对于 QSS 结构的 TPB-PpBa 材料,孔径分布同样出现双峰分布,一个位于 100 nm 左右,另一位于 20 nm,这种较小的孔径分布有利于染料分子的吸附及电流的传导。从孔径与累积孔体积增加关系曲线上可以看出,由于有较大孔的存在,SCS 结构的 TPB-PpBu 材料在压力刚开始增加时,体积就开始迅速增加,而后基本保持不变;CRS 结构的 TPB-TdBa 则要等到压力有所增加,能够浸入 1 μm 左右的孔时,体积才开始增加,而后进一步的压力增加使得更小的介孔 40 nm 左右也被浸入,体积持续增加;对于 QHS 结构的 TPB-TdBa 材料,孔径分布在介孔和微孔范围内,体积需要等到压力增加到一定程度才有所增加,并由于介孔和微孔数量较多,曲线有着最高的体积累积。

制备所得光阳极的电导性测试在电化学工作站(CH Instruments Corp., USA,型号 CH1760C)完成。采用三电极测量,即采用铂对电极和 Ag/AgCl 参比电极。电解液为 3.5% NaCl 室温水溶液,扫描速率是 1 mV/s。在图 2.38 中可以看到手术刀法制备的锐钛矿结构二氧化钛有着最好的电导性。TPB 材料电导性的略微下降可以归咎于以下两个原因:首先是光阳极厚度的增加,导致较厚的二氧化钛层不利于电子的传导;其次是测量电导性的方式,由于采用的是三电极测量电极表面的导电性,加上蝶翅结构 TPB

表面的二氧化钛纳米颗粒并不如普通锐钛矿结构紧密连接在一起,所以减缓了电子传输的速率,不利于导电性的减少。对于整个染料敏化太阳能电池而言,影响其光电转换效率的因素很多,其中光阳极的电导性并非是越高越好,对于不同类型的染料和电解质,光阳极需要匹配一个合适的电导率,这样才有利于稳定并提高整体电池性能与寿命。另外,电导率的稳定性对于电池的稳定输出也很重要。从图上可以看出,QHS 结构由于显微结构间有着较好的连通性,在 0.03~0.05 V 有着比较好的电导稳定性。

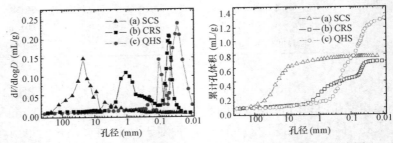

图 2.37   不同显微结构 TPB 材料压汞法测量数据。(a)显微结构孔径分布图;(b)孔径与累计孔体积增加关系曲线

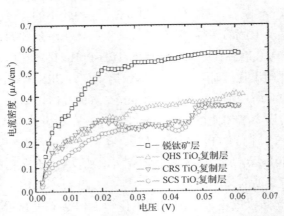

图 2.38   不同光阳极的电流-电压曲线(无染料加载)

　　总之,蝶翅鳞片为合成具有周期性分级的微结构的光阳极提供了方便而经济的模板,且不需要复杂的实验条件和实验设备。准蜂窝状结构的二氧化钛光阳极具有很好的光吸收性能和高表面积,有利于光捕获和染料吸附。

2.6　小结

综上所述，蝶翅具有大量的不同的分级微结构，从而为我们的研究提供了大量宝贵的模板。最近，我们成功复制了几种蝶翅的无机氧化物模板，并对其光学及气敏性进行了研究。这些研究不仅为相关技术和理论的研究提供了新的思想，而且为其他领域的研究开辟了捷径，如光热、光催化、光敏器件的研究等。同时，前面介绍的合成方法同样可应用于以其他介质层和其他有机成分为基底的模板。

参考文献

Argyros A, Manos S, Large MCJ, McKenzie DR, Cox GC, and Dwarte DM (2002) Electron tomography and computer visualisation of a three-dimensional 'photonic' crystal in a butterfly wing-scale. *Micron*, 33(5):483-487.

Biró LP, Bálint Z, Kertész K, Vértesy Z, Márk GI, Horváth ZE, Balázs J, Méhn D, Kiricsi I, Lousse V, and Vigneron JP (2003) Role of photonic-crystal-type structures in the thermal regulation of a Lycaenid butterfly sister species pair. *Physical Review E-Statistical, Nonlinear, and Soft Matter Physics*, 67(21):219071-219077.

Chen Y, Gu J, Zhu S, Fan T, and Guo Q (2009) Iridescent large-area ZrO_2 photonic crystals using butterfly as templates. *Applied Physics Letters*, 94:053901.

Gaillot DP, Deparis O, Welch V, Wagner BK, Vigneron JP, and Summers CJ (2008) Composite organic-inorganic butterfly scales: Production of photonic structures with atomic layer deposition. *Physical Review E*, 78(3):031922.

Ghiradella H (1989) Structure and development of iridescent butterfly scales: Lattices and laminae. *Journal of Morphology*, 202(1):69-88.

Han J, Su H, Zhang D, Chen J, and Chen Z (2009) Butterfly wings as natural photonic crystal scaffolds for controllable assembly of CdS nanoparticles. *Journal of Materials Chemistry*, 19(46):8741.

Land MF (1972) The physics and biology of animal reflectors. *Progress in Biophysics and Molecular Biology*, 24(C):75-106.

Martin-Palma RJ, Pantano CG, and Lakhtakia A (2008) Biomimetization of butterfly wings by the conformal-evaporated-film-by-rotation technique for photonics. *Applied Physics Letters*, 93(8):083901-3.

Parker AR, McPhedran RC, McKenzie DR, Botten LC, and Nicorovici NAP (2001) Aphrodite's iridescence. *Nature*, 409(6816):36-37.

Song F, Su H, Han J, Zhang D, and Chen Z (2009) Fabrication and good ethanol sensing of biomorphic SnO_2 with architecture hierarchy of butterfly wings. *Nanotechnology*, 20(49):495502.

Srinivasarao M (1999). Nano-Optics in the biological world: Beetles, butterflies, birds, and moths. *Chemical Reviews*, 99(7):1935-1961.

Vukusic P, Sambles JR, Lawrence CR, and Wootton RJ (1999) Quantified interference and diffraction in single Morpho butterfly scales. *Proceedings of the Royal Society B: Biological Sciences*, 266(1427):1403-1411.

Vukusic P, Sambles J, and Lawrence C (2000) Structural colour: Colour mixing in wing scales of a butterfly. *Nature*, 404(6777):457.

Watanabe K, Hoshino T, Kanda K, Haruyama Y, Kaito T, and Matsui S (2005) Optical measurement and fabrication from a Morpho-butterfly-scale quasi-structure by focused ion beam chemical vapor deposition. *Journal of Vacuum Science & Technology B: Microelectronics and Nanometer Structures*, 23(2):570-574.

Zhang JZ, Gu ZZ, Chen HH, Fujishima A, and Sato O (2006) Inverse Mopho butterfly: A new approach to photonic crystal. *Journal of Nanoscience and Nanotechnology*, 6(4): 1173-1176.

Zhang W, Zhang D, Fan T, Ding J, Gu J, Guo Q, and Ogawa H (2006a) Biomimetic zinc oxide replica with structural color using butterfly (*Ideopsis similis*) wings as templates. *Bioinspiration & Biomimetics*, 1(3):89-95.

Zhang W, Zhang D, Fan T, Ding J, Guo Q, and Ogawa H (2006b). Fabrication of ZnO microtubes with adjustable nanopores on the walls by the templating of butterfly wing scales. *Nanotechnology*, 17(3):840-844.

Zhang W, Zhang D, Fan T, Ding J, Guo Q, and Ogawa H (2006c). Morphosynthesis of hierarchical ZnO replica using butterfly wing scales as templates. *Microporous and Mesoporous Materials*, 92(1-3):227-233.

Zhu S, Zhang D, Chen Z, Gu J, Li W, Jiang H, and Zhou G (2009a) A simple and effective approach towards biomimetic replication of photonic structures from butterfly wings. *Nanotechnology*, 20(31):315303.

Zhu S, Zhang D, Gu J, Xu J, Dong J, and Li J (2009b) Biotemplate fabrication of SnO_2 nanotubular materials by a sonochemical method for gas sensors. *Journal of Nanoparticle Research*, 12(4):1389-1400.

3

多种生物分级结构的遗态材料

　　生物启迪的研究思想已经发展为与纳米制备技术、软化学工艺和生命科学等多学科的交叉融合进行材料学研究。在本工作中，这种研究思想集中表现为综合运用生物模板、生物矿化和生物拟态合成理念来制备多层次分级结构的纳米功能材料。这种新型材料具有独特结构所赋予的特别性能。

　　自然界中的一些生物材料，如蛋膜、蚕丝丝素纤维、硅藻、微生物等，可以通过在不同的液相体系中进行浸渍处理，来制备具有特定功能的分级结构纳米材料(包括氧化物、硫化物、贵金属及其复合材料)，以及由这些纳米结构与自然生物模板所组成的无机-生物的复合材料。这些复合材料是由 2~10 nm 的纳米晶体单元在生物模板或者生物基体的作用下形核、生长，并从纳米尺寸组装成宏观尺度的分级结构材料。在这一过程中，天然生物材料不仅可以作为物理模板和基体，其生物大分子也可作为分子反应模板参与纳米粒子的形成，并引导和控制纳米结构的生长和组装。因此，自然生物模板的选择、制备方法及工艺参数等共同影响着纳米晶体单元的形核、生长和组装，最终决定了材料的组成、结构和性能。以自然生物材料为模板所制备的这种功能材料，保留了生物材料的精细分级结构特征，并表现出特别的物理和化学性质，在光催化、气敏、塑性陶瓷和半导体技术方面具有重要应用价值。这样的合成方法和相关思想也为综合运用材料科学、化学和生物技术来制备新型结构的功能材料家族提供了重要借鉴。

3.1　引言

纳米功能材料由于其潜在的优异性能而备受关注，由纳米单元组装成的特定的分级结构能够带来材料性能的改善并赋予材料一些特别的性能。针对构筑分级结构纳米材料，已有一些研究为我们提供了重要借鉴，特别是构筑功能性的纳米复合材料。"自然创造了万物，人类在自然的帮助下，利用自然之物，创造了无穷无尽的事物。"达·芬奇的话充分说明了人类可以利用自然来创造新材料的能力。自然中的有机体和生物结构有着高度复杂和精细的结构，因此我们可以从大自然获得灵感以开发具有精细结构和优良性能的新型结构材料。近年来，以天然生物材料为模板通过液相过程制备分级结构纳米材料已开展不少工作，所涉及到的生物材料有贝壳、海胆刺、DNA、病毒、海螺蛸、珍珠母、多肽、硅藻、骨骼、蝶翅、蛋膜、蚕丝、毛发、木材和其他植物(叶片、纸张和花粉粒)等。我们的遗态材料合成思想是综合运用生物模板，生物矿化和仿生复合的研究思想和工艺方法，制备具有一定组成和特定分级结构的功能材料，并研究组成和结构与性能一体化的构筑机制，进一步探索新材料的潜在应用价值。

3.2　具有蛋膜分级纳米结构的功能金属氧化物

目前，纳米功能材料由于其优异的性能而受到许多关注，怎样构筑分级结构的纳米材料已有不少有价值的报道，特别是针对一些独特功能的纳米复合材料。幸运的是，越来越多的科学家和工程师已经认识到万能的自然已经成功地创造出有着特定功能结构的数量可观的生物物种，包括DNA、病毒、骨骼、蝶翅、蛋膜、蚕丝、纸张和植物在内的一些生物物种已经被用来合成拥有精巧结构和顺序的分级功能材料。这种自然生物模板的工艺思想结合了传统化学合成和生物模板技术，可以实现人工手段难以获得的精细分级功能材料的制备，因而将具有很好的发展前景。接下来，我们重点以蛋膜为生物模板制备分级结构的金属氧化物(包括二氧化锡、氧化锌和二氧化钛)为例开展研究。

3.2.1 生物模板溶胶-凝胶工艺制备精细分级结构的金属氧化物

生物模板工艺和液相纳米制备技术相结合，便于从分子层次调控模板合成过程，可以实现在温和的液相体系中控制纳米晶粒的形成和生长，以获得新型功能材料。基于这样的制备思想，纳米晶粒的形核和生长在生物模板引导下并且生物模板参与了物理化学反应，有利于从纳米尺度到宏观尺度上有序构筑特定组成的分级结构体系。在多种液相工艺中，溶胶-凝胶工艺表现出特别的优势。将生物模板引入到溶胶-凝胶过程中，溶胶体系中的前驱液成分与某些生物大分子作用，在生物模板的表面发生反应，进一步通过凝胶过程在生物模板表面形成一层涂覆膜，这层膜能从纳米尺度上准确地复制生物模板的结构。此外，溶胶-凝胶法比起其他方法有着许多显著的优点，包括制备工艺简单、反应条件温和、所得样品均匀性好。然而，常规溶胶-凝胶工艺是采用金属有机醇盐作为前驱物制备金属氧化物。金属醇盐不仅价格高昂，而且对湿度、温度和光照极其敏感，这就意味着传统金属有机醇盐工艺相对难以控制而且不经济。基于此，以无机金属盐代替有机醇盐作为前驱体，以无机水溶液或醇水介质代替有机醇盐体系，通过这种改良的溶胶-凝胶工艺，生物模板经历一系列错综复杂的水解和缩合反应实现模板结构的传承和成分置换，获得二氧化锡、氧化锌、二氧化钛等生物精细分级结构的金属氧化物功能材料。接下来，我们以这三种典型的金属氧化物为代表对生物模板溶胶-凝胶过程制备精细分级结构的功能材料进行阐述。

● **蛋膜概述**

随着人民生活水平的提高和食品工业的发展，鸡蛋的消耗量大幅度增加。但是人们仅利用了可食部分(即蛋清、蛋黄)，大量鸡蛋壳及蛋膜被扔弃，对环境造成了极大的污染。目前，国内对这类资源的利用率还很低。如果能充分利用，不仅可变废为宝，为社会增加财富，还可以减少环境的污染。

从蛋壳外表面向内依次为表皮、$CaCO_3$壳及蛋膜。蛋膜(ESM)主要位于蛋壳的内表面，依次由外层膜结构(OSM)、内层膜结构(ISM)以及限制膜(LM)结构组成。天然的蛋膜纤维是由居于内部的胶原质和外表面的可溶性糖蛋白组成(Wong *et al.*, 1984; Fernandez *et al.*, 1997; Hincke *et al.*, 2000)。而后纤维单体经过生物矿化的过程形成交叉的三维网络结构。在

图3.1(a)中，蛋膜横断面的扫描电镜测试显示，钙化的外壳是由一层内乳突层(ML)和一层外栅栏层(PL)依附在蛋膜上。事实上，蛋膜的外层膜、内层膜、限制膜都是穿插在蛋清和钙化外壳之间去矿化的基于胶原蛋白的有机体系。在图3.1(b)中可以清晰地看出三层蛋膜的形态结构特点。乳突结贯穿乳突锥的尖部，很少出现在蛋膜的外部层。在内层膜和外层膜中，纵横交错的蛋膜纤维平均宽度在500 nm到2 μm之间。此外，在由两条较窄的纤维组成的更宽的纤维上出现了长度方向上的条纹。无定形的限制膜由于内层膜和限制膜之间存在一层球状蛋白颗粒而表面波浪般起伏。

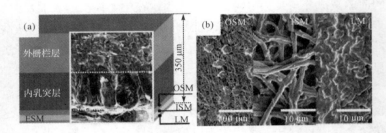

图 3.1　(a)蛋壳和蛋膜的 FESEM 图像和相应的蛋壳结构概要图解；(b)OSM、ISM、LM 的 FESEM 图

● **制备过程**

首先，轻轻将普通鸡蛋打碎并清洗。将内层膜剥离，并用去离子水清洗，在流动的空气和室温下干燥。新鲜蛋膜作为本实验的模板材料而保存下来待用。

按如下操作开展表面溶解-凝胶工艺，不同的目标产物对应不同的前驱体。分别选择锡粉和硝酸溶液(特别地，锡粉逐步加入硝酸溶液中并搅拌数小时，同时向上述溶液中缓缓加入去离子水)、硝酸锌乙醇溶液、四氯化钛水溶液作为二氧化锡、氧化锌、二氧化钛的前驱体。各种溶胶介质的pH 值一般控制如下：1~3(锡胶体)、2~5(硝酸锌)、1~4(四氯化钛)。典型的制备过程如下：将处理好的内层膜浸渍在上述溶胶体系中并在室温下保持 13~15 h，取出蛋膜用去离子水漂洗数次，经气流干燥后在氧化炉中进行煅烧处理(煅烧温度 400~1000 ℃)，蛋膜中的有机物质经煅烧分解掉，金属前驱体同时分解并晶化为相应的氧化物。相同工艺参数在不加蛋膜的情况下合成的样品作为对照，研究蛋膜生物模板对氧化物的形态结构、物相以及功能特性的影响。

● **结果讨论**

　　X射线粉末衍射分析显示，不同煅烧温度下制备的样品(图3.2)均是结晶良好的四方金红石构型二氧化锡，所有衍射峰都分别可指标为金红石结构的二氧化锡。根据Scherrer公式计算，得到不同温度400、550、700、800和1000 ℃煅烧所得的二氧化锡平均晶粒度分别为3、5、10、14、26 nm。

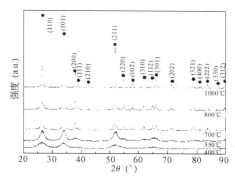

图3.2 不同煅烧条件下制备的二氧化锡纳米材料的 X 射线衍射图

　　图3.3显示，蛋膜在锌前驱体溶液中进行浸渍处理，浸渍产物是无定形态。在450 ℃烧结之后出现了部分结晶的有红锌矿结构的六方氧化锌。550 ℃煅烧产物的XRD中六方相氧化锌的特征衍射峰增强，晶化更为完善，没有出现杂质峰，表明浸渍前驱体经550 ℃煅烧处理后氧化锌完全形成。此外，相比700 ℃煅烧产物，在550 ℃煅烧样品的衍射峰有明显宽化现象，说明氧化锌的纳米晶体非常细小。根据Scherrer公式计算得到不同温度400 ℃和550 ℃条件下氧化锌平均晶粒度分别为3.5 nm和5.5 nm。

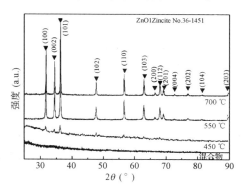

图3.3 氧化锌及锌浸渍产物的X射线衍射图

二氧化钛在550、700、800 ℃下烧结的X射线衍射模式分别显示在图3.4。在550 ℃煅烧处理可形成二氧化钛纳米晶，以(110)面的衍射峰半高宽根据Scherrer公式计算得到平均晶粒度大约为6 nm。随煅烧温度升高，锐钛矿含量减少，逐渐转化为金红石相，且颗粒尺寸逐渐长大。当烧结温度到达800 ℃时，主要以金红石相存在。

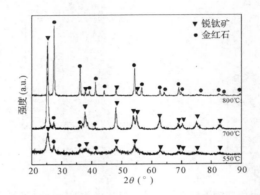

图3.4   不同温度下制备分级二氧化钛纳米材料的X射线衍射图

通过 FESEM 对以上三种样品的形态结构进行观察分析。图 3.5 中展示了未经处理的蛋膜和最终二氧化锡烧结产物的 FESEM 图。图 3.5(a)和3.5(b)显示蛋膜胶原纤维组成的网状结构是互相贯通交织的，并且在纤维之间有连接(用虚线表明)。图 3.5(c)给出了在 550 ℃煅烧制备的二氧化锡薄片的典型图像，显示出遗态氧化物有着与未经处理的蛋膜纤维同样的微观结构特征，并且保存了其纵横交织的结构。图 3.5(d)和 3.5(e)分别展示了二氧化锡纤维的十字交叉处和横截部分。二氧化锡管道口的形状和尺寸一致。在图 3.5(e)中，贯通整个纤维的中空部分(用垂直的箭头标示)除了交叉和毗邻的部分(用水平箭头标示)都是光滑的。

对于氧化锌，图 3.6 展示了 pH 为 2 时制备的在不同温度下(450、550和 700 ℃)烧结产物的 FESEM 图像。作为对比，图 3.6(a)展示了原始蛋膜模板的 FESEM 图像。很明显，所有的样品都有相似的微观特性并保留了原始蛋膜交织和贯通的结构。在更高放大倍数下，可以看到氧化锌纤维的直径从 0.2 μm 到 1.5 μm 不等。随着氧化锌纳米晶体在更高的烧结温度下生长，550 ℃时合成的氧化锌纤维表面由于其更小的纳米晶体单元而显得更加光滑。当烧结温度达到 700 ℃时，样品变成了氧化锌微粒组成的纤维

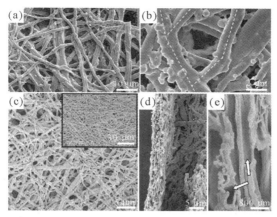

图 3.5 (a), (b) 原始蛋膜纤维的 FESEM 图像；(c) 550 ℃下合成蛋膜遗态二氧化锡材料的多孔交织网状结构；(d) 纤维管状结构的二氧化锡；(e) 交叉相连的二氧化锡管道横截面

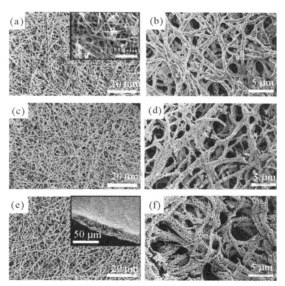

图 3.6 在 pH 为 2 的环境下制备，在不同的温度下烧结的氧化锌的 FESEM 图像。(a, b) 450 ℃；(c, d) 550 ℃；(e, f) 700 ℃。在(a)和(e)的插图中分别展示了未经处理的蛋膜的分级交错结构和 700 ℃下处理的氧化锌遗态材料横截面

网状结构。在图 3.6(e)的插图中，在 700 ℃下制得的氧化锌的横截面展示了相互交织的纤维的连接部分。此外，纤维交织成了相互连通渗透的网状组织，在三个维度上构成了厚度为 25 μm 的氧化锌薄片的分级精细结构。

图 3.7 展示了不同温度(升温速率 35 ℃/min)下制得的 TiO₂ 的 FESEM 图像来分析蛋膜二氧化钛遗态材料的形态结构。在 550 ℃下得到网状交织的二氧化钛纤维(图 3.7(a)和 3.7(b))的直径在 0.2 到 1.2 μm 之间,图中展示了其与未经处理的蛋膜纤维的对比。由于温度的升高,一些卷曲出现在波浪状的相互连接的网状结构上(图 3.7(c)和 3.7(d)),并在烧结温度达到 800 ℃时伸展到极限。显然,二氧化钛形成了展开的网状结构(图 3.7(e)),在放大倍数较高时(图 3.7(f))可看到由短棒组成的纤维且呈现多孔表面。

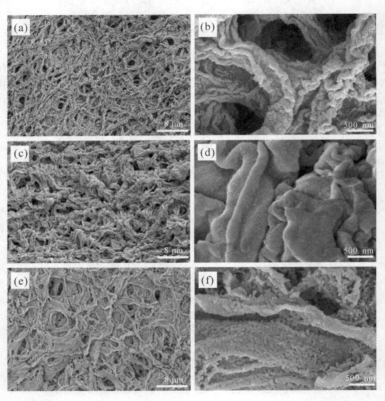

图3.7 不同温度下制备的分级交织二氧化钛材料FESEM图像。(a) 550 ℃;(c) 700 ℃;(e) 800 ℃。(b)、(d)、(f)分别是(a)、(c)、(e)的放大图像

图 3.8(a)中的透射电镜分析进一步证实了 550 ℃下制得的遗态二氧化锡有着交织互穿网状结构。更薄的部位展示了交织的结构和连接部位(用黑色箭头标出)。由于进一步长时间的超声处理,使得二氧化锡分级结构从三个维度上都不可避免地产生了孔洞(用白色箭头标出)。从 550 ℃下制

得的样品的高分辨透射电镜图像(图 3.8(b))可辨认出二氧化锡分级结构中的纳米晶体。每个有平行的晶格条纹的区域都是二氧化锡的单晶，观察到的晶粒大小约为 5 nm。进一步观察表明，经过溶胶-凝胶工艺并结合 550 ℃的烧结处理，可得到由具有微孔和中孔结构模式的二氧化锡纳米微粒组装而成的分级纳米材料。图 3.8(b)的插图证实了得到的二氧化锡纳米材料有着多孔的管道结构和纳米晶体单元。

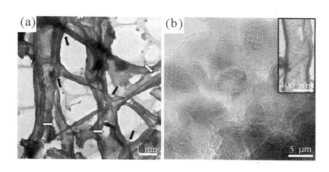

图 3.8　550 ℃温度下制备蛋膜形态 SnO₂ 的(a)TEM 照片和(b)HRTEM 照片。插图显示单根管状 SnO₂

　　图 3.9 中，透射电镜图像进一步证实了不同温度条件下制备蛋膜结构二氧化锌遗态材料的纳米晶体组成。氧化锌纳米晶体处在图 3.9(a)所示的两块黑色区域之间，这意味着在这个烧结温度下仍然存在着有机物。选区电子衍射分析显示纳米尺寸的氧化锌是多晶。虽然由于结晶不完全而导致中心亮斑不一致，这些圆环可以标定为六方 ZnO 的各个晶面(100)、(101)、(102)、(110)和(103)。从图 3.9(b)中可看到氧化锌晶体直径约为 3.5 nm，并且结晶度较低。此外，还有一些结晶可能被蛋膜残余物的有机大分子包围着。在透射电镜(图 3.9(c))下可清楚地看见晶格结构。当烧结温度到达550 ℃时，氧化锌晶粒完全形成，平均晶粒大小约 5.5 nm。然而，在 700 ℃这个相对较高的烧结温度下得到的氧化锌纳米晶体的尺寸却有近 30 nm(见图 3.9(d))。

　　二氧化钛样品的透射电镜和高分辨透射电镜图像如图 3.10 所示。图 3.10(a)显示单根二氧化钛纤维(烧结温度 550 ℃，升温速率 1 ℃/min)的透射电镜照片。我们可以看出直径为 3 μm 的多孔管道由小的微粒组装而成。当升温速率为 35 ℃/min 时，二氧化钛颗粒尺寸长大到约为 6 nm(图 3.10(c)) 的微粒密集有序地组装成产物，意味着对生物模板结构的复制实际上是通

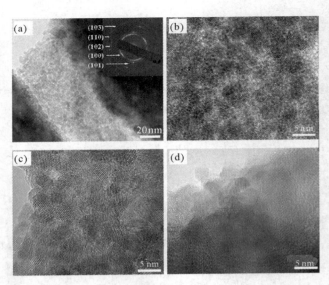

图.3.9　不同合成温度下制备的蛋膜结构ZnO的TEM图(水相体系pH＝2)。(a), (b) 450
℃；(c) 550 ℃；(d) 700 ℃。(a)中插图为相应的选区电子衍射图

过纳米小颗粒组装起来的。不同加热速率下获得的 TiO_2 纤维的选区衍射
图(图 3.10(b)和 3.10(c)的插图)表明，这些纳米级的组装 TiO_2 颗粒实际上
均是多晶，衍射环分别对应衍射面(101)、(004)、(200)、(105)、(204)和(116)。
图 3.10(d)和 3.10(e)分别为不同加热速率和相同合成温度 550 ℃所合成的
TiO_2 高分辩电镜照片。很明显，在更高加热速率得到的样品中可以找到许
多约 2 nm 的微孔。图 3.10(e)还显示出有着孪晶之类的结构缺陷的纳米结
构颗粒存在于此二氧化钛中。

● **溶胶-凝胶工艺合成机理**

总体上，遗态金属氧化物材料的制备可分为两步：第一步为蛋膜成分
和金属氧化物前驱体在浸渍过程发生反应，形成浸渍中间产物；第二步为
在烧结过程中通过除去蛋膜模板并完成前驱体分解，形成金属氧化物纳米
晶。在预处理时，不同的金属氧化物与蛋膜有类似的反应，因此接下来以
二氧化锡为例，详细地介绍溶胶-凝胶模板工艺的合成机理。

为了阐明在遗态合成过程中蛋膜作为生物模板的多重功能和复杂的反
应，我们对原始蛋膜、Sn-浸渍中间物和823 K 下的烧结产物做了红外光
谱分析。中间产物和烧结物与原始蛋膜的对比红外光谱如图 3.11 所示。

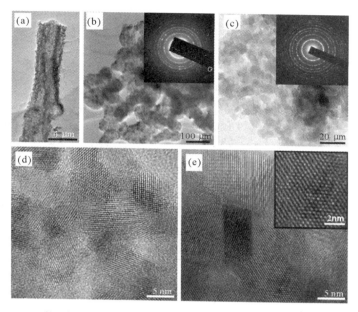

图3.10 550 ℃不同升温速率所制备样品的TEM照片。(a)单根TiO₂纤维；(b) 1 ℃/min；(c) 35 ℃/min。(b)和(c)中插图对应样品的SAED。样品(550 ℃，pH=2)的HRTEM：(d) 35 ℃/min；(e) 1 ℃/min，插图对应锐钛矿相的TiO₂

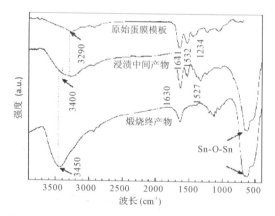

图 3.11 原始蛋膜模板、浸渍中间产物和高温煅烧样品的红外光谱图

原始蛋膜光谱的特征峰为 1641、1532 和 1234 cm⁻¹，分别对应天然蛋膜中糖蛋白酰胺 I、II 和 III 型。蛋膜在金属前驱物水溶胶中被浸渍处理后，浸渍中间产物中主要由 C=O 伸缩振动造成的酰胺 I 键移至 1630 cm⁻¹ 处。该

红移现象说明由于缩氨酸中 C=O 键与 Sn-胶体发生螯合作用导致 C=O 键削弱。另外，在 3400 cm^{-1} 处对应的 Sn–OH 的伸缩振动峰叠加在 3290 cm^{-1} 处多肽 C–H 伸缩振动峰的上面。两处特征峰 3450 和 1630 cm^{-1}，是由于蛋膜吸附水后形成的羟基所表现出的特征峰。在低于 700 cm^{-1} 波数范围内，浸渍中间产物和煅烧终产物在 600 cm^{-1} 附近都出现了吸收峰，这是典型的 Sn–O–Sn 非对称振动和对称振动峰(Jimenez *et al.*, 1999)。而在 850~1350 cm^{-1} 范围内出现的峰是由蛋膜纤维表面不同类型的羟基作用引起的(Fujihara *et al.*, 2004)。凝胶膜中间产物的表面反应在蛋膜浸入锡的溶胶体系时能被羟基基团终止。然而，由于 Sn–OH 水合物分解成二氧化锡，烧结作用导致 850 cm^{-1} 至 1350 cm^{-1} 之间的相应吸收峰的下降。由此可见，四方二氧化锡对蛋膜的模板过程主要是锡溶胶与蛋膜上的一些功能生物大分子，例如羧基、羟基和氨基等进行的螯合作用。

为进一步证明上述红外分析结果，利用 MAS-NMR 技术对原始蛋膜和相应产物样品进行分析，结果如图 3.12 所示。在蛋膜上各氨基酸基团中对应的峰位(酪氨酸 37.332，氨基乙酸 42.931，赖氨酸 157.407)发生移动，这很可能是因为这些氨基酸同 Sn-胶体之间形成了新键，同样由于这些化学作用，羧基(谷氨酸盐 177.549)和羟基(苏氨酸 59.394)的化学位移也移到了低场区，这些结果同 FTIR 的分析一致。

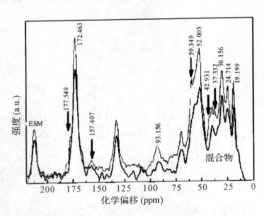

图 3.12 原始蛋膜和锡浸渍中间产物的核磁共振谱

综上所述，蛋膜是非矿化的胶原质组成的，蛋膜纤维由Ⅰ、Ⅴ和Ⅹ型胶原质内核以及糖蛋白包覆层构成。而且已有文献报道，蛋膜纤维内核部分主要成分是胶原蛋白和骨桥蛋白，外面包覆层富含多种 Keratan sulfate

抗原和 Dermatan sulfate 形成的聚离子区。基于此，针对蛋膜分级结构二氧化锡纳米材料的制备可按如下两个操作步骤进行：首先，通过浸渍处理，无定形态的锡溶胶与蛋膜模板作用，在蛋膜纤维表面形成反应层，然后通过烧结处理除去蛋膜模板，得到金红石相的二氧化锡。因此，正如 FTIR 和 NMR 结果证明的一样，可以认为界面溶胶-凝胶技术的实现是通过蛋膜纤维表面大量的羧基、羟基和氨基酸基团与液相体系中的四价锡离子发生物理化学作用，然后再经过一系列复杂的化学作用后得到由超细粒子组成的二氧化锡纳米无机膜。二氧化锡的形成过程如下所述：

$$Sn^0 \rightarrow Sn^{IV} \text{ 离子 (水合物)} \rightarrow Sn^{IV} \text{ 胶体} \rightarrow Sn^{IV} \text{ 含氧化物 (Sn-胶体)}$$
$$\rightarrow \text{无定形 } SnO_2 \rightarrow \text{纳米晶体 } SnO_2 \tag{3.1}$$

紧密结合的无定形 Sn-胶体/糖蛋白络合物利用氢键、范德华力和蛋膜表面多肽环的协同作用形成。锡溶胶连接在蛋膜糖蛋白的氨基基团和在多肽连接的糖的羟基和氨基上，并最终得到无定形的 Sn-O 网络，从而得到保留原始蛋膜形态结构的二氧化锡无机膜。Sn^{IV} 形成的氧化物可以认为是一种由部分脱水的 Sn(IV) 氢氧化物组成的中间产物。之后再通过热处理使无定形二氧化锡晶化成为纳米晶体，再由纳米晶进一步组装为纳米管并按照蛋膜纤维模板的结构特点而相互交织成网状结构，实现对蛋膜模板形态结构的传承和成分置换为二氧化锡纳米晶。因此，蛋膜遗态分级结构二氧化锡的形成过程是在糖蛋白大分子链的分子模板下进行的(示意图 3.1)。

值得一提的是，通过溶胶-凝胶工艺合成的二氧化锡纳米晶体总体上尺寸很小而且结晶很好，粒度分布比较集中。这个现象可以归功于一些作为修饰剂的糖蛋白上的短链氨基，因为其对于二氧化锡晶核的生长起到很强的约束作用。显然，起到表面活性剂作用的蛋膜肽聚糖是二氧化锡纳米颗粒聚集和进一步结晶的关键。此外，静电力也促进了该生物分子作用的溶胶-凝胶过程。在强酸性条件(有充足 H^+)下，根据二氧化锡的等电位 7.3 可知其胶体表面易带正电，从而更容易被吸附到蛋膜纤维上的负电区(Liang *et al.*, 2003)。基于这种生物大分子起到表面活性剂的作用，使得构筑精细生物分级结构纳米功能材料得以实现，这一过程也类似于生物大分子体系的作用原理。

作为一种绿色温和并且可通用的技术，生物模板溶胶-凝胶合成工艺成为制备分级结构无机功能材料的切实可行的工艺途径。这种启迪于自然生

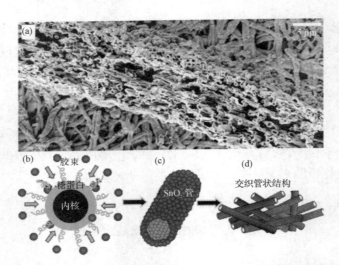

示意图3.1   (a) 扫描电镜照片：二氧化锡网状结构的横截面和表面形貌总览。遗态分级结构二氧化锡形成过程的机理描述：(b) 蛋膜纤维横断面在浸渍处理过程中，糖蛋白大分子与锡溶胶之间的反应；(c) 除去蛋膜模板之后二氧化锡纳米晶组装成纳米管；(d) 二氧化锡纳米管交织组装为网状结构

物模板构筑纳米功能材料的研究思想和工艺方法，将为我们获得预定结构和特定功能的新材料提供重要借鉴和实施依据。

3.2.2 纳米分级结构二氧化锡用作气体传感器

二氧化锡是一种典型的宽带隙n型半导体材料，具有优异的光电性质和化学性质，广泛用于透明电极、气敏元件、光敏元件、光催化、抗静电涂层以及太阳能电池等领域，而作为气敏材料是其应用最为广阔的一个领域。

众所周知，纳米材料作为气敏传感器时由于其微小的晶粒能增强吸附能力而有显著的优点，但很少有研究关注结构对气敏性能的影响。获得具有特殊多孔分级结构的二氧化锡纳米材料有望为其气敏性能的改善提供可能。

● 二氧化锡气敏材料的制备和表征

蛋膜从蛋壳上剥离下来，用去离子水清洗。表面溶胶-凝胶法过程如下：将约1.50 g的Sn粉逐步加入50 mL 浓度为2 mol/L硝酸溶液中，并使用电磁搅拌器连续搅拌2 h。得到亮黄色溶胶之后，在室温下将蛋膜浸入胶体系统13 h。溶胶中间体的pH值控制在1。得到的样品用去离子水冲洗，在气流中干燥。然后分别在氧化炉中进行400、550、700、800和1000 ℃保温1.5 h的烧结处理。作为对比，通过相同溶胶-凝胶手段合成的空白样品也在相应温度下烧结，只不过没有生物模板参与。

不同的合成手段得到多种多样的纳米结构，接下来将一一介绍。

不同温度下合成的样品的 X 射线衍射模式如图 3.2 所示。样品都是高度结晶的四方金红石结构。所有衍射峰都可指标为金红石晶相二氧化锡(SG：P42/mnm；JCPDF：41-1445)。根据谢乐公式，依据 X 射线衍射图中二氧化锡相的(110)面特征衍射峰半高宽值，计算得到二氧化锡的平均晶粒度，显示出晶粒随着温度的升高而增大。在 400、550、700、800 和1000 ℃的烧结温度下，得到的样品平均晶粒度分别为 3、5、10、14 和 26 nm。此外，从图 3.13 可得出，在生物模板的诱导下，形成的晶粒尺寸更小。例如在 550 ℃时，图 3.13 中的透射电镜图像显示蛋膜模板的二氧化锡纳米晶体尺寸小于 5 nm，然而空白对照的晶粒度却有 16 nm。

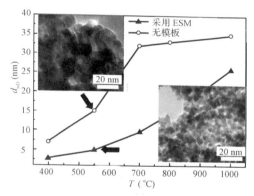

图 3.13 不同温度下有蛋膜模板和无蛋膜模板二氧化锡晶体平均直径

图3.14中的透射电镜图像展示了不同温度下烧结的样品。依据电子衍射分析，即使在比400 ℃还低的烧结温度也能得到四方相的二氧化锡。这也许是因为在除去蛋膜的过程中发生了放热反应，使得周围温度上升，从而加快了二氧化锡纳米晶体的凝聚。选区电子衍射分析表明经400 ℃煅烧的样品是多晶四方金红石结构二氧化锡，衍射峰分别标定为金红石相二氧化锡的(110)、(101)、(200)、(211)和(301) (图3.14(a))。在550 ℃以下，二

氧化锡纳米颗粒还非常细小，但到了800 ℃以上就开始明显长大。此时的平均晶粒度和谢乐公式计算得到的一致。此外，衍射模式也随着烧结温度的升高逐渐从环状(纳米尺寸)变成了点状(块体尺寸)。

图3.14　不同温度下得到的蛋膜遗态二氧化锡材料透射电镜图像

图 3.15 展示了 550 ℃得到的分级结构二氧化锡材料的 FESEM 图像。图 3.15(a)中是原始蛋膜的插图。这表明二氧化锡有着与蛋膜一致的交织网状的纤维结构，宽度为 200 nm~1.5 μm。图 3.15(b)是高放大率的 FESEM 图像，展现了纤维之间的交织贯穿和中空的特性(由箭头标出)，图 3.15(c)仔细地将其展示出来。显然，二氧化锡管道粗细是一致的，它们在约 6 μm 厚的薄膜上交织在一起，而这正是原始蛋膜的厚度。

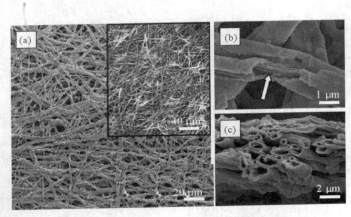

图3.15　550 ℃制备分级二氧化锡材料FESEM图像

图3.16(a)展现了氮气的吸附解吸等温线及其在550 ℃烧结的蛋膜模板二氧化锡和空白样品上，相应的孔隙大小及分布情况。显然，蛋膜模板二氧化锡比空白样品的尺寸分布范围更小。这个结果说明在烧结过程中，蛋膜阻止了二氧化锡颗粒的凝聚和长大。分析结果同透射电镜观察一致。400 ℃烧结的蛋膜模板二氧化锡粉末的比表面积为87 m²/g，其值随热处理温度的升高逐渐降低(图3.16(b))。这和材料中晶粒尺寸变化相关。相同的热处理温度下使用模板合成的样品均比空白样品具有更高的比表面积。因此，蛋膜模板的引入可以使合成的分级二氧化锡有较高的比表面积。通过比表面值，将分级结构二氧化锡材料的构建单元看成球形颗粒，可以计算出颗粒尺寸近似值(Nariki *et al.*, 2000)：

$$d_{BET} = \frac{6 \times 1000}{\rho S_{BET}} \tag{3.2}$$

式中 d_{BET} 为二氧化锡单元颗粒近似尺寸(nm)，ρ 为二氧化锡密度。结果如表 3.1 所示。所有条件下 $d_{BET} > d_{XRD}$。将 d_{BET}/d_{XRD} 定义为团聚度，即该参数受模板引入和热处理温度影响而变化。在 400 ℃下合成的样品呈现最小的团聚度及最小的晶粒尺寸。

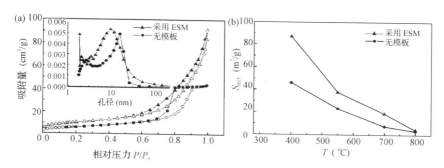

图 3.16   (a)氮气吸附-解吸等温线；(b)比表面积与烧结温度曲线

表3.1   不同煅烧温度有无模板条件下所合成的SnO₂晶粒尺寸及团聚度对比

样品	400 ESM, Blank	550 ESM, Blank	700 ESM, Blank	800 ESM, Blank
d_{XRD} (nm)	2.8, 7	4.9, 15	9.5, 32	14, 33
d_{BET} (nm)	9.9, 18.7	22.7, 37	45.6, 115.1	199.5, 247
d_{BET}/d_{XRD}	3.5, 2.7	4.6, 2.5	4.8, 3.6	14.2, 7.5

　　图 3.17 所示为在不同温度下合成的纳米 SnO_2 样品的拉曼光谱，均可被证实是金红石结构(Abello *et al.*, 1998)。在温度 1000 ℃下制得结晶完善的样品的晶粒尺寸为 26 nm，拉曼光谱类似于微晶 SnO_2。二氧化锡纳米晶体的拉曼光谱峰在 400~700 cm^{-1} 之间出现展宽现象，这归因于颗粒的小尺寸效应(Diéguez *et al.*, 2001)。为进一步对材料的表面状况进行分析，定义拉曼振动强度的总值 I_S 与相应振动模强度 A_{1g} 的比值为 I_V (Pagnier *et al.*, 2000)。相应的模强度由通过对各自的拉曼峰进行高斯拟合得到。强度 I_V 为对振动模 A_{1g} 对应拉曼峰进行洛伦兹拟合所得面积；而强度总和 I_S 为五个峰高斯拟合所得。

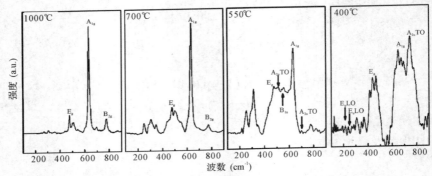

图 3.17　不同煅烧温度制备的蛋膜模板二氧化锡的拉曼光谱

● 分级结构二氧化锡纳米材料的气敏性质

　　将不同烧结温度下所制备的薄膜样品切成边长为 3 mm 的小片并粘覆在氧化铝基板上，以 1 mm 的间距在四边焊上金电极引线，整个器件放在 500 ℃烧结 1 h，并在 300 ℃老化 170 h 制成气敏元件。气敏性测试实验是在气流仪中进行，工作温度为 270 ℃和 330 ℃(Niu *et al.*, 2004)。待测气体为干燥空气稀释了的 50 ppm 乙醇、50 ppm 甲醛、50 ppm 硫化氢、500 ppm 液化石油气以及 50 ppm 的 97#汽油或 50 ppm 的 90#汽油。通过连续记录随待测气体与干燥空气之间的气流变化(单位：100 cm^3/min)试样 SnO_2 的电阻值。定义气体灵敏度 S 为 R_a/R_g，其中 R_a 和 R_g 分别为气敏元件在空气和测试气体中的电阻值。图 3.18 所示为 I_S/I_V 随分级结构 SnO_2 纳米材料晶粒尺寸 d_{XRD} 和比表面积 S_{BET} 变化关系。I_S/I_V 随 S_{BET} 增大而增大，随 d_{XRD} 增大而减小。此外，I_S/I_V 和 S_{BET} 之间存在完美线性关系，表明表面振动模式与试样气体作用的表面活性位紧密相关。

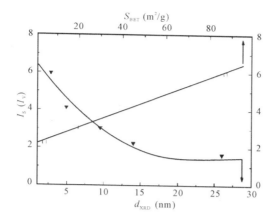

图 3.18 拉曼参数 I_S/I_V 与 SnO$_2$ 晶体尺寸 d_{XRD} 和比表面积 S_{BET} 的关系

此外，图 3.19 反映了所制备样品的气敏灵敏度与 SnO$_2$ 晶粒尺寸(图 3.19(a))、比表面积(图 3.19(b))以及拉曼参数 I_S/I_V(图 3.19(c))之间的关系。很明显，灵敏度随 SnO$_2$ 晶粒尺寸的增大而降低。但值得注意的是，H$_2$S 表现出与其他气体相异的现象。S (H$_2$S)随 d_{XRD} 的增大或 S_{BET} 的减小而均匀增大。在 d_{XRD} 约为 3~5 nm 处，分级结构 SnO$_2$ 对测试气体有比较接近的响应值，而在 d_{XRD} 约为 6 nm 以上时，均表现出较低的响应值。我们认为表征分级结构 SnO$_2$ 膜气敏性能时，使用 S_{BET} 将比 d_{XRD} 具有更准确的特点。考虑到对 S_{BET} 和敏感信号 $S_{(gas)}$ 各自的测量误差，$S_{(gas)}$-S_{BET} 结果可以近似为线性关系。同样，敏感信号 $S_{(gas)}$ 和拉曼参数 I_S/I_V 之间也可以近似为线性关系。可以确定，拉曼光谱作为分析分级 SnO$_2$ 气敏性能工具的重要性。值得注意的是，对比表面积测量时并没有将分级结构特征的影响计算入内，而拉曼谱则是在保证分级特征不变的前提下进行的测量。这证明了特殊的分级结构对材料 S_{BET}，尤其是对材料表面振动模以及材料气敏性的影响。从敏感信号 $S_{(gas)}$ 和拉曼参数 I_S/I_V 关系得出另外一个重要结论：材料的表面振动模 I_S 直接反映了晶粒的外层状态，即和引入蛋膜生物模板或分级结构的关系。

还原性或可燃性气体与表面吸附的氧以多种物理或化学方式发生作用。有人认为下列反应更易于在还原性气氛下进行：

$$R+O^- \Leftrightarrow RO+e^-$$
(3.3)

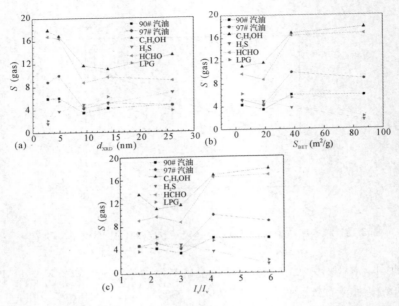

图 3.19 样品对所测气体敏感性与 SnO_2 晶粒尺寸、比表面积及拉曼参数 I_S/I_V 的关系

同时研究指出，气敏现象和表面催化燃烧过程密不可分(Morrison, 1987)。从催化化学可以知道，表面的部分酸类可以被用来催化某些特殊的反应。传感器表面能被修饰以优先对还原性气体而非其他类气体发生作用。

基于以上理论，Gnanasekar *et al.*(1999)提出了在材料表面发生的汽油燃烧反应：

$$汽油 \ (或 \ LPG) + O_2 \rightarrow CO_2 + CO + H_2O \tag{3.4}$$

$$CO + O^-(ads) \rightarrow CO_2 + e^- \tag{3.5}$$

傅敏恭等(1994)提出乙醇在材料表面氧化时，乙醛为中间产物，反应如下：

$$CH_3CH_2OH + O_2 \rightarrow CH_3CHO + H_2O \tag{3.6}$$

$$CH_3CHO + O^-(ads) \rightarrow CO_2 + H_2O + e^- \tag{3.7}$$

而 H_2S 和化学吸附的 O^- 可以发生如下反应(方国家等，1997)：

$$H_2S + O^-(ads) \rightarrow H_2O + S + e^- \tag{3.8}$$

以上反应释放的电子将和空穴发生湮灭反应：

$$h \bullet + e^- \rightarrow 0 \tag{3.9}$$

因此，气敏材料的电阻增加，并且实现对不同气体的检测作用。对于汽油和 LPG，表面吸附的带负电氧能有效地控制 SnO_2 的电导率。另外，假设发生在氧化物表面的化学反应包含 CO 吸附、CO_2 脱附以及随后通过对氧分子的吸附进行的氧空位补充。对于 SnO_2，电子浓度的变化依靠氧空位决定的化学计量比数值。纳米 SnO_2 的电性能主要由氧和其他气体分子发生化学吸附的晶界表面状态决定，即受空间电荷分布和能带调制的影响。因此，化学吸附的分子密度变化直接造成材料的电响应。

众所周知，乙醇是典型的还原性气体，其还原性强于甲醛。因此，本研究中分级 SnO_2 对乙醇的气敏性要比甲醛更敏感。在相同的条件下，具有更高效比表面积的 SnO_2 材料能提供乙醇分子和吸附氧发生反应的可能性，因而具有更大的电导率变化。气敏性与拉曼表面振动模强度的关系同样揭示了振动模和可提供的氧吸附位间存在着一定的关系。

相反，对于 H_2S 的气敏作用机制则完全不同。在工作温度下，部分 H_2S 被氧化成水和硫。虽然 H_2S 容易吸附到 SnO_2 气敏材料上，但这样使得气敏材料对 H_2S 气体的敏感性下降。通常，实际吸附气体量受可提供形成和吸附的电子浓度以及晶界上可提供吸附的位点数量影响，而这又可能因为氧的竞争而改变。被吸附氧覆盖的纳米晶表面具有高密度的负电荷，能阻止 H_2S 分子吸附于表面。

在 270 ℃的工作温度下，合成的分级结构 SnO_2 对 C_2H_5OH 和 HCHO 的气敏性比 H_2S、LPG 和汽油更高。随着合成温度的变化，直接影响 SnO_2 的颗粒尺寸，即颗粒尺寸从大至小变化使得气敏性(除了对 H_2S)提高。然而，和其他气体不同，H_2S 的气敏性表现出随合成温度上升而下降的趋势。此外，根据特殊结构的气敏传感器的拉曼光谱，并测量了失去分级结构的粉末的比表面积，通过进一步分析可以得出以下结论：相对比表面积的影响，气敏材料表面能与目标气体反应的活性点数量是决定其气敏性能的更重要因素。

3.2.3 Pd-PdO纳米簇增强分级结构TiO₂纳米复合材料具有优良的光催化性质

TiO₂在多相催化、太阳能电池、光电器件等方面有着重要的应用。另外，Pd纳米颗粒作为最基础的催化剂有重要作用。考虑到纳米尺寸的金属间化合物之间的反应能增强催化作用和反应性能，含Pd纳米颗粒复合TiO₂材料在光催化之类的催化领域有着光明的应用前景。基于蛋膜生物材料模板工艺和溶胶-凝胶技术结合的方法，制备具有多孔分级结构特征的Pd-PdO/TiO₂功能纳米复合体系将为获得高效光催化材料提供一条方便有效的途径。

● **Pd-PdO/TiO₂纳米复合材料的制备**

轻轻敲碎鸡蛋并洗净。接下来将蛋膜与CaCO₃蛋壳分开，再用去离子水清洗，新鲜的蛋膜作为后续实验的模板保存。在实验中，将约15 mg的蛋膜浸入0.5 mmol/L的PdCl₂溶液中(pH=8)，整个体系在暗处静置15 h，然后取出Pd-蛋膜混合物，用去离子水冲洗，在室温下用N₂气流干燥。表面溶胶-凝胶过程如下进行：在冰水中缓缓加入(速度：1 mL/min)四氯化钛溶液，缓缓搅拌，得到0.04 mol/L的钛溶胶中间体。通过加入1 mol/L NaOH溶液控制溶胶体系pH值为2。上述Pd-蛋膜混合物浸入上述溶胶体系(pH=2)中室温下保存4~12 h，取出水洗后自然干燥，将所得化合物在500 ℃下煅烧1.5 h(加热速率35 ℃/min)，同时，通入O₂/N₂混合气体(定义ε为混合气体，氧气相对含量ε=V_{O_2}/V_M，气体流通速率 60 mL/min)。如热重分析所证实的，这个步骤保证了完全去除蛋膜模板和形成矿化的无机材料。所得黄棕色产物在真空状态下保存备用。

目标复合材料和原始蛋膜的 X 射线衍射模式如图 3.20 所示。在 20.64°附近，蛋膜生物模板出现了结晶态的衍射峰，这归因于其中氨基酸的排序和构造，而在纵坐标方向强度相对较低的衍射峰呈现宽泛现象，以致在20.64°的峰几乎难以察觉。当蛋膜在 PdCl₂ 溶液中浸渍后，所得样品经 X射线衍射分析可以发现生成了面心立方的单质 Pd (JCPDF：46-1043)，相应的衍射峰为(111)、(200)、(220)和(311)均出现明显宽化现象，说明 Pd颗粒为小尺度的纳米晶。将得到的 Pd/ESM 化合物浸入 Ti 溶胶中作用并于 550 ℃煅烧后，制得由锐钛矿型 TiO₂ (JCPDF：84-1285)、Pd (JCPDF：46-1043)和 PdO (JCPDF：41-1107)组成的复合材料。此外，根据谢乐公式，计算复合材料中各组分的平均晶粒尺寸 D。分别选用 X 射线衍射图中 TiO_2 相(101)、Pd (111) 和 PdO (110) 的特征衍射峰半高宽值，计算得到其平均晶粒度分别为 8 nm 的 TiO_2、5 nm 的 Pd 和 11 nm 的 PdO。

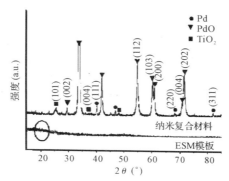

图 3.20 在 500 ℃下制备分级结构纳米复合材料的 X-射线衍射图

图3.21(a)~3.21(c)为前驱反应第一步过程制备Pd/ESM的微观形貌和结构照片(合成条件：0.5 mmol/L，pH＝8，t＝15 h)。图3.21(a)显示制备的Pd/ESM化合物具有和原始蛋膜纤维结构相同的特征。图3.21(b)为(a)中框图内的高倍率照片，可以清楚看到蛋膜纤维上排布的纳米球链状Pd。而图3.21(c)的透射电镜照片进一步揭示获得的Pd球实际由更小的纳米颗粒组成；截图为材料的选区电子衍射照片，可以看出"珍珠"实际上是多晶。结合X射线衍射的结果，这些环可以标定位面心立方Pd晶体。细致的观察发现平均尺寸约为5 nm的Pd颗粒周围包覆有生物层，正是在这些物质的作用下得到了特殊结构形态的Pd。图3.21(d)~3.21(f)为前驱反应第二步过程制备Pd-PdO/TiO_2的微观形貌和结构照片(合成条件：0.04 mol/L，pH＝2，t＝12 h，500 ℃，加热速率35 ℃/min)。图3.21(d)为合成的Pd-PdO/TiO_2 (5wt% Pd)复合材料的微观形态；TiO_2纤维的直径约为0.5~3.5 μm，与原始模板纤维的宽度相近，可以认为合成的复合材料完美保持了原始模板的形态和尺寸。从图中纤维破损处观察可以发现，TiO_2纤维实际上为空心管结构。图3.21(e)为管内结构的扫描电镜照片，可以看到在TiO_2纤维管的内表面排布着均匀的纳米簇Pd-PdO。图3.21(f)为Pd-PdO/TiO_2的透射电镜照片；尺寸约为30~40 nm的Pd-PdO纳米簇均匀分布于晶粒尺寸约为10 nm的TiO_2多晶层结构上；截图为复合材料的电子选区衍射照片，主要对应TiO_2的衍射环，其中夹杂着Pd的衍射环。

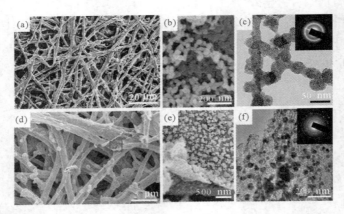

图 3.21 (a, b, c) Pd/ESM 及(d, e, f) Pd-PdO/TiO₂ 纳米复合材料；其中(b, e)分别为(a, d)的高倍扫描电镜照片；(c, f)分别为(b, e)的透射电镜照片

图 3.22 的透射电镜图像进一步说明了 Pd-PdO/TiO₂ 纳米复合材料是由交织的二氧化钛管道和嵌入的 Pd-PdO 纳米颗粒组成。并且通过促使 Pd 离子的进一步矿化可实现将 Pd-PdO 纳米颗粒深嵌入二氧化钛管内壁中。通过控制反应时间和钛溶胶前驱体的循环浸渍次数，可以调节管壁厚度在 30~400 nm。值得关注的是，制备过程工艺参数的调控不会改变材料最终的分级结构形态。此外，在图 3.23(a)中展示的 Pd-PdO 纳米簇成比例均匀分布在 TiO₂ 基体中。高分辨透射电镜图像(图 3.23(b))进一步表明 Pd-PdO/TiO₂ 复合材料中所有组分都是纳米晶体而且按比例在复合材料中均匀分布这一有趣的特性。晶格条纹可以分别指标为二氧化钛、氧化钯和钯纳米晶体的对应晶面间距。从图 3.23(b)中计算得知，晶面间距 3.5 Å、3.0 Å 和 1.9 Å 分别对应锐钛矿型 TiO₂、PdO、Pd 的(101)、(100)、(200)面。

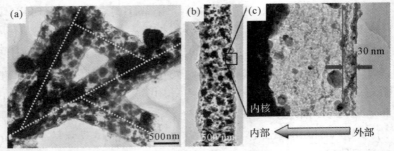

图 3.22 Pd-PdO/TiO₂ 纳米复合材料的透射电镜照片。(a)网络互通结构；(b)单根管形态；(c)单根纤维管壁

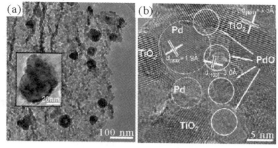

图 3.23 Pd-PdO/TiO$_2$ 纳米复合材料的透射电镜照片(a)和高分辨电镜照片(b)

Pd-PdO/TiO$_2$ 纳米复合材料的合成与蛋膜纤维表面糖蛋白包覆物的参与密切相关（示意图 3.2）。Pd 纳米颗粒的形成主要包括两步，也就是金属离子的注入和原位还原过程。有关生物材料中某些特殊的生物大分子及其相应官能基团能够还原 Pt(IV)、Pd(II)、Ag(I)和 Au(III)等金属离子已经有文献报道(Chen *et al.*, 2003; Uchida *et al.*, 2000; Yuan *et al.*, 2006)。因此，当蛋膜浸入 PdCl$_2$ 前驱液中，蛋膜生物纤维上的纳米孔洞结构和缺失的氧位点为 Pd(II)原位自生反应提供了高效纳米反应腔。此外，由于金属离子的高迁移率和反应性，配位过程很难保证金属离子稳定地单独存在于糖蛋白层中。因此，如示意图 3.2(a)所示，将蛋膜浸入 PdCl$_2$ 前驱液中，[PdCl$_4$]$^{2-}$离子能够被蛋膜上基团还原成纳米 Pd 颗粒(Peng *et al.*, 2003; Kuang *et al.*, 2004)。然后这些 Pd 纳米颗粒在可溶性糖蛋白分子作用下自组装成花簇结构(示意图 3.2(b))。随后浸入 Ti 溶胶体系中后，由于蛋膜糖蛋白大分子的较强亲和力，Ti 胶体颗粒被蛋膜表面的官能团(特别是羟基)快速捕获，并发生缩合反应。因此，浸渍的钛离子在蛋膜纤维表面紧紧地固定住，进而形成均匀包覆层(示意图 3.2(c))。值得注意的是，该无定形层能够被 Pd/糖蛋白颗粒固定,这样在高温煅烧过程中能够最大限度地降低材料的热收缩率,以实现形态结构和尺寸的完美复制。在煅烧除去蛋膜模板之后，得到分级网络结构的 TiO$_2$ 纳米材料。此外，在烧结过程中，通过控制混合气体的组成比(示意图 3.2(d))，可控制附着在 TiO$_2$ 基体上的 Pd 纳米簇被部分地氧化成 PdO。由于 Pd 和 PdO 存在很大的晶格错配，所以 PdO 难以与金属 Pd 结合。在更高烧结温度下，Pd 和 PdO 纳米颗粒由于蛋膜短链氨基酸的限制作用而几乎没有生长。例如作为修饰剂的糖蛋白，它在蛋膜分解过程中控制 Pd 纳米颗粒的生长。此外，Pd-PdO 纳米颗粒的高温稳定性主要归功于其与多孔结构 TiO$_2$ 基体表面氧原子的强键合作用。

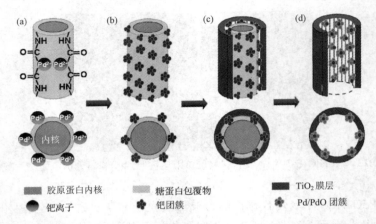

示意图中图例：

胶原蛋白内核　　　糖蛋白包覆物　　　TiO₂膜层

钯离子　　　钯团簇　　　Pd/PdO 团簇

示意图 3.2　利用蛋膜模板合成 Pd-PdO/TiO₂ 纳米复合材料的反应机理示意图

● 分级结构Pd-PdO/TiO₂纳米材料的光催化性能

Pd-PdO纳米颗粒在TiO₂纳米晶基体上的均匀分布将产生大接触区域的纳米异质结。这些结点将成为改善Pd-PdO/TiO₂材料光催化活性的电子积累中心(Chandrasekharan *et al.*, 2000; Yu *et al.*, 2004)。此外，基于多点BET分析，得到Pd-PdO/TiO₂纳米复合材料的比表面积为151 m²/g。而相同方法制备的TiO₂分级材料比表面积最大仅为74 m²/g。据此可认为：所制备的复合材料具有微孔和中孔组成的多孔分级结构，且开放型孔的孔径分布主要介于2~3 nm，这样的开放式管道对反应物大分子的渗透和多孔系统中的光催化反应有着重要意义。因此，Pd-PdO/TiO₂分级复合材料具备大比表面积、内部互通的管结构等特点，充分保证了在光催化或其他多相催化过程中活性部位的光传输和催化反应的有效接触活性位点。

不同条件下制备的 Pd-PdO/TiO₂ 纳米复合材料对罗丹明 B 的光催化活性如图 3.24 所示。通常大比表面积能提供更强的吸附和反应活性点，而分级多孔的通道结构能有助于反应剂罗丹明 B 分子迅速高效地扩散至催化点。这样，由于较小的颗粒尺寸及其引起的增强比表面积，将使得高催化活性更易于获得。而且，贵金属 Pd 的修饰将改善 TiO₂ 的电荷分离，从而进一步提高光催化性质(Linsebigler *et al.*, 1995)。由图分析可知，5wt% Pd 含量的 Pd-PdO/TiO₂ 复合材料对罗丹明 B 具有最大的分解效率约99.3%。这里 PdO 纳米颗粒作为复合体系"缓冲剂"，在适当的 Pd 含量下能调节金属 Pd 和 TiO₂ 半导体间的相互作用。因此，Pd-PdO 增强的交叉网络分级纳米结构 TiO₂ 复合材料将比普通 TiO₂ 具有更好的光催化活性。同时,通过测试该复合材料的循环性质对其光催化稳定性进行分析发现,5wt% Pd 含量的 Pd-PdO/TiO$_2$ 复合材料在第二(95.3%)、第三循环(94.6%)几乎表现出与第一循环(99.3%)相同的光催化行为,表明该复合材料具有优异的稳定性。当 Pd-PdO/TiO$_2$ 复合材料中增强相含量 Pd 升高至 13wt%时,其对罗丹明 B 的第一循环光催化分解效率约为 96.4%,这与 5wt% Pd 含量的 Pd-PdO/TiO$_2$ 复合材料行为接近;但是该材料在第二循环表现出来的性能较差,突降至 65.2%。而当 Pd-PdO/TiO$_2$ 复合材料中增强相含量 Pd 升高至 53wt%时,其在第一循环即表现出较差的光催化降解效率 56.6%。以上结果将为更好设计多相催化材料及其应用研究提供重要借鉴。

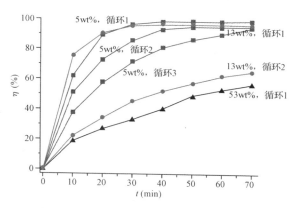

图3.24　Pd含量不同的Pd-PdO/TiO$_2$复合材料值对光降解率的影响

　　通过生物模板溶胶-凝胶工艺成功制备了由Pd-PdO纳米簇增强TiO$_2$且具有交织管道网络分级结构的复合材料,表现出优良的光催化性能,并在其他多个领域表现出潜在应用价值。启迪于一些自然界中高效的多功能系统,这种向自然学习的材料研究思想,有望实现制备具有特定功能单元且在生物模板指导下组装成复杂分级结构纳米复合材料,并赋予改善的功能特性。

3.3　硅藻为模板的遗态材料

　　硅藻是单细胞光合生物,可有效利用太阳能将其转化成有机物(Vrieling *et al.*, 1999)。硅藻土是粉末态的非金属矿物,由硅藻的化石残骸组成。硅藻土在工业领域如过滤、绝热或研磨有应用。硅藻之所以具有高效的光合作用效率归因于其精细的二氧化硅细胞壁构型。比如，硅藻 *Coscinodiscus granii* 具有直径为150 μm，厚约700 nm的外壳，呈现出孔洞常数1 μm的六边形的孔洞结构。这种结构通常被定义为光子晶体，可将光子限制在此结构中(Fuhrmann *et al.*, 2004)，因此可作为高效光合作用的可令人信服的解释。尽管硅藻具有精细复杂分级多孔结构，这些结构即便用目前的高端技术也很难合成，但是硅藻所含有的主要成分二氧化硅在化学/物理特性及光学参数如折射率(仅为1.43)等方面存在局限性，使硅藻在光电子领域的应用受到了很大的限制。近年来，科学家们用各种表面改性的方法来改变并优化硅藻成分，同时保留其原有的三维精细结构。如用气/固相反应法得到三维氧化物复制体(如MgO、TiO_2和ZrO_2)，用水热法转化为硅酸盐或钛酸盐(如$BaTiO_3$)，用湿化学法合成硅酸盐如Zn_2SiO_4或其他氧化物如ZrO_2、$BaTiO_3$或聚合物、碳和金属(如Au、Ag)。另外，还有溶胶-凝胶法、金属蒸汽热镀法等。

我们证实一种新颖的超声方法作为一种通用的从下到上自组装法来合成硅藻基金属硫化物有序多孔结构(Zhou *et al.*, 2009)。本研究以线形圆筛藻 *Coscinodiscus lineatus* 为模板，以 ZnS 为原型，因为它是一种具有高介电常数(约 2.35)且被广泛应用在光电领域的材料。同时，我们也用硅藻土为模板合成 $ZnFe_2O_4/SiO_2$ 复合材料作为电磁波吸收材料(Liu *et al.*, 2007)。

● **合成硅藻/ZnS复合材料**

硅藻种类：本研究所用到的线形圆筛藻 *Coscinodiscus lineatus* (*C. lineatus*)藻种由厦门大学生命科学学院提供，由本实验室富集培养。线形圆筛藻属于圆筛藻属 *Coscinodiscus*，该属的硅藻细胞多呈圆盘状，孔纹一般六角形，有的孔间隙大而使孔纹呈圆形。孔纹在壳面正中心，有时特别粗大，似玫瑰花朵排列，称中央玫瑰区。壳缘部分称外围，最外围孔纹间常有一圈小刺。

培养过程：以250 mL三角烧瓶为培养瓶，洗净后用手提式压力蒸汽消毒器消毒，注入经煮沸消毒过的天然过滤海水，加入f/2培养液。在培养瓶中接种一定数量生长状况良好的硅藻，使水体呈浅绿色，以干净锡纸和橡皮筋扎住瓶口后于适温下培养。培养温度为25 ℃，pH 8.0，光强1500～2500 lx，光照周期12 D(暗)：12 L(光)，用振荡器低速振荡。富集培养后的硅藻在浓硫酸溶液中60 ℃下浸泡20 min以除去有机物，离心，用纯水和乙醇清洗数次获得纯的硅藻细胞，并保存在100%的乙醇溶液中待用。

● 合成ZnFe$_2$O$_4$/SiO$_2$复合材料

两种平均直径20~40 μm的硅藻土分别来自中国浙江省嵊州(A硅藻土)和中国吉林省长白山(B硅藻土)。A硅藻土是一种工业催化材料，含SiO$_2$>88%、Al$_2$O$_3$<3.5%、Fe$_2$O$_3$<1.2%。B硅藻土含高于92.8%的SiO$_2$及少量Al$_2$O$_3$和Fe$_2$O$_3$。为了提高对前驱体溶液的连通性，硅藻土用丙酮在超声波清洗仪(SK 7200LH K000S)中清洗以去除杂质(主要是粘土和有机物)。然后粉末被收集、过滤、烘干。Zn(NO$_3$)$_2$和Fe(NO$_3$)$_3$的水溶液按照不用浓度配成不同的前驱体溶液。前驱体溶液和硅藻土混合后放入反应釜中，120℃下反应5 h。硅藻土和前驱体溶液的比率是1 mmol : 2 mL。反应釜可以提供高的气压，以利于将金属离子有效地浸渍于硅藻土内。然后产物被收集，60℃下烘干24 h。随后ZnFe$_2$O$_4$/SiO$_2$复合物分别在600、800、1000℃下烧结3 h。

图 3.25 为线形圆筛藻 *Coscinodiscus lineatus* 细胞精细结构的场发射扫描电镜和透射电镜图。如图 3.25(a)所示，线形圆筛藻整个壳面的直径约为 40 μm。在光学显微镜下观察到的硅藻细胞呈现绿色，这是因为硅藻作为一种光合生物，其细胞内含有数百个叶绿体，并贴近细胞壁排列，以便能有效地利用聚焦的太阳光进行光合作用。线形圆筛藻的环带面显示硅藻细胞的厚度约为 10 μm (图 3.25(c))。从硅藻高度有序的周期性孔结构来看，这类硅藻细胞可被视为天然光子晶体。

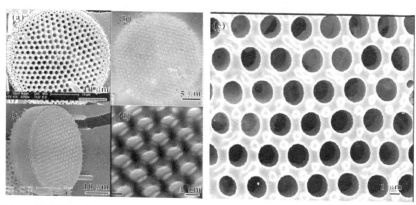

图3.25 线形圆筛藻的(a)壳面扫描电镜图、(b)壳面光学显微镜图、(c)环带面扫描电镜图、(d)壳面透射电镜图、(e)壳面高倍扫描电镜图

本研究采用一种新型的超声波技术以达到复制硅藻细胞介观/纳米结构的目的。经过 3 h 超声化学合成，ZnS 纳米粒子可控地组装在硅藻壳面上。图 3.26 为一系列硅藻模板合成的硅藻基 ZnS 复合物。无机复制体近似复制了硅藻细胞周期性排列的微米级孔洞结构。如图 3.26(b)所示，壳面呈现出规则有序的 ZnS 圆孔阵列，孔径大小约为 1000 nm，孔的排列方式依旧呈现出六边形排列。从复制体壳面放大图(图 3.26(c))可清楚地看到壳面是由 ZnS 纳米粒子团聚成的 ZnS 纳米簇组装而成。高分辨透射电镜(图 3.26(d))显示 ZnS 纳米粒子的尺寸仅约为 3~5 nm，这归因于在近乎室温条件下的超声合成过程。选区电子衍射图表明 ZnS 结构是多晶纳米粒子组成，与 XRD 结果相吻合。

图3.26   基于硅藻模板合成的硅藻基ZnS复制体图。(a)一个完整的硅藻基ZnS复合物的正面扫描电镜图；(b)、(c)从低倍到高倍的硅藻基ZnS复合物扫描电镜图，(c)中插图为对应的透射电镜图；(d)ZnS纳米粒子的高分辨透射电镜图，插图为对应的选区电子衍射图

通过红外光谱进一步分析表面键合情况，如图 3.27 所示，硅藻表面细胞壁富含 Si-OH 键和 Si-O-Si 键，都属于活性官能团，可以结合金属离子。超声波作用下 Zn 离子结合到硅藻表面可通过两种方式实现：(1)表面活性

硅羟基(-OH)和自由基(·CH₂COO)₂Zn 之间的反应如图 3.27 中反应式(5)所示。因为二氧化硅表面硅羟基(-OH)使其表面表现出负电性，在超声波作用下可以与自由基(·CH₂COO)₂Zn 发生强相互作用；(2)超声空化作用产生的能量可使 Si-O-Si 键断裂(Pelmenschikov *et al.*, 1991)，Si-O 键和自由基(·CH₂COO)₂Zn 相互作用而结合。根据反应式(7)和(8)所示，溶液中的硫离子和结合在硅藻细胞壁上的基团发生离子互换，生成 ZnS 纳米粒子组装于细胞壁表面。

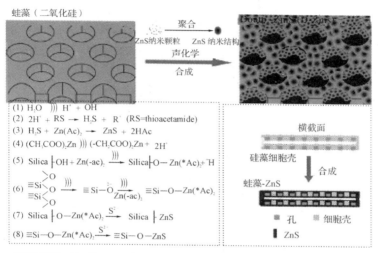

图 3.27 硅藻模板下组装 ZnS 纳米粒子合成硅藻基有序多孔 ZnS 介观/纳米结构的示意图

尽管目前的工作集中在 ZnS，但类似的方法有望适用于其他硫族化合物如 ZnSe、PbS、PbSe、PbTe、CdS、CdSe、CuS、NiS、MoS、Ag₂S 等，因为这些化合物均可以用超声化学的方法合成，而且在反应过程中也类似产生一系列具有高活性的自由基,有望和硅藻细胞二氧化硅表面产生强相互作用。因此，上述方法可视为一种基于硅藻壳体为模板的超声合成硫族半导体有序多孔介观/纳米结构的简单通用的方法。

● **ZnFe₂O₄/SiO₂复合物**

硅藻土A、B模板的形貌见于图3.28和3.29，不同种类的硅藻具有不同的壳结构。如图3.28(a)所示，硅藻土A具有圆柱形结构，长60 μm，宽5~15

μm。放大区域显示孔沿着硅藻土横向方向排列。这些孔的尺寸约为100 nm(图3.28(b))。图3.29显示硅藻土B的扫描电镜图。B硅藻土属于圆筛藻属,具有圆形的盘状结构或者空心的圆柱形结构。由图3.29(a)所示,硅藻土壳由两部分组成,每部分具有半圆柱结构。直径约为1 μm有序排列的大孔排列其上。硅藻的分级有序多孔结构可为金属粒子的有效浸渍提供模板。

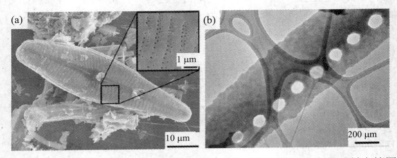

图 3.28   A硅藻土的原始形貌。(a) 扫描电镜图;(b) 放大的透射电镜图

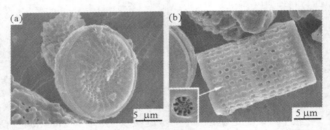

图 3.29   B硅藻土的原始形貌。(a) 圆盘状扫描电镜图;(b) 圆柱状扫描电镜图

A 硅藻土经过前驱体浸渍并 1000 ℃浸渍后,完整地保留了原始硅藻土模板的多孔结构(图 3.30(a))。根据图 3.30(b)放大的 TEM 图,针状的铁氧体长约 200 nm,宽约几纳米,沉积在硅藻土二氧化硅的外壳上,因为尺寸太小扫描电镜难以观察到。一些铁氧体沉积在孔内部,但从图 3.30(b)中看出并没有堵塞孔洞。选区电子衍射图表明生成了 $ZnFe_2O_4$ 相。

图 3.31 显示了 $ZnFe_2O_4/SiO_2$ 复合物对比原始硅藻土模板的氮吸附曲线和对应的孔径分布图。如图 3.31(b)所示,大孔平均孔径从 87.8 nm 减小到 82.7 nm,介孔平均孔径从 2.6 nm 减小到 2.2 nm,因为 $ZnFe_2O_4$ 针状晶体附着在介孔的表面;比表面积从 23 m^2/g 降到 8 m^2/g,意味着介孔的孔隙率降低,这是由于煅烧使得一些介孔塌陷成大孔。

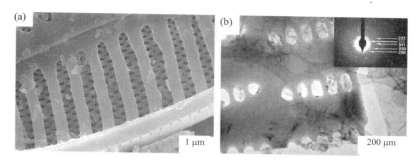

图 3.30 硅藻土/ZnFe₂O₄经 1000 ℃煅烧后的复合物。(a) 扫描电镜图；(b) 透射电镜图，附图为选区电子衍射图

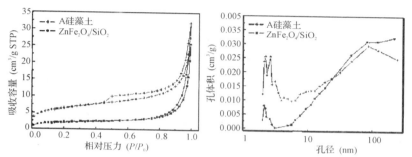

图 3.31 原始 A 硅藻土和 ZnFe₂O₄/SiO₂ 经 1000 ℃煅烧后的产物的(a)氮吸附曲线以及(b)对应的孔径分布曲线

3.4 细菌为模板的遗态材料

自然界经过亿万年的进化形成了大量形态各异、结构精细的生物体。细菌，作为微生物家族的一员更是突显出其自然选择的优势。细菌家族已进化出大量在微米、纳米尺度具有优良形态的个体，如球菌(链球菌、四联球菌、八叠球菌等)、杆菌、弧菌、螺旋菌、梭形细菌、方形细菌、星形细菌等；有些个体在特定的生长条件下可生长成奇异的形态，有些个体可经过菌体自组装形成复杂精美的结构。这些形态各异的细菌可作为一种生物模板，指导合成相应的空心结构。而且，细菌表面丰富的官能团有利于反应的进行。再者，细菌来源广，又易于大量繁殖，且具有环境友好性，这些均弥补了传统模板材料的不足。受细菌多形态、多尺度、多维数集合的启发，以细菌细胞为模板设计合成细菌形态氧化物空心结构(如空心球、

空心管、空心双球、空心链球和其他三维空心结构)。众所周知细菌可通过生物矿化合成纳米粒子或纳米粒子聚集体，然而，很少有报道说可获得形态可控的空心结构。传统的生物矿化往往在自然条件下发生，因此需要时间长，效率低，且pH依赖程度高。因此，理解生物矿化的过程并进一步探索新的有效的生物启迪策略来合成形貌可控的材料具有很重要的意义。

受细菌特有的生物效应的启发，在此提出以细菌细胞为模板结合超声波合成技术在常温下原位一步合成硫化物空心结构的通用方法(Zhou *et al.*, 2007; Zhou *et al.*, 2009)。以嗜热链球菌 *Str. Theromophilus* 和保加利亚乳杆菌 *L. bulgaricus* 为模板，选取两种典型的硫化物 ZnS 和 PbS，合成相应的细菌硫化物空心球和空心管。

细菌形态 ZnS 空心球和空心管的制备： 将 110.0 mg 醋酸锌 ($Zn(CH_3COO)_2 \cdot 2H_2O$)，37.5 mg 硫代乙酰胺($C_2H_5NS$)和 1 g 乳酸菌粉分散于 50 mL 纯水中得混合液。将此混合液在超声波清洗机中室温空气气氛下超声 6~10 h。该超声波清洗机最大输出功率为 360 W，频率为 59 kHz。6 h 后得到白色沉淀物，将其以 4000 r/min 离心速率分离 10 min，并用无水乙醇和纯水分别清洗 3 次，分散于无水乙醇中以备使用。

无模板下 ZnS 纳米粒子的制备： 将 110. 0mg 醋酸锌 ($Zn(CH_3COO)_2 \cdot 2H_2O$)，37.5 mg 硫代乙酰胺($C_2H_5NS$)分散于 50 mL 纯水中制得混合液。将此混合液在超声波清洗机中室温空气气氛下超声 6 h。6 h 后得到白色沉淀物，将其以 4000 r/min 离心速率分离 10 min，并用无水乙醇和纯水分别清洗 3 次，分散于无水乙醇中以备使用。

细菌形态 PbS 空心球和空心管的制备： 将 190.0 mg 醋酸铅 ($Pb(CH_3COO)_2 \cdot 3H_2O$)，37.5 mg 硫代乙酰胺($C_2H_5NS$)和 1 g 乳酸菌粉分散于 50 mL 纯水中制得混合液。将此混合液在超声波清洗机中室温空气气氛下超声 6~10 h。该超声波清洗机最大输出功率为 360 W，频率为 59 kHz。6 h 后得到黑色沉淀物，将其以 4000 r/min 离心速率分离 10 min，并用无水乙醇和纯水分别清洗 3 次，分散于无水乙醇中以备使用。

无模板下 PbS 纳米粒子的制备： 将 190.0 mg 醋酸铅 ($Pb(CH_3COO)_2 \cdot 3H_2O$)，37.5 mg 硫代乙酰胺($C_2H_5NS$)分散于 50 mL 纯水中制得混合液。将此混合液在超声波清洗机中室温空气气氛下超声 6 h 后得到黑色沉淀物，将其以 4000 r/min 离心速率分离 10 min，并用无水乙醇和纯水分别清洗 3 次，分散于无水乙醇中以备使用。

基于 ZnS 空心球的形成机理，本章提出一种通用的以细菌为模板结合超声波技术可控合成多孔硫化物空心结构的方法，并对其机理做进一步深入探讨，如图 3.32 所示。以球菌和杆菌为例，选取两种典型的金属硫化物 PbS 和 ZnS 作为原型，来论证这种新型合成技术的通用性。整个合成过程基于超声波下的人工矿化和微生物细胞裂解这两大关键步骤。最初，在超声波作用下，由于反应物与细胞表面大量的反应官能团存在相互作用，硫化物纳米粒子聚集于细胞表面。同时，硫化物纳米粒子自身团聚成纳米簇沉积在细胞表面并最终包裹细胞形成核–壳结构。随后，在超声波的强冲击波作用下，细菌细胞裂解破碎(Pitt & Aaron, 2003)。低强度的超声波可促进细胞新陈代谢，高强度可使细胞破碎(Balasundaram & Harrison, 2006)。近年来，超声波合成被证实为一种方便有效的制备多孔结构的方法(Gedanken *et al.*, 2001)，这是因为超声波可引起纳米粒子形成纳米簇或其他团聚体；由于超声波的空化作用，这些纳米簇或团聚体相互结合形成了多孔结构。由此，在超声波作用下形成的多孔硫化物壳可作为细胞裂解后有机小分子的通道，有利于有机小分子逃逸出壳体并迅速扩散到溶液中，得到多孔硫化物空心结构。整个过程可以在近室温下实现。所得到的空心复制体保留了原始细菌模板的形态和尺寸。基于上述机理，若选用形态各异的细菌如螺旋菌、弧菌、方形细菌、纺锤形细菌等为模板，并通过控制其生长周期来控制其尺寸大小，可将此方法延伸到合成多形态多尺度的遗态多孔硫化物空心纳米/微米结构。同时，空心结构的外壁厚度可以通过调节前驱体的浓度和超声时间来控制。由此，整个过程可被概括为可控化合成形态可控、尺寸可调、壁厚可变的遗态多孔空心结构。

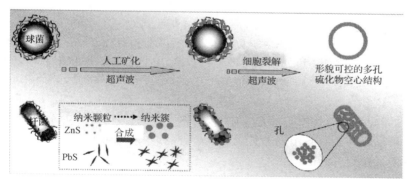

图 3.32　以细菌为模板可控化合成形貌可控的多孔硫化物空心结构的通用方法的示意图

如图3.33所示为以嗜热链球菌*Str. theromophilus*为模板合成球菌形态PbS空心球的微观形貌图。图3.33(a)所示嗜热链球菌为球形，尺寸为500~900 nm。在超声过程中，新形成的PbS纳米粒子具有团聚并组装成稳定的纳米簇的趋势。在6 h超声波作用下，PbS纳米簇包裹细菌细胞，同时，细菌细胞裂解并从多孔的PbS壁中逃逸出来，形成遗态空心球。图3.33(a)~3.33(c)分别为细菌形态PbS空心球在不同放大倍数下的扫描电镜图，可见其保留了原始细菌模板球状或双球状的形貌。图3.33(d)的附图为单个空心球的透射电镜图，球体深色的边缘与其浅色中心的对比证实了其空心结构。同时，能谱分析也证实大多数细胞内含物被去除，仅剩一些细菌表面的有机物如细胞壁、S层蛋白、磷壁酸等因与纳米粒子的相互作用被内壁绑定。从破碎的空心球的扫描电镜图(图3.33(e))可以清楚地看到其内部空心结构。图3.33(f)为图3.33(c)方框区域的放大图，可见空心壳体是由PbS纳米片和纳米针组装成的类似蜂窝状的多孔纳米结构。

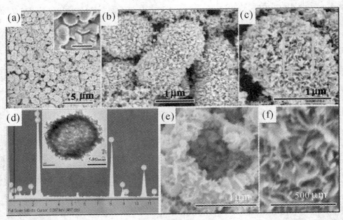

图3.33   以嗜热链球菌*Str. theromophilus*为模板合成球菌形态PbS空心球的微观形貌图。(a)低倍PbS空心球FESEM图，附图为原始嗜热链球菌模板；(b)高倍PbS空心球FESEM图；(c)单个PbS空心球FESEM图；(d)EDS/TEM图，附图为单个空心球的TEM图；(e)单个有破口的PbS空心球FESEM图；(f)为(c)图方框区域的高倍FESEM图

以保加利亚乳杆菌*L. bulgaricus*为模板可合成杆菌形态PbS空心管。基于细菌形态种类的多元化，该方法可以延伸到其他形貌的空心结构。因此，该方法是形貌可控的。

基于化学反应的相似性，该合成方法可以推广到合成细菌形貌的 ZnS空心结构。图 3.34(a)为低倍下 ZnS 空心球，直径在 500~800 nm。图 3.34(b)

为一个高倍电镜下破裂的 ZnS 空心球，它仍保留了产物的空心特性。ZnS 空心球的表面由直径约为 80 nm 的 ZnS 纳米簇组成。图 3.34(c)是 ZnS 空心半球，其内部由 ZnS 纳米簇组成无细胞内含物。相同实验条件下不用生物模板作对比实验时，发现在超声过程中合成的 ZnS 纳米粒子团聚成 80 nm 的纳米簇。

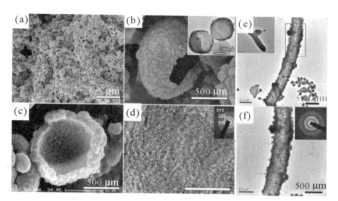

图3.34 (a)~(d)以嗜热链球菌*Str. theromophilus*为模板合成ZnS空心球。(a)ZnS空心球低倍FESEM图；(b)ZnS空心半球的FESEM放大图，附图为TEM图；(c)ZnS空心半球的FESEM图；(d)ZnS空心球高倍TEM图，附图为选区电子衍射图；(e)以保加利亚乳杆菌为模板的ZnS空心管TEM图；(f)ZnS空心管的TEM放大图，附图为选区电子衍射图

图 3.34 显示采用保加利亚乳杆菌 *L. bulgaricus* 为模板合成ZnS空心管。该细菌呈杆状，长约 2~5 μm，宽约 500 nm。超声 6 h 后，具有原始模板相似形貌和尺寸的 ZnS 空心管形成如图 3.34(e)。从深色边缘和浅色中心的对比可以看出它们的空心结构，可见其复制了原始模板的杆状结构，如图 3.34(f),壳厚为 60~80 nm。

所得到的 ZnS 和 PbS 空心结构具有较大的比表面积，这种空心结构材料在光吸收、光催化、能量储存与转换等领域具有很好的应用前景。首先，通过紫外-可见光吸收光谱来研究比较这些材料的光捕获性能。根据前面的研究结果，ZnS 空心球由约为 5 nm 的纳米粒子组成，所以我们在相同反应条件下无模板合成具有相同尺寸的 ZnS 纳米粒子作为参照物，以比较有无空心结构对性能的影响。对于 PbS 系列也如此。实心 ZnS 参照物是由 ZnS 纳米粒子团聚而成的尺寸约为 80 nm 的纳米簇组成,而实心 PbS 参照物则是由无规则分布的纳米片和纳米针组成，可见它们不具有空心多孔结构。同时，取相同质量的粉末样品用于紫外-可见光吸收性能的测试。

至此，空心结构和其对应的实心参照物具有相同的粒径和质量，以便可以纯粹比较结构因素的影响。

相比实心参照物，ZnS 和 PbS 空心球在紫外和可见光区域有明显增强的光吸收特性，这归因于大孔结构引起的多重散射效应和纳米孔引起的瑞利散射效应。

以 ZnS 为例研究空心结构对光催化降解有机染料的性能影响，选取酸性品红为染料模型。经过 2 h 紫外可见光辐射，ZnS 空心球和空心管对酸性品红的降解率分别达到了 90% 和 82.3%，明显高于用 ZnS 实心纳米粒子做催化剂的降解率(67.6%)。体系的光催化反应过程可视为一级动力学反应，根据公式 $\ln(A_0/A)=kt$，t 为反应时间，A_0 为酸性品红初始浓度，即为酸性品红在催化剂表面吸附平衡后的溶液中的浓度。对 $\ln(A_0/A)=kt$ 作图得到酸性品红降解的表观速率常数 k。酸性品红在 ZnS 空心球和空心管催化下降解速率常数 k 分别为 0.0165 和 0.0145 min^{-1}，是实心纳米粒子催化剂的两倍多。我们将此原因之一归因于空心结构高效的光捕获特性，可为光催化反应提供更多的光子。另外，空心结构具有高的比表面积和丰富的纳米孔，能提供更强的吸附和反应活性点，而分级多孔的孔洞结构能有助于反应剂酸性品红分子迅速高效的扩散至催化点。同时 ZnS 空心管的光催化性能略低于空心球，这主要归因于两者在形态、孔结构、孔大小、壁厚等方面的差异。由此可见，可以通过空心结构的一系列参数如形态、尺寸、壁厚等来调节光催化性能，以实现最优化设计。

另外，我们采用嗜热链球菌为模板，基于细菌细胞壁上丰富的官能团和反应物的相互作用，通过水热法合成 ZnO 空心球。嗜热链球菌呈球型(图 3.35(a))，直径约为 500~900 nm，大小随生长周期阶段的不同而变化。得到的核壳结构尺寸约为 1.2~1.5 μm(图 3.35(b))，由此可以推算 ZnO 壳的厚度约为 200~00 nm。图 3.35(c)中尺寸相近的复合球在短程范围内自组装成紧密排列的有序结构。图 3.35 中放大图可见复合球的 ZnO 外壳是由尺寸为 20~40 nm 的 ZnO 纳米粒子组成的球状纳米团簇组装而成的。由图 3.35(e)，经煅烧，细菌有机物模板被除去，得到 ZnO 空心球，空心球保留了模板的球型结构。

空心结构进一步用透射电镜(TEM)表征。图 3.36(a)所示煅烧前核壳结构复合球尺寸约为 1.2~1.5 μm，与 FESEM 结果吻合；附图为以正进行细胞分裂的细菌为模板合成的核壳结构。图 3.36(b)所示煅烧后所得 ZnO 空心球黑色边缘和淡色中心的明显对比证明了其空心结构的特性。图 3.36(d)

附图为空心体外壁放大图，表明进行组装的 ZnO 纳米粒子的尺寸约为 30~40 nm。选区电子衍射图表明 ZnO 纳米粒子的多晶结构。

TiO₂空心球和空心管分别以嗜热链球菌和保加利亚乳杆菌为模板合成，如图3.37和3.38所示。TiO₂空心球的尺寸为500 nm，壁厚约50 nm。TiO₂空心管的长度约为1 μm，厚度为30~40 nm。

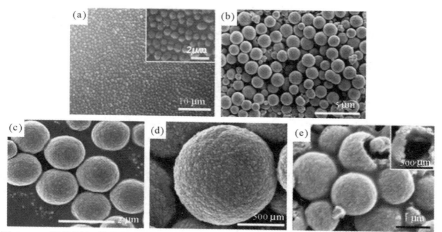

图 3.35 场发射扫描电镜图。(a)原始模板嗜热链球菌 *Str. Theromophilus*；(b)~(d)不同倍率下的细菌/ZnO 核壳结构；(e)ZnO 空心球，附图为有破口的单个空心球

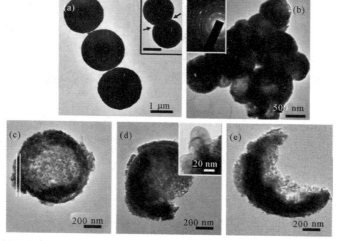

图 3.36 透射电镜图片。(a)细菌/ZnO 核壳结构，附图为以正分裂的细菌为模板得到的核壳结构,标尺为 1μm；(b，c)ZnO 空心球；(b)的附图为选区电子衍射图；(d，e)有断口的 ZnO 空心球，(d)的附图为 ZnO 纳米粒子放大图

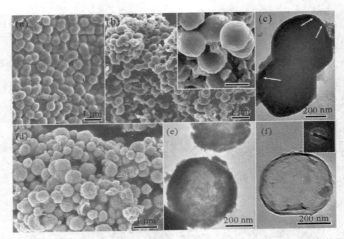

图 3.37　(a)原始嗜热链球菌 *Str. theromophilus* FESEM 图；(b)以嗜热链球菌 *Str. theromophilus* 为模板经 5 次溶胶-凝胶过程所得球菌/TiO$_2$凝胶复合球 FESEM 图，附图为放大图；(c)以嗜热链球菌 *Str. theromophilus* 正在分裂的细胞为模板所得单个的球菌/TiO$_2$凝胶复合双球 TEM 图；(d)经 5 次溶胶-凝胶过程所得的 TiO$_2$ 空心球 FESEM 图；(e)TiO$_2$空心球 TEM 图；(f)经 3 次溶胶-凝胶过程所得 TiO$_2$空心球 TEM 图，附图为选区电子衍射图

图3.38　(a)以保加利亚乳杆菌*L. bulgaricus*为模板所得杆菌/TiO$_2$凝胶复合管FESEM图，附图为保加利亚乳杆菌*L. bulgaricus*模板的TEM图；(b)700 ℃下烧结所得TiO$_2$空心管TEM图，附图为对应的选区电子衍射图

3.5　天然生物模板参与合成纳米复合材料

　　考虑到固体产物在收集和回收方面比普通的胶体或者粉末样品要方便，往往需要将纳米颗粒分散在固体基材上。并且，某些特定的固体基体

能给最终的纳米复合材料提供一些附加的功能。由于大多数由化学方法合成的纳米颗粒都是胶体或者粉末产物,通常需要进一步后续加工来得到薄膜产物。这样,整个制备过程复杂,而且对于溶液中制得的纳米颗粒,往往在进一步处理时会完全失去或者部分失去某些功能。为了解决这些问题,在原位自生合成功能纳米复合材料中,将有着丰富活性位点的生物材料用作反应模板。这些生物模板不仅参与纳米粒子的合成反应,还直接作为固体基材以最终获得稳定的纳米复合材料。此外,特定的生物模板具有特别的纳米结构,也将赋予纳米复合材料一些更多的功能。接下来的部分,我们重点阐述以自然生物模板作为基体原位制备纳米复合材料。

3.5.1 天然生物纤维为模板合成纳米复合材料

蚕丝丝素纤维是从蚕茧中提取出的一种便利的生物材料,不仅经济易得,而且被广泛运用于织物生产,并且由于其特殊的机械性能和生物相容性而广泛应用于生物医药领域。这里重点关注蚕丝的化学活性以及在纳米粒子原位形成中的作用。蚕丝丝素纤维包含17种氨基酸和一些生物分子基团,这为启迪于生物的纳米材料制备提供了多种多样的反应位点。因此,蚕丝成为在温和条件下合成纳米复合功能材料的有前景的生物模板。

● **纳米银/蚕丝丝素纤维**

纳米银颗粒因为其在现代科学技术中有应用前景而广受关注,在电子显微镜(造影剂)、分析技术(化学和生物传感器)、光电子(单电子、晶体管、电气连接)、新材料(染剂、导电层)、医药(抗菌)甚至催化等领域具有重要应用价值。通常,银颗粒以胶体的形式存在于液相介质中,这限制了其广泛应用,此外,银离子在室温中会还原成银单质而难以与合适的固体基材相结合(Hong et al., 2001)。蚕丝中还有多种氨基酸成分,其中的酪氨酸残基有着复杂的给电子能力,因此利用蚕丝的氧化-还原活性可应用于在温和条件下制备纳米银颗粒。

首先,蚕茧在 0.05 mol/L 碳酸钠溶液中煮沸进行脱胶处理。然后将脱胶蚕丝在 80 ℃ 真空干燥一夜,并在室温真空下暗处储存以免降解。分别将 20、5、1 和 0.2 mL 的 0.01 mol/L 硝酸银溶液在锥形瓶中稀释到 100 mL。将大约 8.5 mg 蚕丝在暗处浸入此溶液,最终制备得纳米银/蚕丝遗态纳米复合材料。

图 3.39 的 a 和 b 曲线分别显示了原始蚕丝和纳米银/蚕丝遗态纳米复合材料的 X 射线衍射图。从中可看出在 20.64°处有原始蚕丝的峰，这是无定形态蚕丝的晶畴产生的(Rathore *et al.*, 2001)。图 3.39 中 b 曲线的衍射模式可指标为面心立方结构的银，相应的衍射峰对应(111)、(200)、(220)、(311)、(420)和(440)面；衍射峰的宽化表明得到的银是小尺寸的纳米颗粒。

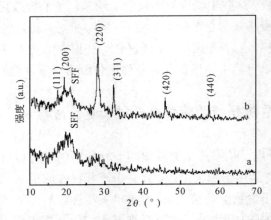

图3.39 原始蚕丝和纳米银/蚕丝遗态纳米复合材料的X射线衍射图

我们通过场发射扫描电镜观测银纳米颗粒在复合材料中的分布状况。如图 3.40(a)所示，在低倍率下观察原始蚕丝看上去表面很光滑平整，进一步放大到更高倍数可以看到清晰的纤维纹络。图 3.40(b)展示了银颗粒在蚕丝基体上的分布情况，可以看到银颗粒均匀地分布在蚕丝表面，对应样品的制备处理时间为 4 h。通过控制反应条件包括银离子的浓度和对蚕丝的脱胶过程，可以对银纳米粒子的大小和形状进行调控。图 3.40(c)~3.40(f)分别显示了由 1 mL 和 20 mL 的 0.01 mol/L 硝酸银作为反应物得到的纳米银/蚕丝复合材料的扫描电镜照片。在低浓度下(1 mL 硝酸银)得到的银为平均尺寸 21 nm 的小颗粒。然而在高浓度下(20 mL 硝酸银)得到的是由 5 nm 的小晶粒组成的 30~50 nm 的团簇体。很明显，前驱液银离子的浓度对形成银纳米粒子的尺寸和形状起到重要作用。

我们通过红外光谱来对银纳米粒子在蚕丝上的形成过程进行分析。在图3.41曲线a上，原始蚕丝的特征峰在1620，1511和1224 cm^{-1} (与1260 cm^{-1}相连)，可以分别指标为蚕丝蛋白的酰胺I、II和III。在1443 cm^{-1}和1372 cm^{-1}的吸收峰对应着蛋白质中的羧基和甲基的对称伸缩振动。而1620 cm^{-1}和

1160 cm^{-1}的峰可指标为酪氨酸中羧酸上的羰基和酚羟基的伸缩振动。对比图3.41的曲线a和b可看出，曲线b中在1160 cm^{-1}位置的吸收峰消失了，意味着酚羟基成分的消失。此外，羰基的伸缩振动峰在1725 cm^{-1}，可能是由于酪氨酸中的酚羟基氧化成了奎宁结构。

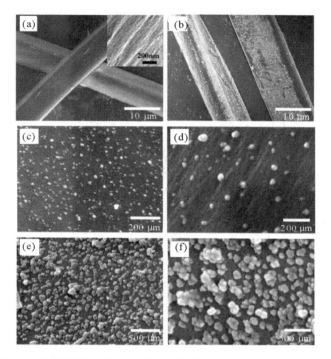

图3.40 原始蚕丝及纳米银/蚕丝遗态纳米复合材料的FESEM图像

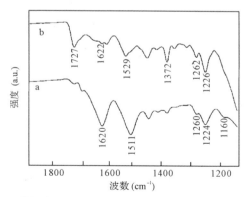

图3.41 原始蚕丝和纳米银/蚕丝遗态纳米复合材料的红外光谱

进一步通过固体核磁共振进行分析。如图3.42所示，酪氨酸上的苯基官能团的振动(130~150 ppm处测得图3.42曲线a箭头所指)在曲线b中比曲线a的要弱。由于酪氨酸成分的氧化，酚羟基转变为半醌，而醌¹³C的化学位移出现在纳米复合材料光谱的189ppm处(图3.42曲线b的箭头所示)。同时值得注意的是160~170 ppm处的共振是由蚕丝丝素纤维中羧基上的羰基C引发。基于观察，它表明的是由银(+1)到银(0)的还原反应中酚羟基官能团的半醌式结构。

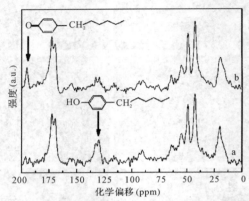

图 3.42   利用蚕丝丝素纤维合成纳米银反应前后的核磁共振谱图(a. 反应前；b. 反应后)

图 3.43 为银纳米粒子在蚕丝上形成过程的作用机理图。蚕丝丝素蛋白是一种含有将近 90%的氨基乙酸、丙氨酸、丝氨酸、酪氨酸等氨基酸的不溶性蛋白质，导致纤维中形成大量的反平行 β 折叠结构。考察蚕丝蛋白重链的原始序列，区分出疏水和亲水部分，可以发现链的末端为较大的亲水部分，而较小的亲水部分和疏水部分在其间相接(如图 3.43(a)所示)。这种结构在液体中有可能形成胶束结构(图 3.43(b))，进一步在桑蚕的腺中旋转成细小的纤维，最终形成蚕丝丝素纤维(Jin *et al.*, 2003)。在形成尺寸不一的胶束结构的过程中，丝蛋白分子可视作亲水－疏水－亲水型聚合物，胶束尺寸依赖于链的折叠部分和疏水、亲水基团的相互作用。较小的亲水部分将保留结合水，同时在较大的末端亲水部分，氨基和羧基的所在限定了胶束的外界边缘。分布在蚕丝氨基酸序列上的酪氨酸残基存在于分子的各个部分，亲水和疏水区都有分布。如图 3.43(c)所示酪氨酸残基的分布不存在特殊的规则排布，但各独立位置基本呈约 20~50 nm 间距的排布。在原位合成过程中，通过库仑力相互作用，Ag(I)离子能够被化学残基中的

酚羟基官能团所俘获, 蚕丝丝素纤维上的酪氨酸残基影响并控制着纳米银颗粒的还原形成和原位矿化过程。因此, 前驱液中银离子的浓度影响纳米银颗粒的大小和形状(图 3.43(e)和(f))。在较高浓度下形成的银微晶尺寸约为 5 nm 的完整球形颗粒, 这是由于有充足的银离子被还原成银原子而均匀形核。而在较小的前驱液浓度下, 低的银离子浓度将产生突然非连续的孕育并产生少量晶核, 这些晶核被酪氨酸基团束缚并缓慢长大。因此, 银纳米团簇的形貌取决于丝蛋白模板上特殊生物大分子结构和银离子浓度。

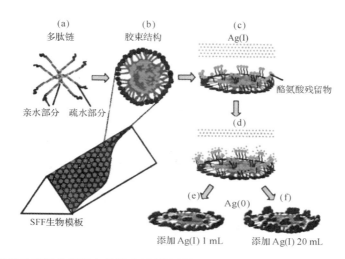

图 3.43　蚕丝丝素纤维模板上的纳米银颗粒原位形成示意图。银纳米粒子的形态取决于银离子浓度和蚕丝丝素纤维上的大分子结构

● **纳米硫化镉/蚕丝丝素纤维**

已经证实, 蚕丝丝素纤维是原位矿化银离子和形成纳米银/蚕丝丝素纤维纳米复合材料的理想生物结构。此外, 这种启迪于自然生物的思想可扩展应用于制备半导体纳米复合材料。

硫化镉(CdS)是一种重要的 II-VI 族半导体材料, CdS 纳米颗粒被广泛地研究并应用于多个领域, 例如生物探针、体内生物成像、非线性光学材料、电子和光子学。为了获得更广泛和更方便的应用, 通常需要对胶体或者粉末状的 CdS 纳米材料做进一步的加工, 将量子点硫化镉稳定在固体基体上。

本工作先将蚕茧在 0.02 mol/L Na_2CO_3 溶液中在 110 ℃煮 1 h 进行脱胶, 然后用去离子水冲洗, 得到含有极少量丝蜡和丝胶的蚕丝丝素纤维。取适量脱胶后的蚕丝丝素纤维浸入 0.1~1 mol/L 的 $CdCl_2$ 溶液中约 4 天，用去离子水冲洗几次后，浸入硫化钠溶液中，可以发现蚕丝丝素纤维逐渐变成淡黄色，取出，用去离子水冲洗，然后在室温下真空干燥，得到量子点 CdS/蚕丝丝素纤维复合材料。进一步将所制备的淡黄色固体样品在 45 ℃下放入氯化钙溶液中($CaCl_2 : H_2O : C_2H_5OH$=1 : 8 : 2 (摩尔比))浸渍 1.5 h，蚕丝丝素纤维溶解分散到液相中，获得澄清的浅黄色 QD-CdS/蚕丝丝素蛋白胶体产物。

场发射扫描电镜、透射电镜和高分辨透射电镜详细分析了蚕丝丝素纤维上的 CdS 颗粒并描述其在 QD-CdS/蚕丝丝素纤维纳米复合材料上的分布。图 3.44(a)展示的是 FESEM 图像，在高倍率下可以清楚地看见原始蚕丝丝素纤维的平行纤维纹络。

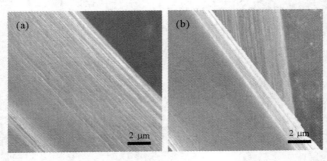

图3.44　(a)原始蚕丝丝素纤维和(b)QD-CdS/蚕丝丝素纤维纳米复合材料的FESEM图像，展示了QD-CdS在蚕丝丝素纤维上的均匀分布

为比较液态产物和固态产物中的 CdS 纳米颗粒，采用超声振荡的方法将固态纳米硫化镉/蚕丝丝素纤维分散在无水乙醇中，如图 3.45(f)所示，而图 3.45(a)~3.45(e)对应的分散于氯化钙溶液中的纳米硫化镉/蚕丝丝素蛋白中的样品是由淡黄色的 CdS/蚕丝丝素纤维固体产物经氯化钙溶液溶解分散处理得到的。可见两种透射电镜样品中，硫化镉纳米粒子具有相似的形貌和尺寸，都是接近圆球形且平均粒径约 5 nm，颗粒尺寸均匀。蚕丝在经过两种处理方法后表现为不同的状态，使得图 3.45 的背景呈现不同的蚕丝形貌。样品在图 3.45(b)中 10 天后制得图 3.45(c)中样品，可以发现 QD-CdS/蚕丝丝素蛋白胶体由于溶液中的一些蛋白质成分的存在而非常稳定，这些蛋白质成分能防止纳米颗粒聚集(Ahmad *et al.*, 2002)。图 3.45(d)中的插图是相应的选区电子衍射花样，可以指标为六方相硫化镉的

(101)、(102)、(110)和(103)面(JCPDF：41-1049，硫镉矿)。而图 3.45(e)中的晶格条纹可指标为六方相硫化镉的(102)和(110)晶面。

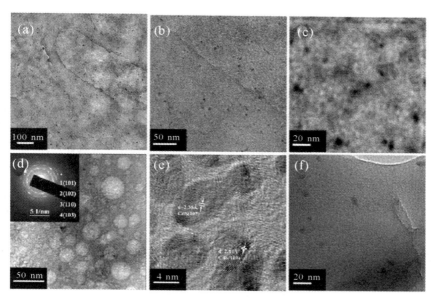

图 3.45　分散于氯化钙溶液的纳米硫化镉/蚕丝丝素蛋白的高分辨透射电镜照片(a，b，e)和透射电镜照片(c，d)，以及经超声分散于无水乙醇中的纳米硫化镉/蚕丝丝素纤维的透射电镜照片(f)。(d)中插图为选区电子衍射花样

图 3.46 为用紫外和可见吸收光谱来进一步分析量子点硫化镉的平均晶粒大小。曲线 b 对应于在室温下经过氯化钙溶液分散处理后的样品，可以观察到硫化镉纳米颗粒的吸收峰，这证明了蚕丝丝素纤维上存在硫化镉。而在 421 nm 和 384 nm 的台阶是由于分光光度计的信号噪声造成的(Xi *et al.*, 2005)。根据公式(3.10)，我们可以通过透射电镜和高分辨透射电镜观察到的尺寸((2R-5.1) nm)来估计能隙，这与硫化镉的激子波尔半径(3 nm)相近。

$$E = E_{\text{bulk}} + \frac{h^2\pi^2}{2R^2}\left[\frac{1}{m_e} + \frac{1}{m_h}\right] - \frac{1.786e^2}{\varepsilon R} \tag{3.10}$$

其中，$E_{\text{bulk}} = 2.4$ eV(室温下块体硫化镉)，R 是颗粒半径，$m_e = 0.19m_0$，$m_h = 0.8m_0$，$\varepsilon = 5.7$。

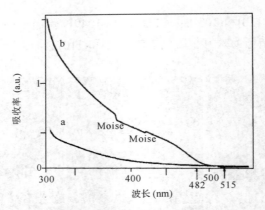

图 3.46 (a)蚕丝丝素蛋白和(b)硫化镉/蚕丝丝素纤维的紫外-可见光谱

计算得到硫化镉纳米颗粒增强的能带为 2.58 eV。对比块体材料，这个结果表明在紫外-可见吸收光谱的 482 nm 处，吸收边存在蓝移现象。这与图 3.46 中的曲线 b 一致。蓝移现象可能是由于硫化镉量子点的量子限域效应和库伦效应造成的。

蚕丝丝素纤维上原位合成硫化镉纳米颗粒的反应机理可通过傅里叶变换红外光谱进行初步分析。图 3.47 分别显示了蚕丝丝素纤维、镉源前驱体中浸渍过的蚕丝丝素纤维以及进一步在硫源前驱体中浸渍过的纤维(纳米硫化镉/蚕丝丝素纤维)的傅里叶变换红外光谱图。这三个样品的红外光谱都有蚕丝丝素纤维蛋白质的特征峰(来源于肽键的典型吸收带，–CONH–)：位于 1645 和 1702 cm^{-1} 的峰应指标为酰胺 I 吸收带，对应 C=O 伸缩振动；位于 1515 cm^{-1} 的峰应归因于酰胺 II 吸收带，对应 N–H 弯曲振动；位于 1230 和 1261 cm^{-1} 的峰应认作酰胺 III 吸收带，对应 O–C–N 和 N–H 相关的振动。蚕丝在镉源前驱体中浸渍后，位于 1645 cm^{-1} 的对应 C=O 伸缩振动的吸收带位移至 1657 cm^{-1}，揭示了 Cd^{2+} 与蚕丝丝素纤维肽键 C=O 之间的螯合作用，这一结果与文献报道的相一致(金属离子与蚕丝丝素纤维的结合能够将酰胺 I 带 C=O 伸缩振动峰位移至更高的角波数)(Wei *et al.*, 2004)。比较曲线 b 和曲线 c，虽然没有发现明显的峰的位移，但从颜色上的明显变化以及从透射电镜、高分辨透射电镜和扫描电镜的结果综合分析，证明硫化镉是在蚕丝丝素纤维上的原位反应形成。

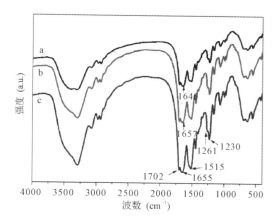

图3.47　傅里叶变换红外光谱图。(a)蚕丝丝素纤维；(b)镉源前驱体中浸渍过的蚕丝丝素纤维；(c)纳米硫化镉/蚕丝丝素纤维

　　荧光发射光谱可以进一步地揭示硫化镉在蚕丝丝素纤维上的合成机理。图 3.48 曲线 a 中蚕丝丝素纤维在 400 到 600 nm 之间出现一些发射峰。在镉源前驱体中浸渍后，这些发射峰出现了一些变化，表现为一个中心位于约 450 nm 的光滑宽峰(图 3.48 曲线 b)，这表明在蚕丝丝素纤维表面出现了一些新的能带，极有可能是受前述纤维表面肽键 C=O 与 Cd^{2+} 的螯合作用而产生。此外，纳米硫化镉/蚕丝丝素纤维的荧光发射光谱(图 3.48 曲线 c)在 487 nm 位置出现了一个新峰，这应该是硫化镉的特征蓝绿荧光(峰值位于 450~500 nm 的较窄发光带)，对应硫化镉纳米颗粒的带边发射。

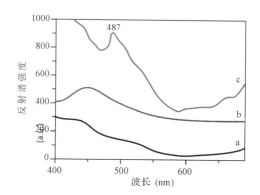

图 3.48　室温下固体样品荧光发射光谱(激发波长：365 nm)。(a)蚕丝丝素纤维；(b)镉源前驱体中浸渍过的蚕丝丝素纤维；(c)纳米硫化镉/蚕丝丝素纤维

根据以上分析推测出纳米硫化镉/蚕丝丝素纤维复合材料的制备机理如下(图 3.49)：蚕丝丝素纤维胶束上的亲水部分能够通过蛋白质的肽键 C=O 束缚镉源前驱体中的 Cd^{2+}，为下一步反应提供了活性位点。接着，当 Cd^{2+}/SFF 浸渍于硫源前驱体中，硫化镉得以在 Cd^{2+} 的束缚部位原位合成并随之固定，最终长大为硫化镉纳米颗粒，获得纳米硫化镉/蚕丝丝素纤维复合材料。

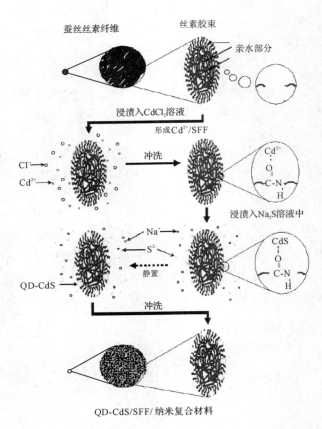

图 3.49   纳米硫化镉/蚕丝丝素纤维复合材料的制备机理图：蚕丝丝素纤维通过胶束外部亲水基团中多肽键上的 C=O 键捕获氯化镉中的镉离子→蚕丝丝素纤维上的镉离子与硫化钠溶液中的硫离子反应→硫化镉在蚕丝丝素纤维基体上原位形核→在蚕丝丝素纤维上形成硫化镉量子点

3.5.2 分级结构遗态纳米复合材料

与天然生物纤维类似，具有自然生物分级结构的生物材料上的活性位点也可被应用于制备功能遗态纳米复合材料。同样重要的是，在多个领域有着潜在应用价值的分级结构应该赋予最终的遗态纳米复合材料以新的性能，蛋壳膜就是这样的生物分级结构材料。蛋膜位于蛋壳的最内部，由外层膜(OM)、内层膜(IM)和限制膜(LM)组成，周围包裹着糖蛋白。OM和IM由相互交织缠绕的直径为0.5至1.5 nm的纤维组成，而LM是在一层球形蛋白颗粒上形成的。每层蛋膜都有相同的I、V和X型胶原蛋白、糖蛋白、唾液蛋白和蛋白多糖(Ajikumar *et al.*, 2003)，这使得蛋膜成为实施生物模板合成的理想基体材料。

● **纳米PbSe/蛋膜**

PbSe纳米颗粒在红外技术、生物标记、光电吸收器、电发光器件和激光方面都有潜在的应用(Pietryga *et al.*, 2004)。各种工艺技术，如微波辐照、声化学方法、软模板技术、溶胶-凝胶法、溶剂热法等，被广泛用于制备PbSe纳米材料。PbSe纳米颗粒和蛋膜的结合将有望提升纳米复合材料的某些性能，如韧性和附着力(Kemell *et al.*, 2005)。此外，蛋膜中的生物活性成分也使其成为温和手段合成纳米PbSe颗粒的潜在优良模板。

PbSe 纳米材料的制备过程如下：首先在室温下将蛋膜浸入 0.05 mol/L PbAc$_2$ 和 0.02 mol/L HAc (体积比=1 : 5)的混合溶液 10 h，然后取出并用去离子水冲洗，得到[Pb(Ac)$_4$]$^{2-}$/ESM；将[Pb(Ac)$_4$]$^{2-}$/ESM 浸入 Na$_2$SeSO$_3$ 溶液得到纳米 PbSe/ESM。通过改变 Na$_2$SeSO$_3$ 溶液和浸入时间得到两组样品：样品 I 对应合成条件为新制 Na$_2$SeSO$_3$ 溶液中浸渍 16 h，样品 II 对应合成条件为陈化的(放置 2 天)Na$_2$SeSO$_3$ 溶液中浸渍 16 h。

图3.50展示了原始蛋膜和PbSe/ESM纳米复合材料样品的X射线衍射图。由图3.50曲线a可以看出原始蛋膜为无定形态，而图3.50曲线b和c中的衍射峰可指标为面心立方岩盐结构的PbSe (JCPDS No. 06-0354)，其中衍射峰出现宽化，表明所获得的PbSe晶粒具有较小尺寸，而且样品 I 中PbSe纳米颗粒尺寸比样品 II 中的尺寸更小。

图3.51展示了原始蛋膜和PbSe/ESM纳米复合材料的形态与结构。可以看出，蛋膜是由相互交织的纤维组成的大孔网络结构(Yang *et al.*, 2003)，且表面由于乳突结的存在而粗糙。PbSe/ESM纳米复合材料中，PbSe纳米

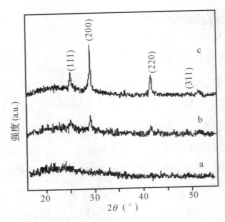

图3.50   X射线衍射图。(a)原始蛋膜；(b) 纳米PbSe/ESM遗态纳米复合材料样品 I ；(c) 纳米PbSe/ESM遗态纳米复合材料样品 II

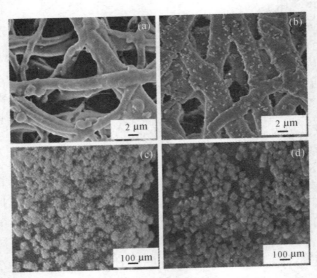

图3.51   扫描电镜图像。(a)原始蛋膜表面总览；(b) PbSe/ESM纳米复合材料总览；(c) 样品 I ；(d)样品 II

粒子主要分布在纤维上，而在纤维之间的空隙中却并不存在，复合材料整体依然保持了蛋膜的分级结构(图 3.51(b))。在图 3.51(c)中，平均尺寸为 5 nm 的 PbSe 纳米晶体组装成了 25~30 nm 的纳米簇，在 PbSe/ESM 纳米复合材料样品 I 的纤维上均匀分布，还有一些纳米粒子组成了更大的团簇。与此相反，PbSe 纳米颗粒而不是纳米簇出现在样品 II 上的纤维上(图

3.51(d))，这可能是 PbSe 纳米颗粒先组装成了疏松的纳米簇，然后形成能量更低、更稳定的表面光滑的小立方块状。

根据选区电子衍射(SAED)分析结果(图 3.52(a))，所合成的 PbSe 纳米颗粒是单晶，衍射斑点分别可指标为面心立方结构(fcc)PbSe 的(200)和(220)面。图 3.52(b)为高分辨透射电镜图像，PbSe 的高分辨晶格条纹清晰可见，并可指标为立方相的(200)面。

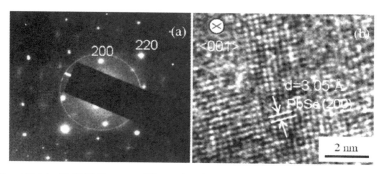

图 3.52　(a)PbSe 纳米晶的 SAED 图；(b)高分辨透射电镜图像展示(001)方向上的 PbSe 晶体

傅立叶红外光谱用来分析 PbSe 纳米晶的形成过程。如图 3.53(a)所示，原始蛋膜的红外吸收谱上在 1693、1552 和 1242 cm^{-1} 分别出现了一些吸收峰，分别对应糖蛋白覆盖层上的氨基 I、II、III。在 1445 和 1077 cm^{-1} 处的吸收峰对应 v_s(COO)和 C-N 的伸缩振动。将蛋膜浸入 Pb 前驱体溶液中后，在 1552 cm^{-1} 的吸收峰移动到 1562 cm^{-1}，而 1077 cm^{-1} 的吸收峰也移动到 1086 cm^{-1}，此现象表明亚氨基基团的周围环境和 C-N 键随着制备过程而产生了变化，这可能是由于[Pb(CH$_3$COO)$_4$]$^{2-}$中的羧基基团与糖蛋白上的胺基和亚胺基等基团发生缩聚反应所造成的(van den Beucken *et al.*, 2006)。而 PbSe/ESM 纳米复合材料的红外光谱在 1027 cm^{-1} 处出现了一处新峰，且氨基 I、II、III 的吸收峰均出现红移，这些变化可以归结为在蛋膜上形成了 PbSe 纳米晶体的缘故。

基于上述分析可以提出如下机理：蛋膜纤维可看作是由胶原质和蛋白质组成的内核以及聚阴离子的糖蛋白包覆层所形成的结构，当蛋膜浸入 Pb(Ac)$_2$-HAc 溶液时，反应主要发生在蛋膜纤维的糖蛋白表面，因而得到的[Pb(Ac)$_4$]$^{2-}$/ESM 吸附在蛋膜纤维表面；然后将纤维浸入 Na$_2$SeSO$_3$ 溶液

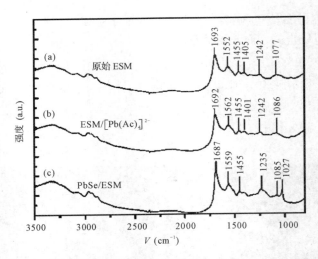

图 3.53   FTIR 光谱。(a)蛋膜；(b)[Pb(Ac)$_4$]$^{2-}$/ESM；(c)PbSe/ESM 纳米复合材料

中,最终在阳离子的静电力引导和酰亚胺残基和酰亚胺基团的引导下形成
PbSe；原位形成的 PbSe 晶核进一步长大为 PbSe 立方块以较低能量状态
稳定下来。整个反应过程可表示如下：

$$[Pb(CH_3COO)_4]^{2-}+4R\text{-}NH_3^+\rightarrow[Pb(CH_3CONH\text{-}R)_4]^{2+}+4H_2O \qquad (3.11)$$
$$SeSO_3^{2-}+H_2O\rightarrow SO_4^{2-}+Se^{2-}+2H^+ \qquad (3.12)$$
$$[Pb(CH_3CONH\text{-}R)_4]^{2+}+Se^{2-}\rightarrow(CH_3CONH\text{-}R)_4PbSe \quad (R=alkylresidu) \qquad (3.13)$$

此外，蛋膜大分子上的氨基酸残基也能发挥表面活性剂的作用控制
PbSe 纳米晶体的合成。因此，纳米 PbSe 可以在没有其他表面活性剂的情
况下，在 Na$_2$SeSO$_3$ 溶液中进一步发展为纳米团簇和纳米立方块(图 3.54)。

3.5.3   纳米复合材料：新型光子晶体

有着高度整齐纳米结构的天然光子晶体(PhCs)也是理想的构筑功能纳
米复合材料的模板体系。生物材料中的光子晶体结构主要通过以下方式实
施模板过程：可以作为纳米颗粒原位形成的固态基体模版，并控制着纳米
颗粒组装和排布为高度整齐有序的分级结构。众所周知，人工合成的PhCs
已经用做模板来制备纳米发光材料,这类光功能纳米复合材料在固体物理

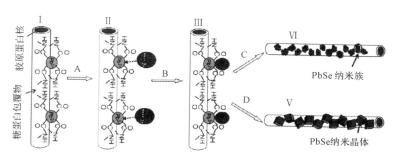

图 3.54 蛋膜纤维上 PdSe 纳米颗粒和纳米簇的形成过程。(I)蛋膜糖蛋白外壳上的氨基和$[Pb(CH_3COO)_4]^{2-}$的羧基发生的缩合反应；(II)溶液中的$[(SeSO_3)^{2-}]$离子通过静电作用移动向外壳；(III)PbSe 的原位自生形核；(IV)热力学亚稳态的 PbSe 纳米簇的形成；(V)细小的纳米晶体组装为有序的纳米颗粒

和现代光学设备中有着巨大的应用前景(Yablonovitch, 1987; John, 1987)。然而，人工方法仅能得到有限的几种结构类型，这样的局限性使光子晶体复合材料的应用受到很大约束。与此相反，自然光子晶体有着多种多样的类型和排布模式(Vukusic *et al.*, 2003)，可灵活选择且极易再生，在材料设计和制备过程中以自然光子晶体代替人工光子晶体，为构筑新型功能材料提供了更宽广的选择空间和实现可能。

据文献记载，孔雀羽毛在表面角质层下含有二维 PhCs，是由角蛋白连接的黑色素阵列形成的(Yoshioka *et al.*, 2002; Zi *et al.*, 2003)。不同的彩虹色对应着不同的 PhCs 参数：晶格常数和周期数。图 3.55 展示了孔雀羽毛红色小羽枝的横断面结构，这些小羽枝松弛地排列在眼部下面白色的羽毛枝干上。可以清楚地看见，被角蛋白包覆的黑色素棒(图 3.55(b))整齐有序地排列(图 3.55(a))在角蛋白层下面，呈现其有序的光子晶体结构特征。孔雀羽毛中这样的天然 PhCs 结构可被用来作为活性生物模板，进行制备功能遗态纳米复合材料。

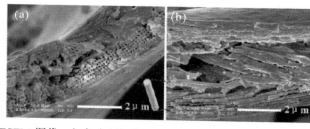

图 3.55 FESEM 图像。红色小羽翅的(a)横断面和(b)纵截面，显示黑色素棒在角蛋白层下的有序排列

● **纳米氧化锌/孔雀羽毛**

氧化锌是一种重要的光电材料，室温下电子带隙约为3.37 eV，其带隙发光出现在近紫外波段而缺陷发光出现在可见光波段。这两种发光现象都可通过在PhCs中植入氧化锌纳米颗粒来进行调节。植入手段包括溶胶-凝胶法、聚离子束刻蚀法、原子层沉积技术、电化学渗透等。其中，通过液相合成工艺可以在自然光子晶体结构中原位自生形成氧化锌纳米颗粒而获得纳米复合材料，所得到的纳米氧化锌/孔雀羽毛遗态纳米复合材料因纳米氧化锌的发光性质和孔雀羽毛中光子晶体所表现出的光学性质相耦合从而表现出新颖的光功能特性。

纳米氧化锌与孔雀羽毛光子晶体结构的复合制备过程如下：孔雀羽毛浸渍于 125 mL 锌源前驱体(由 $ZnAc_2 \cdot 2H_2O$ 与无水乙醇按 0.01 mol/L 的浓度配制而成)中，持续搅拌并维持在 70 ℃，接着向体系中逐滴加入 65 mL 氧源(OH^-)前驱体(由 NaOH 和无水乙醇按 0.03 mol/L 的浓度配制而成)，待蒸发至 50 mL 左右时，将体系转入高压釜中继续在 70 ℃维持 0~60 h，然后取出处理后的羽毛，用无水乙醇漂洗、干燥，获得产物纳米氧化锌/孔雀羽毛复合材料。

原始羽毛及纳米氧化锌/孔雀羽毛的 X 射线衍射花样如图 3.56 所示。纳米氧化锌/孔雀羽毛在约 35°处有一个峰，对应于负载的氧化锌纳米颗粒。氧化锌的其他衍射峰并不明显，可见纳米氧化锌在羽毛中负载的量较少。作为对比，我们研究了同等实验条件下，在孔雀羽毛外部溶液中生成的产物，即氧化锌对比样品。将高压釜处理(0~40 h)过的前驱体溶液在 70 ℃蒸发，得到氧化锌对比样品的 XRD 粉末试样，其 X 射线衍射花样中的主要衍射峰可以指标为六方相氧化锌(JCPDS：36-1451)的(100)、(002)、(101)、(102)和(110)晶面，其衍射峰出现宽化也证明小尺寸的氧化锌纳米晶存在。

场发射扫描电镜照片揭示出氧化锌纳米颗粒在羽毛表面的分布情况。图3.57(a)所示原始羽毛的表面实际上是相对光滑的，仅出现少许微孔，而通过以上工艺制备的复合材料中，氧化锌纳米粒子均匀负载分布在羽毛表面。为揭示孔雀羽毛在纳米氧化锌形成过程中所发挥的重要作用，开展如下对照实验：同样条件下将锌盐溶液和氢氧化钠溶液混合后转移到高压釜中，再放入孔雀羽毛，后续工艺过程相同，所得对比样品的场发射扫描电镜照片(图3.57(b))显示出羽毛表面的氧化锌颗粒分布不均匀，而且呈现无规则团聚。通过对比实验说明孔雀羽毛参与了氧化锌纳米颗粒的合成过程。

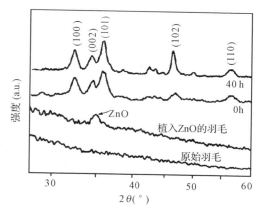

图3.56 原始孔雀羽毛、纳米氧化锌/孔雀羽毛遗态纳米复合材料和羽毛之外生成的氧化锌(高压釜中处理0~40 h)的X射线衍射图

图 3.57 FESEM 图像。(a)合成的纳米氧化锌/孔雀羽毛材料；(b)对比实验的样品。这意味着孔雀羽毛在合成过程中有着重要的作用。图(b)中箭头指出了不希望出现的聚集现象

高分辨透射电镜分析进一步提供了负载的氧化锌纳米颗粒的信息。透射电镜样品的制备是通过超声振荡将纳米氧化锌/孔雀羽毛分散成小碎片，这一过程能够使部分负载的氧化锌纳米颗粒脱离基体羽毛。尽管如此，仍有许多氧化锌纳米颗粒保留在包裹黑色素棒的角蛋白上(图 3.58(a))，这表明负载于天然光子晶体结构中的氧化锌纳米颗粒与羽毛角蛋白的结合较紧密。图 3.58(a)右上角存在一些从羽毛上振落的分散氧化锌纳米颗粒。图 3.58(b)和(d)是振落的氧化锌纳米颗粒的更高倍数下照片，分别对应于经高压釜处理 0 和 40 h 的样品。两个样品的选区电子衍射花样可以指标为六方相氧化锌(JCPDS：36-1451)，对应的晶面在图 3.58(c)中标出，分别为(100)、(002)、(101)、(102)、(110)、(103)和(112)。可以肯定的是在孔雀羽毛内原位生成的氧化锌纳米颗粒与在溶液中生成的氧化锌对比样品具

有同样的晶型。而且纳米颗粒表现出圆球形的特征，如图 3.58(b)和(d)虚线圆圈所示，高压釜中 70 ℃密闭处理带来了氧化锌纳米颗粒的均匀生长，直径从 8.5 nm (0 h)增至 13.5 nm (40 h)。通过控制在高压釜中的处理时间，可在孔雀羽毛上原位生成不同尺寸的球状六方相氧化锌纳米颗粒。

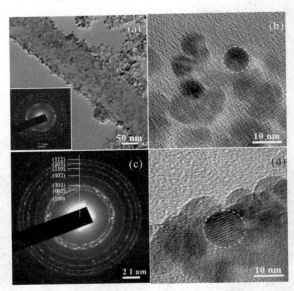

图 3.58　超声分散在乙醇中的纳米氧化锌/孔雀羽毛高分辨透射电镜和相应的选区电子衍射图。对应在高压釜中反应时间为 0 h (a 和 b)和 40 h (c 和 d)。(b)代表纳米颗粒在(a)右上角的区域，是从羽毛上抖落下来的

　　原始孔雀羽毛和纳米氧化锌/孔雀羽毛遗态复合材料的红外光谱分析进一步揭示了纳米氧化锌在孔雀羽毛上的原位自生合成过程。如图 3.59 所示，原始羽毛的傅里叶变换红外光谱图表现出一些蛋白质的特征吸收带，对应于其中的角蛋白成分。位于 1640 cm^{-1} 的吸收带对应于酰胺 I(C=O 伸缩振动)，位于 1540 cm^{-1} 的吸收带对应于酰胺 II(二次 NH 弯曲振动)，位于 1242 cm^{-1} 的吸收带对应于酰胺 III(C–N 伸缩振动)。并且还出现了 C–S 伸缩振动(616 cm^{-1})、C–C 伸缩振动(1186 cm^{-1})、CH$_3$ 对称弯曲振动(1384 cm^{-1})以及 CH$_2$ 剪式振动(1454 cm^{-1})。将氧化锌纳米颗粒负载入孔雀羽毛中后，位于 1728 cm^{-1} 的吸收带(天门冬氨酸及谷氨酸残基 COOH 中 C=O 伸缩振动)消失了(Church *et al.*, 1997)，同时在 1402 cm^{-1}(COO$^-$对称伸缩振动)出现了吸收带，这揭示了氧化锌纳米颗粒和羽毛角蛋白羧基之

间的结合作用。此外，C–C 伸缩振动带(1186 cm^{-1})减弱且位移至较低波数，这可能归因于负载过程中锌离子的参与。

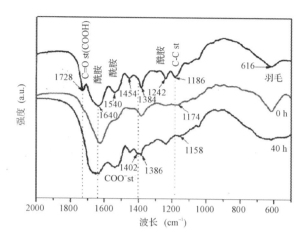

图 3.59 原始孔雀羽毛和合成的纳米氧化锌/孔雀羽毛遗态复合材料(分别在高压釜中处理 0 和 40 h)的傅里叶红外光谱

　　根据以上分析，推测出反应机理如图 3.60 所示。首先，孔雀羽毛角蛋白的天门冬氨酸和谷氨酸残基的羧基与锌源前驱体中的锌离子相结合，参与反应的包括羽毛外部的角蛋白层和内部的连接黑色素棒的角蛋白；接着，将 OH$^-$ 引入反应体系，随之在孔雀羽毛的反应位点原位形成氧化锌晶核，并受生物基团的束缚形成氧化锌纳米颗粒；进一步在高压釜中处理使得氧化锌纳米颗粒均匀生长，最终获得纳米氧化锌/孔雀羽毛复合材料。

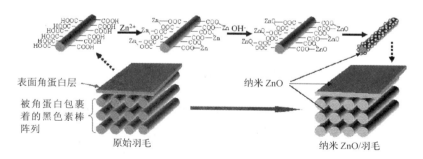

图3.60 氧化锌纳米颗粒嵌入孔雀羽毛的反应过程：孔雀羽毛与Zn^{2+}离子通过天门冬氨酸和谷氨酸残基的羧基结合→孔雀羽毛的结合位点上，氧化锌的原位形核→氧化锌纳米颗粒的形成→纳米氧化锌/孔雀羽毛遗态复合材料

● **纳米硫化镉/孔雀羽毛**

除了氧化锌，硫化镉也是另一种很有研究价值的光电材料，其块体材料有2.4 eV的直接能带隙(Henglein, 1989)。纳米硫化镉颗粒的光致发光由颗粒的尺寸和表面功能性所控制。科学家们已经尝试将硫化镉纳米颗粒与人工PhCs复合，以得到纳米硫化镉/人工PhCs纳米复合材料。在这个体系中，硫化镉纳米颗粒的自发发射被PhCs进一步影响(Lin *et al.*, 2002)，这对产生纳米尺寸的光源极为重要(Fleischhaker *et al.*, 2005)。将硫化镉纳米颗粒植入孔雀羽毛的天然PhCs中并得到纳米硫化镉/孔雀羽毛遗态复合材料，这对于新型光功能材料的研究有着非常重要的意义。

如前所述，通过原位自生合成方法将氧化锌纳米颗粒嵌入孔雀羽毛中，因氧化锌纳米颗粒的载入量相对较低，表现为复合材料的反射光谱几乎没有发生变化。考虑到纳米颗粒的载入量对复合材料的性能影响比较大，以下通过两个改进方案来调整硫化镉纳米颗粒的载入量：受羊毛纤维的酰化过程 EDTA 双酐增强角蛋白金属提取所启发(Tsukada *et al.*, 2003)，通过 EDTA 处理来唤醒孔雀羽毛角蛋白上更多的反应位点；另一个是引入溶剂热过程延续孔雀羽毛上纳米颗粒的原位自生合成。典型的制备过程是将原始孔雀羽毛直接浸入 110 ℃的 EDTA/DMF 悬浮液中，浸渍数小时得到 EDTA/DMF 活化羽毛(E/D 羽毛)，再将 E/D 羽毛浸入氯化镉溶液中(0.4 g $CdCl_2 \cdot 2.5H_2O$, 5 mL 乙醇和 4 mL 氨)30 min，然后取出彻底清洗，进一步浸入 12.5 mmol/L Na_2S 乙醇溶液 30 min，再次取出清洗之后便得到了"羽毛基体"(浸渍 1：原位自生合成)；接下来，羽毛基体放入上述氯化镉溶液，然后加硫脲(0.115~0.18 g)，在 100 ℃的高压釜中浸渍 30~40 min (浸渍 2：溶剂热过程)，最终制备纳米硫化镉孔雀羽毛遗态复合材料(样品 E/D-RT)。

图 3.61(a)展示了原始孔雀羽毛、E/D-羽毛和纳米硫化镉/孔雀羽毛遗态复合材料的 X 射线衍射模式。很明显，E/D-羽毛和原始孔雀羽毛有着相似的 X 射线衍射模式，均呈现无定形态。而纳米硫化镉/孔雀羽毛在 2θ 为 27°附近出现了一个宽化的衍射峰，这应该归因于纳米硫化镉的形成。这些纳米硫化镉颗粒是直径为 5~6 nm，如图 3.61(b)和(d)的高分辨透射电镜图像所示。相应的选区电子衍射花样(图 3.61(c))与立方相硫化镉(JCPDS：89-0440)相吻合，对应的晶面为(111)、(220)、(311)、(331)和(422)。并且晶格条纹(图 3.61(d))可以被标定为(220)和(200)晶面，对应于立方相硫化镉。因此，经过以上两步浸渍合成，直径 5~6 nm 的立方相硫化镉纳米晶被成功植入到孔雀羽毛中。

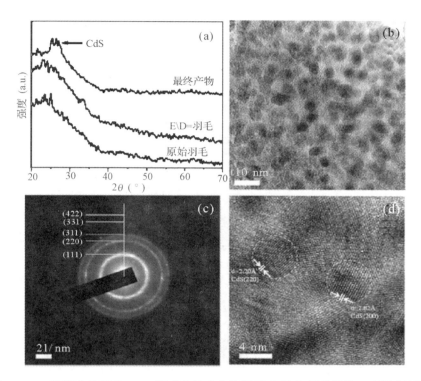

图 3.61 (a)原始孔雀羽毛、E/D-羽毛和纳米硫化镉/孔雀羽毛(最终样品)X 射线衍射图样；从羽毛上抖落的和乙醇超声分散的纳米硫化镉的(b 和 d)高分辨透射电镜图像和(c)选区电子衍射图样

根据 FESEM 的观察的纳米硫化镉/孔雀羽毛和原始孔雀羽毛(图 3.62(a)和插图)可知，所得到的硫化镉纳米颗粒在孔雀羽毛上均匀分布。一旦表面层遭遇破损，表层下的黑色素棒阵列呈现出来并显示比原始羽毛更为粗糙的表面(图 3.62(b))，这也说明了硫化镉纳米粒子的负载效应。更高倍率下观察(图 3.62(c))揭示出复合材料中硫化镉纳米粒子呈蠕虫状团聚。由此可以认为：通过这样的制备过程，获得蠕虫状硫化镉纳米聚集体均匀分散于孔雀羽毛的表面和其中的二维光子晶体结构中。

如上所述，纳米颗粒的载入量很大程度上影响纳米颗粒/PhCs 复合材料的性能，通过采用 EDTA/DMF 活化处理来增加孔雀羽毛角蛋白上的活性位点，有望能提高硫化镉纳米颗粒的载入量。通过开展对照实验来探讨 EDTA/DMF 活化过程的效率(图 3.63)：样品 E/D-RT(目标样品)和样品 N-RT 分别对应经过 EDTA/DMF 活化处理和非经活化处理得到的样品。很明显，

图 3.62　纳米硫化镉/孔雀羽毛复合材料的 FESEM 图像。在(a)和(c)的插图中显示了在相应倍率下原始孔雀羽毛的图像

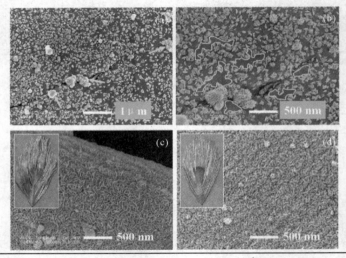

活化体系	过程 1 (Cd²⁺前驱体温度)ᵃ	过程 2 (温度和时间)ᵇ	样品名称
EDTA/DMF (E/D-羽毛)	RT (25 ℃)	100 ℃，30 min	E/D-RT*
--------	RT (25 ℃)	100 ℃，30 min	N-RT
DMF (D-羽毛)	RT (25 ℃)	100 ℃，30 min	D-RT

*表示典型样品；ᵃ依次放入不同温度的镉源前驱体和常温的硫源前驱体；ᵇ溶剂热反应于100 ℃，保温30 min

图 3.63　纳米硫化镉/孔雀羽毛的 FESEM 图像。(a, b) 样品 N-RT；(c) 样品 D-RT；(d) 样品 E/D-RT(目标样品)。插图显示相应的照片(c, d)。(a)中箭头表示了大的硫化镉聚集，(b)中的灰线是一些没被遮掩的区域。下面的表中显示了对应的实验条件

蠕虫状硫化镉纳米颗粒聚集体在样品 N-RT 中(图 3.63(a)和(b))不如目标样品的连续性好。仅仅用 DMF 代替 EDTA 作为活化剂，得到样品 D-RT(图3.63(c))，样品 D-RT 虽然具有均匀覆盖的蠕虫状硫化镉纳米聚集体，但是蠕虫状聚集体的尺寸比样品 E/D-RT 中的偏大，表明纳米硫化镉有更高的载入量。基于上述观察，孔雀羽毛可以在 EDTA/DMF 或 DMF 的活化作用下获得了更多额外的 COO⁻活性位点，这样可以增强纳米硫化镉的均匀分布。此外，硫化镉的载入量也可以通过不同的活化处理进行控制。

通过傅里叶红外光谱分析对活化过程进行研究，固体红外表征的制样是采用溴化钾压片。原始孔雀羽毛的红外光谱呈现出角蛋白成分相关的蛋白质特征峰(图3.64(a))。由于EDTA/DMF(图3.64(c))或DMF(图3.64(b))的活化处理，对应COOH(天门冬氨酸和谷氨酸残基的COOH中C=O伸缩振动)的1728 cm⁻¹吸收带强度减弱，同时在1400 cm⁻¹左右出现了新的对应于COO⁻对称伸缩振动的吸收带(Taddei *et al.*, 2003)。EDTA活化处理能带来孔雀羽毛角蛋白成分更多附加的COO⁻活性位点，位于1400 cm⁻¹的吸收峰比E/D-羽毛样品的吸收峰强度更大。纳米硫化镉/孔雀羽毛遗态复合材料与E/D-羽毛样品的红外光谱对比分析，1400 cm⁻¹(COO⁻ st)左右的吸收峰的强度更强，而且略微移向较高的波数。这些表明纳米硫化镉在孔雀羽毛上的原位形成过程可归结为通过COO⁻基团发生反应。

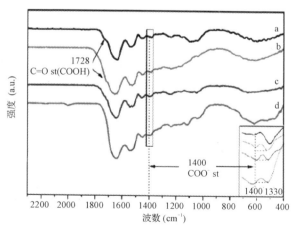

图3.64 样品E/D-RT的傅里叶红外光谱。(a)原始孔雀羽毛；(b)DMF活化羽毛，E/D-羽毛；(c)EDTA/DMF活化羽毛，E/D-羽毛；(d)最终产物纳米硫化镉/孔雀羽毛遗态复合材料

　　硫化镉纳米粒子在孔雀羽毛天然光子晶体中的原位形成和负载植入过程的作用机理如图3.65所示。原始孔雀羽毛含有一些天然的活性COO⁻位点和固有的COO⁻位点。在EDTA/DMF活化过程中，孔雀羽毛中的角蛋白成分得以活化，具体来说是固有的COO⁻位点被DMF活化，而EDTA提供了额外的活性COO⁻位点，然后活化羽毛经浸渍1过程得到CdS晶种，接下来经浸渍2进一步负载纳米硫化镉，最终得到了纳米硫化镉/孔雀羽毛遗态复合材料。

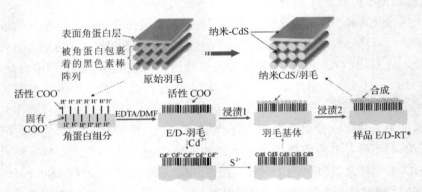

图 3.65　纳米硫化镉植入孔雀羽毛得到纳米硫化镉/孔雀羽毛复合材料的形成机理

参考文献

方国家, 刘祖黎, 张增常, 王昕玮, 姚凯伦 (1997) Ce 掺杂对 SnO₂ 薄膜电学及气敏性能的影响. 中国稀土学报, 15:10-13.

傅敏恭, 王晓俊, 陈戬, 王海源 (1994) 碱土金属掺杂 SnO₂ 薄膜气体传感器. 郑州轻工业学院学报, 28:160-166.

Abello L, Bochu B, Gaskov A, Koudryavtseva S, Lucazeau G, and Roumyantseva M (1998) Structural characterization of nanocrystalline SnO₂ by X-ray and Raman spectroscopy. *Journal of Solid State Chemistry*, 135:78-85.

Ahmad A, Mukherjee P, Mandal D, Senapati S, Khan MI, Kumar R, and Sastry M (2002) Enzyme mediated extracellular synthesis of CdS nanoparticles by the fungus, fusarium oxysporum. *Journal of the American Chemical Society*, 124:12108.

Ajikumar PK, Lakshminarayanan R, Ong BT, Valiyaveettil S, and Kini RM (2003) Eggshell matrix protein mimics: Designer peptides to induce the nucleation of calcite crystal aggregates in solution. *Biomacromolecules*, 4(5):1321-1326.

Arul Dhas N, Zaban A, and Gedanken A (1999) Surface synthesis of zinc sulfide nanoparticles on silica microspheres: sonochemical preparation, characterization, and optical properties. *Chemistry of Materials*, 11:806-813.

Balasundaram B, and Harrison STL (2006) Study of physical and biological factors involved in the disruption of *E. coli* by hydrodynamic cavitation. *Biotechnology Progress*, 22:907-913.

Chandrasekharan N, and Kamat PV (2000) Improving the photoelectrochemical performance of nanostructured TiO_2 films by adsorption of gold nanoparticles. *Journal of Physical Chemistry B*, 104:10851-10857.

Chen, SX, and Zeng HM (2003) Improvement of the reduction capacity of activated carbon fiber. *Carbon*, 41:1265-1271.

Church JS, Corino GL, and Woodhead AL (1997) The analysis of merino wool cuticle and cortical cells by fourier transform raman spectroscopy. *Biopolymers*, 42:7-17.

Diéguez A, Romano-Rodréguez A, Vila A, and Morante JR (2001) The complete Raman spectrum of nanometric SnO_2 particles. *Journal of Applied Physics*, 90:1550-1557.

Fernandez MS, Araya M, and Arias JL (1997) Identification and localization of lysozyme as a component of eggshell membranes and eggshell. *Matrix Biology*, 16:13-20.

Fleischhaker F, and Zentel R (2005) Photonic crystals from core-shell colloids with incorporated highly fluorescent quantum dots. *Chemistry of Materials*, 17(6):1346-1351.

Fuhrmann T, Landwehr S, El Rharbi-Kucki M, and Sumper M (2004) Diatoms as living photonic crystals. *Applied Physics B*, 78:257-260.

Fujihara S, Maeda T, Ohgi H, Hosono E, Imai H, and Kim SH (2004) Hydrothermal synthesis of SnO_2 nanoparticles and their gas-sensing of alcohol. *Langmuir*, 20:6476.

Gedanken A, Tang XH, Wang YQ, Perkas N, Koltypin Y, Landau MV, Vradman L, and Herskowitz M (2001) Using sonochemical methods for the preparation of mesoporous materials and for the deposition of catalysts into the mesopores. *Chemistry-A European Journal*, 7:4546-4552

Gnanasekar KI, Jayaraman V, Prabhu E, Gnanasekaran T, and Periaswami G (1999) Electrical and sensor properties of $FeNdO_4$: A newsensor material. *Sensors and Actuators B*, 55:170-174.

Henglein A (1989) Small-particle research: Physicochemical properties of extremely small colloidal metal and semiconductor particles. *Chemical Reviews*, 89(8): 1861-1873.

Hincke MT, Gautron J, Panheleux M, Garcia-Ruiz J, McKee MD, and Nys Y (2000) Identification and localization of lysozyme as a component of eggshell membranes and eggshell. *Matrix Biology*, 19:443-453.

Hong BH, Bae SC, Lee CW, Jeong S, and Kim KS (2001) Ultrathin single-crystalline silver nanowire arrays formed in an ambient solution phase. *Science*, 294:384.

Jimenez VM, Caballero A, Fernandez A, Espinos JP, Ocana M, and Gonzalez-Elipe AR (1999) SnO_2 thin films prepared by ion beam induced CVD: Preparation and characterization by X-ray absorption spectroscopy. *Thin Solid Films*, 353:116-117.

Jin HJ, and Kaplan DL (2003) Mechanism of silk processing in insects and spiders. *Nature*, 424:1057.

John S (1987) Strong localization of photons in certain disorderd dielectric superlattices. *Physical Review Letters*, 58:2486-2489.

Kemell M, Pore V, Ritala M, Leskela M, and Linden M (2005) Atomic layer deposition in nanometer-level replication of cellulosic substances and preparation of photocatalytic TiO_2/cellulose composites. *Journal of the American Chemical Society*, 127(41):14178-14179.

Kuang DB, Brezesinski T, and Smarsly B (2004) Hierarchical porous silica materials with a trimodal pore system using surfactant templates. *Journal of the American Chemical Society*, 126:10534-10535.

Lee JH (2009) Gas sensors using hierarchical and hollow oxide nanostructures: Overview. *Sensors and Actuators B: Chemical*, 140(1):319-336.

Liang CH, Shimizu Y, Sasaki T, and Koshizaki N (2003) Synthesis of ultrafine SnO_2-x nanocrystals by pulsed laser-induced reactive quenching in liquid medium. *Journal of Physical Chemistry B*, 107:9220-9225.

Lin Y, Zhang J, Sargent EH, and Kumacheva E (2002) Photonic pseudo-gap-based modification of photoluminescence from CdS nanocrystal satellites around polyer microspheres in a photonic crystal. *Applied Physics Letters*, 81:3134-3137.

Linsebigler AL, Lu GQ, and Yates JT (1995) Photocatalysis on TiO_2 surfaces: Principles, mechanisms, and selected results. *Chemical Reviews*, 95:735-758.

Liu ZT, Fan TX, Zhou H, Zhang D, Gong XL, Guo QX, and Ogawa H (2007) Synthesis of $ZnFe_2O_4$/SiO_2 composites derived from a diatomite template. *Bioinspiration & Biomimetics*, 2:30-35.

Morrison SR (1987) Selectivity in semiconductor gas sensors. *Sensors and Actuators B*, 12:425-440.

Nariki S, Seo SJ, Sakai N, and Murakami M (2000) Influence of the size of Gd211 starting powder on the critical current density of Gd-Ba-Cu-O bulk superconductor. *Superconductor Science Technology*, 13:778-784.

Niu XS, Du WM, and Du WP (2004) Preparation, characterization and gas-sensing properties of rare earth mixed oxides. *Sensors and Actuators B*, 99:399-404.

Pagnier T, Boulova M, Galerie A, Gaskov A, and Lucazeau G (2000) Reactivity of SnO_2-CuO nanocrystalline materials with H_2S: A coupled electrical and Raman spectroscopic study. *Sensors and Actuators B*, 71:134-139.

Pelmenschikov AG, Morosi G, and Gamba A (1991). Quantum chemical molecular models of oxides. 1. Reproduction of stretching vibrational frequencies of surface hydroxyl groups. *Journal of Physical Chemistry*, 95:10037–10041.

Peng TY, Hasegawa A, Qiu JR, and Hirao K (2003) Fabrication of titania tubules with high surface area and well-developed mesostructural walls by surfactant-mediated templating method. *Chemistry of Materials*, 15:2011-2016.

Pietryga JM, Schaller RD, Werder D, Stewart MH, Klimov VI, and Hollingsworth JA(2004) Pushing the band gap envelope: mid-infrared emitting colloidal PbSe quantum dots. *Journal of the American Chemical Society*, 126(38):11752-11753.

Pitt WG and Aaron RS (2003) Ultrasound increases the rate of bacterial cell growth. *Biotechnology Progress*, 19:1038-1044.

Rathore O, and Sogah DY (2001) Nanostructure formation through β-sheet self-assembly in silk-based materials. *Macromolecules*, 34:1477.

Taddei P, Monti P, Freddi G, Arai T, and Tsukada M (2003) Binding of Co(II) and Cu(II) cations to chemically modified wool fibers: An IR investigation. *Journal of Molecular Structure*, 650:105-113.

Tsukada M, Arai T, Colonna GM, Boschi A, and Freddi GJ (2003) Preparation of metal-containing protein fibers and their antimicrobial properties. *Applied Physics Letters*, 89(3):638-644.

Uchida M, Shinohara O, Ito S, Kawasaki N, Nakamura T, and Tanada S (2000) Reduction of iron(III) ion by activated carbon fiber. *Journal of Colloid and Interface Science*, 224:347- 350.

Van den Beucken JJJP, Vos MRJ, Thune PC, Hayakawa T, Fukushima T, Okahata Y, Walboomers XF, Sommerdijk NAJM, Nolte RJM, and Jansen JA (2006) Fabrication characterization and biological assessment of multilayered DNA-coatings for biomaterial purposes. *Biomaterials*, 27:691-701.

Vrieling EG, Beelen TPM, Van Santen RA, and Gieskes WWC (1999) Diatom silicon biomineralization as an inspirational source of new approaches to silica production, *Journal of Biotechnology*, 70:39-51.

Vukusic P, and Sambles JR (2003) Photonic structures in biology. *Nature*, 424:852-855.

Wei J, Zhu YW, Peng TZ, Wang YC, and Wang CH (2004) Research on the properties of silk fibers with rare earth compounds-fixed sericin. *Textile Auxiliaries*, 21(4):35-38.

Wong M, Hendrix MJC, VonderMark K, Little C, and Stern R (1984) Collagen in the egg shell membranes of the hen. *Developmental Biology*, 104:28-36.

Xi YY, Zhou JZ, Guo HH, Cai CD, and Lin ZH (2005) Enhanced photoluminescence in core-sheath CdS-PANI coaxial nanocables: A charge transfer mechanism. *Chemical Physics Letters*, 412: 60.

Yablonovitch E (1987) Inhibited spontaneous emission in solid-state physics and electronics. *Physical Review Letters*, 58:2059-2062.

Yang D, Qi LM, and Ma JM (2003) Hierarchically ordered networks comprising crystalline ZrO_2 tubes through sol-gel mineralization of eggshell membranes. *Journal of Materials Chemistry*, 13:1119- 1123.

Yoshioka S, and Kinoshita S (2002) Effect of macroscopic structure in iridescent color of the peacock feathers. *Forma*, 17:169-181.

Yu JC, Wang XC, Wu L, Ho WK, Zhang LZ, and Zhou GT (2004) Sono- and photochemical routes for the formation of highly dispersed gold nanoclusters in mesoporous titania films. *Advanced Functional Materials*, 14:1178-1183.

Yuan RS, Fu XZ, Wang XC, Liu P, Wu L, Xu YM, Wang XX, and Wang ZY (2006) Template synthesis of hollow metal oxide fibers with hierarchical architecture. *Chemistry of Materials*, 18:4700-4705.

Zhou H, Fan TX, Han T, Li XF, Ding J, Zhang D, Guo QX, and Ogawa H (2009) Bacteria-based controlled assembly of metal chalcogenide hollow nanostructures with enhanced light-harvesting and photocatalytic properties. *Nanotechnology*, 20:085603.

Zhou H, Fan TX, Li XF, Ding J, Zhang D, Li XS, and Gao YH (2009) Bio-inspired bottom-up assembly of diatom-templated ordered porous metal chalcogenide meso/nanostructures. *European Journal of Inorganic Chemistry*, 2:211-215.

Zhou H, Fan TX, Zhang D, Guo QX, and Ogawa H (2007), Novel bacteria-templated sonochemical route for the in situ one-step synthesis of ZnS hollow nanostructures. *Chemistry of Materials*, 19:2144-2146.

Zi J, Yu X, Li Y, Hu X, Xu C, Wang X, Liu X, and Fu R (2003) Coloration strategies in peacock feathers. *Proceedings of the National Academy Sciences of the United States of America*, 100:12576-12578.

4

遗态复合材料

启迪于自然生物模板制备有序结构的复合材料已发展为材料科学和生物技术相交叉的分支学科,而液相浸渍技术目前被认为是制备各种功能复合材料的最有效手段。

本章节重点介绍通过生物模板液相浸渍工艺制备具有不同形貌和尺寸的各种遗态复合材料,所制备的这些遗态复合材料表现出由于材质组成和特别的结构所赋予的独特性能优势,在光电子、光子、光催化、光电转化等领域具有潜在的应用价值。该项研究所采用的制备技术以及所体现的研究思想也为通过温和环保的工艺方法制备具有特定形态结构和相关功能特性的复合材料提供了重要借鉴。

4.1 基于植物的遗态复合材料

自然材料,尤其是与植物有关的材料,人们并没有很好地加以利用,在使用过程中往往十分浪费甚至直接丢弃。即使在有限的使用过程中,使用效率也很低下,同时会产生大量的废弃物,这对我们的环境产生了极大的污染。为了能够充分利用自然资源,材料学家们正在进行研究,试图在对环境产生最小影响的情况下对材料进行设计、合成、使用、处理以及循环再利用。

植物材料在历经了亿万年的自然进化之后,形成了合理而精细的微观结构,而这种结构是目前无法进行人工合成的。而且,这些结构与植物的种类密切相关。植物可以被视为自然界中具有不同分级结构的复合材料,组成元素包括纤维素、半纤维素、木质素等。这些分级结构赋予植物在不同环境下生存的生物功能。例如，一棵大树可以以其纤细的树干在风中保持长达数百年之久。这很大程度上归于其自身的高强度、模量和硬度。树木具有的这种杰出的机械性能主要归因于其合理的微观结构。因此，通过模拟这种结构来研究新材料将具有极大的益处。

4.1.1 遗态复合材料的制备和显微结构

● 利用中密度板制备 C/Mg 复合材料

作为植物的一种，木头是由数以万计的细胞组成的，这其中包括管状细胞、薄壁细胞、纤维状细胞。因为木头中的细胞相互连接，进而形成了一种框架结构，所以木头本身被这种框架分割成了无数的结构单元，形成了木头中大量由细胞组成的管道。经由这些管道，水和矿质元素可以被运输到树木的各个部位。在经过高温热处理后，细胞中的复杂的生物高聚物被分解为碳和气体，留下了一种具有多孔结构的碳骨架，这种碳骨架保存了原模板的形貌。

因此，作为一种新型的多孔碳材料，木质陶瓷可以从木材废弃物中合成，例如建筑废弃木料、废纸、食品工业中的甘蔗或苹果渣等。这显然有利于减少资源消耗并促进环保，因此木质陶瓷被认为是一种环境友好材料。为了有效地利用生产和生活中产生的固体废弃物，国外研究机构将木质废料经过特殊处理和浸渍、炭化烧结等工艺，开发出一种新型环境材料，日本科学家称之为木质陶瓷(Wood ceramics)，而美国科学家称之为生态陶瓷(Ecoceramics)。

与其他陶瓷材料相比，这种新型多孔陶瓷材料已经被证明具有良好的阻尼特性。良好的阻尼特性在诸多应用领域中都具有极其重要的意义。据报道，火箭、卫星中2/3的问题都与震荡和噪音有关。然而，作为一种新型陶瓷材料，木质陶瓷因具有多孔结构并不具备延展性，其最大抗弯强度也相当低。与其他的诸如金属、碳/碳复合材料的工业材料相比，木质陶瓷还无法达到结构功能材料的要求。

与金属相复合可以进一步提高木质陶瓷的机械、阻尼等性能。镁、铝及其合金由于低密度和高阻尼特点可被选为目标材料。生态碳/金属复合材料是在图4.1所示的真空压力浸渍炉中进行的。制备过程为：植物或固体废弃物材料首先在真空气氛下600~1400 ℃碳化制备生态陶瓷，将装有生态陶瓷的反压钢罐放置于上炉体;固态铝合金放置于下炉体一个可升降的坩埚中,坩埚降至炉体的底部;首先将炉内空气从真空阀门抽出,使生态陶瓷和铝合金处于真空环境;然后炉腔温度加热至730 ℃,使铝合金熔化,并使生态陶瓷预热;待铝合金完全熔化后,坩埚升至图4.1中的位置;接着高压氮气从压力阀门快速吹入,使炉腔气压迅速升至9 MPa,铝合金熔液在高压下将充入反压罐并浸渗入生态陶瓷孔隙中;生态陶瓷中的铝合金降温凝固后即制得碳/金属复合材料。

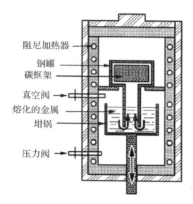

图 4.1 真空压力浸渍炉结构示意图

为了提高所制备的生态陶瓷的基础性能,可通过浸渍树脂的方法实现,然后再进一步制备生态碳/金属复合材料。如利用松板的中密度纤维板为原材料,先对该纤维板进行酚醛树脂的浸渍(重量比1:1),如图4.2所示,然后再通过1000~1200 ℃的烧结制备生态陶瓷。

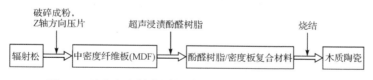

图 4.2 以中密度板为原料制备生态陶瓷的过程示意图

利用生态陶瓷为原材料,然后与镁合金复合制备生态陶瓷-金属复合材料。在这项研究中所使用的金属为ZK60A镁合金,含6.0wt% 锌,0.5wt%锆,其余为镁。技术工艺参数为:熔点730 ℃,成型温度(木质陶瓷)650 ℃,渗透压9 MPa。显然,如图4.3,炭化后的木纤维彼此互相搭接,在纤维与纤维之间就形成了宏观孔，宏观孔是生态陶瓷主要的连续互通孔道，成为制备复合材料时熔融金属浸渍生态陶瓷的主要通道。

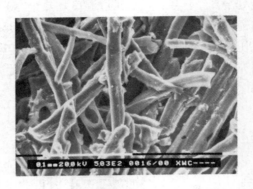

图4.3　由中密度纤维板制备的木质碳显微照片

图4.4为木质碳/ZK60A复合材料的形貌图。在图中，灰色区域代表木质陶瓷，白色区域为注入的ZK60A合金。此外，途中的小黑点主要为不相连的开孔或闭孔，它们阻碍了熔融金属的渗入。可以看出，合成的复合材料具有一致的微观结构和交联的网状结构。需要注意的是，这种网状结构是三维的，而这张图片只代表了它的一个截面。材料的抛光部分证明金属加强部分复制了木质陶瓷的结构，金属几乎进入了这个结构的尖角处。

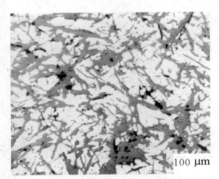

图4.4　生态陶瓷/ZK60A 复合材料的显微照片

由于镁碳体系具有良好的润湿性能(浸润角75°)，这使得合金具有极佳的注入特性，同时9 MPa的外加压力有助于金属的注入。然而，关于照片所示的残余空隙，其形成主要有3个原因：(1)木质陶瓷的原始闭孔；(2)

复合材料制备过程中有未能排出的气体；(3)由于凝固收缩而在合金和碳之间产生了间隙。定量光学纤维结果显示，金属、木质碳、空隙所占的百分比分别为63.35%、31.21%和5.44%。

图4.5给出了木质陶瓷及其复合材料的X射线衍射谱。木质陶瓷是一种半结晶状态的结构，具有石墨特征峰。需要指出的是，由于木质碳的XRD中特征峰不突出，所以在复合材料的XRD图中显示不出来。由图可见，复合材料的相组成除生态陶瓷的非晶碳外，还包括金属镁。可见复合材料主要由Mg和非晶碳组成。

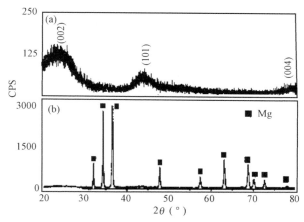

图 4.5 木质陶瓷及木质陶瓷/ZK60A 复合材料的 XRD 结果

图4.6显示了木质陶瓷/ZK60A复合材料的透射照片和选区衍射图。如图所示，复合材料的界面清晰，没有明显的污染物和孔隙，这部分源于木质陶瓷和ZK60A合金良好的浸润性。图4.7给出了复合材料的缺陷透射照片。在金属基体中存在着大量的缺陷，这可能是由木质陶瓷和合金的热膨胀系数匹配差异所导致的。图4.8给出了在制备过程中木质陶瓷/ZK60A复合材料界面应力变化导致缺陷形成的机理分析。在一定温度下，熔融的金属浸润到木质陶瓷中，金属合金在低剪切应力的状况下流入木质陶瓷孔隙中。但是由于较大的热膨胀系数不匹配(合金为20.9×10^{-6} K^{-1}，而木质陶瓷为2.2×10^{-6} K^{-1})，在冷却过程中，金属受到来自木质陶瓷的拉应力，而木质陶瓷则受到来自金属的压应力，这种由于金属的收缩给生态陶瓷施加的压应力无疑强化了木质陶瓷的性能。界面区域附近产生的热应力，使复合材料的界面附近基体中有大量的位错生成，从而使金属基体得到强化。

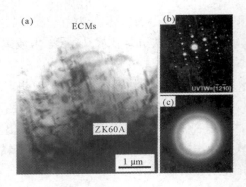

图 4.6　木质陶瓷/ZK60A 复合材料的透射照片(a)，及选区衍射图(b，c 分别为富金属区和富碳区)

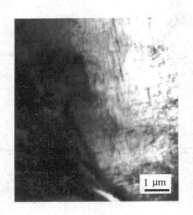

图 4.7　木质陶瓷/ZK60A 复合材料的透射照片

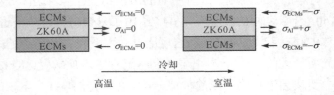

图 4.8　木质陶瓷/ZK60A 复合材料界面缺陷形成机理分析

● **利用木质陶瓷制备 C/Al 和 C/SiC/Al 复合材料**

铝合金具有高强度、良好的铸造性、低热膨胀系数和高抗腐蚀性，这些特性使其可以应用于内燃机的活塞、气缸体、汽缸盖。然而，铝合金的摩擦系数并不稳定，会受到载荷、温度、滑移速度的剧烈影响。铝合金的耐摩擦性较差，这会限制其在磨损环境下的应用。通常可以通过向铝基体中加入碳来稳定铝的摩擦系数。而且，由于可以增加基体的摩擦阻力，碳已经被应用在多数的摩擦环境中。然而，所填充的碳通常是碳粉，不具有结构性。

这里研究了把具有不同结构的木材碳填充至铝基体中来提高其耐摩擦性。通过2 h的1400 ℃真空烧结使木材分解为碳框架。研究中所使用的金属为铝合金，其中包括3.8%铜，1.3%硅，0.5%锰，其余的为铝。制备过程同样在如图4.1所示的真空高压渗透炉中进行。

研究选取具有典型结构的阔叶木材和针叶木材为模板材料，其组织结构如图4.9所示，图平面垂直于木材轴向。图4.9(a)~(e)分属于阔叶类木材的柳桉、榆木、橡木、水曲柳和枫木的微观组织结构。图4.10所示为由柳桉模板制得的C/Al复合材料的微观结构。与图4.9多孔的碳框架相比，复合材料内部的空间都被铝填满。值得注意的是，碳铝复合材料保留了原有的碳框架结构，同时碳框架将铝合金管分割为相互分离的部分。而且，铝合金的形状、尺寸、分布均受到碳框架的影响，这与传统的人工合成的金属基复合材料的结构是不同的。因为在模板中存在大量的孔道，所以在高温条件下液态的金属铝可以流入这些孔道并在凝固时形成纤维。图4.10(b)所示为纤维的形貌。纤维的形状、尺寸、分布与孔道相同。此外，纤维连续且直径均一。这些复合材料的机械性能如表4.1所示。显然铝合金很大程度上提高了多孔碳的机械性能。

图4.1所示为利用其他五种木材制得的碳生态陶瓷及Al/C复合材料的微观形貌。同样，复合材料中铝合金充满了生态陶瓷的管道，并且复合材料保留了木材的结构特征，其结构是由自然的力量所控制，铝合金在复合材料中也呈现为纤维状。由图还可看出，不同的木材模板具有不同的管道

表4.1 生态碳模板及其Al/C复合材料的物理、机械性能

性能参数	榆树	橡树	柳桉
生态碳模板的密度 (g/cm³)	0.46	0.41	0.22
Al/C复合材料 (g/cm³)	2.47	2.38	2.67
复合材料中铝含量 (%)	71.1	71.0	87.5
生态碳模板弯曲强度 (MPa)	21.2	22.2	10.3
Al/C复合材料弯曲强度 (MPa)	366	279	462
生态碳模板压缩强度 (MPa)	37.1	46.8	33.4
Al/C复合材料压缩强度 (MPa)	727	565	729

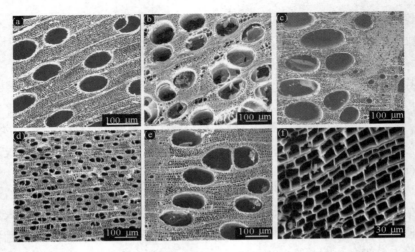

图4.9 不同碳模板的扫描电镜照片。硬木：(a) 柳桉；(b) 榆木；(c) 橡木；(d) 水曲柳；(e) 枫木。软木：(f) 白松

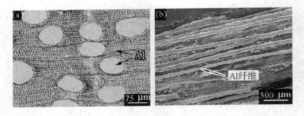

图4.10 C/Al复合材料(a)和Al纤维(b)的扫描照片

形状、管道尺寸、管道分布特征和孔隙率，因此复合材料中各组分的形状、尺寸、分布和含量又因木材模板的不同而不同。

为了向复合材料中引入SiC，研究采用甲基有机硅透明树脂(Silicone Resin)作为制备SiC＋C生态陶瓷的浸渍剂。它是以硅氧键(–Si–O–Si–)为主链的有机硅聚合物，是一种介于玻璃和有机化合物之间的高分子材料，属于分子量不高的热固性树脂，结构式如下：

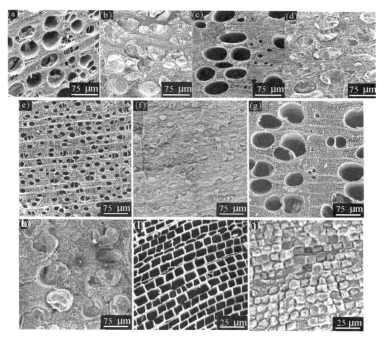

图4.11 木质碳及其C/Al复合材料的扫描照片。(a, b) 榆木；(c, d) 橡木；(e, f) 枫木；(g, h) 水曲柳；(i, j) 白松

除制备碳生态陶瓷外，本研究还选取柳桉木材作为模板制备SiC+C生态陶瓷。方法是：先将柳桉通过上述碳化工艺转变为碳生态陶瓷；然后通过抽真空和加压方式将甲基有机硅透明树脂压渗入碳生态陶瓷的孔隙中；接着将浸有硅树脂的碳生态陶瓷在80 ℃保温48 h，使硅树脂固化；最后在真空条件下高温烧结，烧结温度为1400 ℃，升温速率5 ℃/min，保温2 h，制得SiC+C生态陶瓷。本研究选用由六种木材制得的碳生态陶瓷及由柳桉制得的SiC+C生态陶瓷与2024铝合金，通过真空压力浸渍工艺，分别制备Al/C及Al/(SiC+C)复合材料。过程为：首先炉内空气从真空阀门被抽出，使生态陶瓷和铝合金处于真空环境；然后炉腔温度加热至730 ℃，使铝合金熔化，并使生态陶瓷预热；待铝合金完全熔化后，接着高压氮气从压力阀门快速吹入，使炉腔气压迅速升至8.5 MPa，铝合金熔液在高压下将充入反压罐并浸渗入生态陶瓷孔隙中；生态陶瓷中的铝合金降温凝固后即制得铝/生态陶瓷复合材料。Al/C及Al/(SiC+C)复合材料制备的工艺路线如图4.12所示。

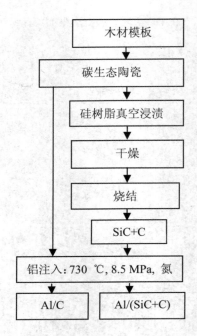

图 **4.12**   Al/C 及 Al/(SiC+C)复合材料制备工艺图

　　图4.13为碳生态陶瓷和SiC+C生态陶瓷的XRD结果。碳生态陶瓷的衍射峰是由一系列馒头状峰组成，说明它是由非晶碳构成。但碳生态陶瓷经硅树脂处理后的产物谱线中出现了尖锐的衍射峰，经标定是属于β-SiC的特征衍射峰。同时后者谱线中的非晶碳衍射峰相对强度较前者弱，这是因为经硅树脂处理的碳生态陶瓷在1400 ℃时，管道中硅树脂的分解产物与碳发生反应，生成β-SiC相(其中甲基有机硅树脂的自身分解不产生晶体SiC相)，同时反应消耗了碳生态陶瓷中的部分碳。由于渗入碳生态陶瓷中的硅树脂量较少，不能与碳完全反应，因此X射线图中仍存在明显的非晶碳衍射峰，说明制得的产物为SiC+C的混合物。

　　图4.14所示为由柳桉模板制得的碳生态陶瓷、SiC+C生态陶瓷的微观结构。与图4.9多孔的碳框架相比，内部的空间都被铝填满。值得注意的是，碳铝复合材料保留了原有的碳框架结构，同时碳框架将铝合金管分割为相互分离的部分。而且，铝合金的形状、尺寸、分布均受到碳框架的影响。这与传统的人工合成的金属基复合材料的结构是不同的。

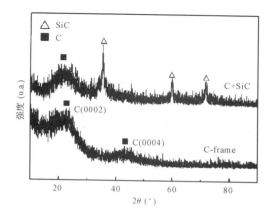

图4.13 木质陶瓷及C/SiC生态陶瓷的XRD

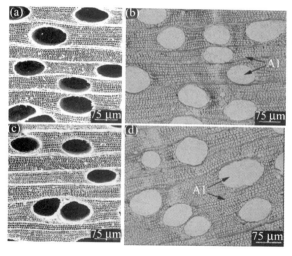

图4.14 利用柳桉制备的木质陶瓷及复合材料的扫描图片。(a) C; (b) SiC+C; (c) Al/C; (d) Al/(SiC+C)

图4.15所示为SiC+C生态陶瓷面扫描照片，图平面垂直于木材轴向。图4.15(a)为面扫描区域的形貌，图4.15(b)显示了所选区域的碳元素分布情况，图中白色和灰色区域代表碳。由图可知，碳元素组成了材料的管壁。图4.15(c)显示了所选区域的硅元素分布情况的，图中白色区域代表硅。材料中的硅主要来源于SiC，此图说明材料中除了碳之外还存在着SiC。由图可知硅主要分布在材料的管道内壁。比较图4.15(c)中白色部分和图4.15(b)中黑色部分的面积可以发现，前者面积稍微大于后者的面积，这说明硅元素已渗透到了管道壁中。

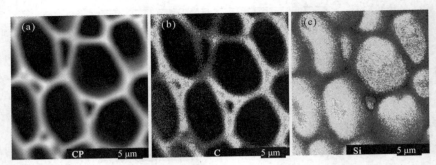

图4.15   C/SiC的元素分布图片。(a)扫描照片；(b)碳分布；(c)硅分布

　　从照片上并不能看出Al/C与Al/(SiC+C)复合材料有何不同，但通过透射电镜TEM却能显示出它们的区别。图4.16(a)所示为Al/C复合材料的透射形貌图。由图可以看出，Al/C复合材料中铝合金与碳生态陶瓷的结合方式为直接接触,界面结合良好,绝大部分界面干净,没有反应物产生。图4.16(b)为Al/(SiC+C)相界面的TEM形貌,图平面垂直于木材轴向。由图可见,相界面有明显分层现象,在白色区域与灰色区域之间有一层黑色区域。同时上述透射电子显微镜分析结果也可证实硅树脂与生态陶瓷反应生成的SiC分布于管道内壁表层。在SiC+C生态陶瓷制备过程中，渗入碳生态陶瓷管道中的硅树脂经烘干固化后首先沉积在管道内壁上；高温下硅树脂分解产物与管道内壁表层的碳反应，生成SiC，并且SiC占据了原管壁表层碳的位置而形成圆筒状；随着反应的进行，管道孔壁表面附着的有机硅树脂的分解产物会通过渗透作用向孔壁内层扩散迁移，接触到C相，使反应得以继续进行，SiC层厚度也随之增加。当铝合金熔液渗入时，SiC会在铝合金与碳之间形成隔离层。

　　铝/生态陶瓷复合材料微观结构具有明显的木材天然结构特征，复合材料结构由木材天然结构所控制，具有较高的孔隙比率。由于自然材料所具有的生物多样性，可以通过选择不同的自然模板并利用碳化活化工艺来获得具有不同孔结构的先进材料。这说明植物材料不仅可以作为制备陶瓷及复合陶瓷的模板，还可以用于金属－陶瓷复合材料的制备中。这不但拓宽了植物模板的应用范围，而且改变了以往铝基复合材料结构由人为控制的现状。这种新型的方法有望制备具有非晶碳基体的复合材料，从像稻壳这样的低成本原材料和注入金属这样的催化剂来实现网状碳框架结构的自组装。

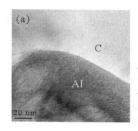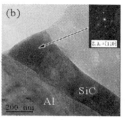

图4.16 复合材料界面透射照片。(a) Al/C；(b) Al/(SiC+C)

● **利用农作物废弃物制备碳/金属功能复合材料**

农作物废弃物是一类农业生产过程中产生的附加物，通常作为一种固体废弃物被处理。然而，从材料角度上看，农作物废弃物都是主要由碳、氮、氢、氧等元素组成的纤维素、半纤维素、木质素等有机成分构成，尽管组分简单类似，但是根据各种农作物的种属不同，所产生的壳、秆、叶、干等废弃物的微观结构也有所不同。总的来说，农作物废弃物均具有分级的多孔结构，可为植物在生长过程中的营养、水分的传输提供通道。将农作物废弃物经过高温处理以后，可以制备生态碳。与人工碳不同，生态碳遗传了原材料的生态微观结构，具有网络互连的碳架结构，从而组成典型三维分级的多孔结构。这种特殊的多孔结构是目前人工方法难以制备的。

碳/金属功能复合材料的制备过程如下：首先将农作物废弃物(稻壳、椰壳、棉纤维)在真空650 ℃下预碳化，用稀盐酸和蒸馏水清洗后将碳化得到的碳浸渍过渡金属盐溶液。干燥后，将浸渍后的混合物真空热处理，升温过程为：从室温以升温速度5 ℃/min升至450 ℃，然后以1 ℃/min的速度升至最终温度(600~1400 ℃)并保温1 h，炉冷至室温。

植物纤维在真空或惰性气氛下加热分解的过程，可分为脱水、羟基缩合脱水、C–O和C–C键断裂解聚反应以及芳构化几个阶段。其中，在断裂解聚反应阶段，大量键的断裂伴随着碳、氧和氢以气体的形式挥发，致使该阶段出现了大量的空隙，同时失重最为剧烈。图4.17为将农作物废弃物碳化后得到多孔碳模板的扫描电镜图片。结果显示，椰壳多孔碳具有典型的分级多孔结构特点。如图4.17(a)所示，椰壳多孔碳呈现"蜂窝"状，由孔径为数微米到数十微米的管道并排构成。650 ℃真空碳化的椰壳成分主要为无定形碳，因此这种"蜂窝"为多孔无定形碳结构。更大倍数的观察如图4.17(b)，碳管道的"管壁"均匀分布着小孔，孔径约为1~3 μm。由此可见，椰壳多孔碳具有微米级的分级多孔碳结构，大小孔相间分布。如图4.17(c)

所示，碳化稻壳表面具有大量的开孔和白色凸起物。两者相间均匀分布，尺寸均小于10 μm。成分分析和结构研究结果显示，稻壳是由纤维素、半纤维素、木质素和二氧化硅组成的复合材料。其中，纤维素、半纤维素和木质素组成基体，而二氧化硅以纤维的状态规则地分布于基体中。当稻壳在真空环境下热分解时，基体即纤维素、半纤维素和木质素发生热分解，有机成分分解成气体在稻壳表面逸出，形成多孔并将二氧化硅纤维凸显出来。图4.17(d)中的白色突出物即为二氧化硅纤维，直径小于10 μm。与椰壳和稻壳不同，碳化棉纤维呈现弯曲纤维状、圆柱状、扁平带状或卷曲状等，部分纤维表面沿纤维方向还存在类似于凹槽状结构，纤维直径大多分布在5~15 μm之间。650 ℃碳化棉纤维为实心体，并且表面并没有大量的微米孔形成。如图4.17(e)所示，碳化棉纤维表面有开裂的缝隙，这是在热分解过程中，由部分有机成分分解逸出所形成的。

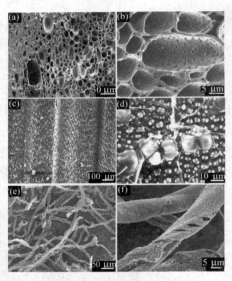

图4.17   650 ℃制备的多孔碳的扫描电镜图片。(a, b)椰壳；(c, d)稻壳；(e, f)棉纤维

过渡金属Fe、Ni和Co的硝酸盐通过浸渍处理分布在多孔碳的表面和孔隙内表面。在真空加热的过程中，同时受热分解，并在约为500 ℃时被碳还原生成纳米金属颗粒。图4.18所示为以椰壳为原材料，在不同碳化温度下制备的多孔碳/铁纳米复合材料的透射电镜图片。透射结果显示，当碳化温度为600 ℃时，非晶碳基体中有少许的纳米带结构出现，纳米带不发达，长约20 nm。当碳化温度升至700 ℃时，纳米带数量有所增加，图4.18(b)

所示为向外生长中的纳米带。随着碳化温度进一步升至800 ℃时，非晶碳基体中已经能观测到大量的纳米带结构。这些纳米带弯曲填充了整个非晶碳基体。图4.18(d)显示当碳化温度升高至1000 ℃时，大量的纳米带结构存在于非晶碳基体中。这些纳米带三维交叉，形成纳米网络结构。

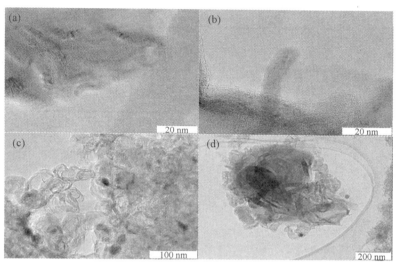

图 4.18 多孔碳/铁纳米复合材料透射电镜图片。(a)600 ℃；(b)700 ℃；(c)800 ℃；(d)1000 ℃

碳化温度对非晶碳基体中纳米带生长的影响同样可以在 XRD 衍射结果中显现出来。图 4.19 为以椰壳为原材料，在不同温度碳化制备的多孔碳及多孔碳/铁纳米复合材料的 X 射线衍射曲线。在没有过渡金属存在的情况下，尽管碳化温度达到 1000 ℃，在多孔碳的 XRD 结果中并没有观测到明显的石墨峰。据报道，碳氢有机先驱体在 1027 ℃才会有稍微的石墨化，在 1777 ℃以上会有明显的石墨化。图 4.19(b)显示，当碳化温度只有 600 ℃时，多孔碳/铁纳米复合材料中已经有金属铁反应生成，并且同时在 26° 附近有微小的反射峰出现。这说明在 600 ℃碳化温度下，已经有少量非晶碳石墨化。随着碳化温度的进一步升高，对应于金属铁和石墨的反射峰强度越来越大，说明 Fe 的结晶度更高并且有更多的石墨结构产生。另外，图 4.19 显示，当碳化温度低于 800 ℃时，对应 Fe(110)面的反射峰具有明显的"蒙古包"特征，表明金属铁颗粒尺寸为纳米级。

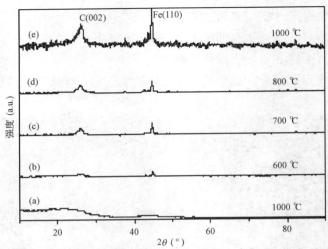

图4.19　不同温度碳化制备的多孔碳(a)及多孔碳/铁纳米复合材料(b~e)的X射线衍射曲线

　　结合透射和 XRD 结果可以看出，以溶胶凝胶方法制备的椰壳/硝酸铁胶体，在随后的真空碳化过程中，在低于 600 ℃时，硝酸铁分解并被非晶碳还原反应生成金属铁。由于新生成的金属铁颗粒尺寸为纳米级，具有强烈的活性，与周围的非晶碳反应生成碳纳米结构。随着碳化温度的进一步升高，金属铁颗粒尺寸越来越大，同时碳纳米结构也越来越发达。当碳化温度升至 1000 ℃时，碳纳米结构彼此连接，形成明显的纳米网络结构。

　　纳米尺寸的过渡金属(Fe、Ni、Co)颗粒能催化非晶碳形成石墨结构。研究者通常利用气相或固相的碳氢化合物作为碳源，以过渡金属为催化物，制备碳纳米材料。然而，与以往研究相比，本试验制备碳纳米材料具有以下几个特点：一是选用植物纤维为碳源，原位自生碳纳米结构；二是利用植物材料分解物中的无定型碳还原先驱体，利用先驱体热分解的金属纳米颗粒直接作为催化剂制备纳米结构，在此化学过程中生长出纳米结构；三是采用溶胶凝胶法结合高温碳化法，与电弧放射法、气相沉积法相比，具有简单、低成本的优势。

4.1.2　遗态复合材料的性能研究

● 木质陶瓷/金属复合材料的机械性能

　　图4.20为测试温度对木质陶瓷/ZK60A复合材料的阻尼性能的影响。从

图中可以看出，在整个测试温度范围内，该复合材料的低频态阻尼高于高频态阻尼值，而且随着温度的升高，两者之间的差值增大。当测试温度较低(<1000 ℃)时，温度对两种频态的阻尼值影响都不大。随着温度的升高，它们先以较小的速率增加；当温度超过175 ℃时，表现出优异的高温阻尼性能，阻尼值快速增加，低频态阻尼增加速率更大，其中，约在150 ℃左右两个阻尼曲线都有一个较明显的阻尼峰。

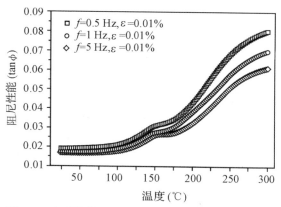

图4.20 木质陶瓷/ZK60A复合材料的阻尼性能

比较复合材料及其组分材料的阻尼—温度曲线(图4.21)可以发现，复合材料和基体合金的阻尼都随温度的升高而增加。所不同的是，复合材料的升高速率大于基体合金，并且在150 ℃附近有一个明显的阻尼峰，而基体合金没有明显的阻尼峰。复合材料的室温阻尼和高温阻尼都高于基体合金以及生态陶瓷的阻尼值。复合材料阻尼性能的提高是由于合金与碳质的相互配合，这增加了阻尼机理的种类。

木质陶瓷/ZK60A复合材料的高温阻尼明显高于对应基体合金的阻尼。显然，这是由于相应的基体合金与生态陶瓷复合的结果。对于金属基复合材料和陶瓷基复合材料而言，阻尼也可像其他机械性能一样用混合法则根据组成相阻尼来估计复合材料阻尼性能。混合法则如下：

$$\tan\phi_c = \tan\phi_w V_w + \tan\phi_m (1-V_w) \tag{4.1}$$

式中：$\tan\phi_c$、$\tan\phi_w$和$\tan\phi_m$分别是复合材料、生态陶瓷和基体金属的阻尼值，V_w和V_m $(=1-V_w)$分别是生态陶瓷和基体金属的体积分数。

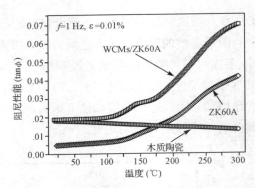

图4.21　木质陶瓷/ZK60A复合材料及其成分的阻尼性能比较

　　运用式(4.1)分别计算出复合材料的理论阻尼值，它们与各自阻尼的试验结果的比较如图4.22所示。结果表明，理论阻尼明显低于实验结果，而且随着温度的升高，这种差别逐渐增大。由于用混合法则获得的理论值表征的是复合材料组成相阻尼对材料总体阻尼性能的贡献，所以上述理论值与实验值的差别说明复合材料阻尼除复合材料组成相(生态陶瓷和金属)本身的阻尼外，还包括因复合过程引起基体金属组织变化而产生的阻尼。这些组织变化主要包括因热学性能不匹配而在界面附近金属中产生的位错以及在生态陶瓷和金属之间形成的界面。因此，复合材料实际的阻尼值还包括位错阻尼和界面阻尼；需要注意的是界面处的热应力足以使位错密度增加，所以我们认为位错阻尼很有可能增加。

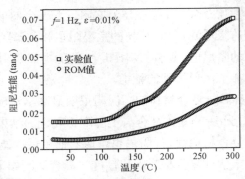

图4.22　木质陶瓷/ZK60A复合材料阻尼的理论计算值和实验测量值

　　木质陶瓷/ZK60A复合材料与对应基体合金阻尼差别的另一来源是生态陶瓷与金属之间的界面。界面对复合材料阻尼性能的影响有强界面阻尼理论和弱界面阻尼理论。根据Schoeck提出的强界面阻尼理论，由界面附近的位错导致的界面弛豫和滞弹性应变会增加内耗。在高温下，由于基体合金相对于第二相(陶瓷相)变得更软，这种界面引起的阻尼变得更加显著。弱界面阻尼理论适用于第二相(陶瓷相)与界面结合较弱的情况。弱结合界面增加阻尼是由于界面滑移引起的。根据这种理论，当作用在界面上的剪切应力增大到足以克服摩擦阻力时，界面滑移便可发生，从而引起内耗。实际材料的界面可能同时存在这两种界面阻尼。在阻尼测试过程中，随着温度升高，因为金属的热膨胀系数远大于生态陶瓷的，生态陶瓷与基体之间的界面结合力逐渐减小；而且随着温度的升高，基体金属逐渐软化，于是彼此之间的剪应力减小，界面滑移更容易发生，因此复合材料内界面阻尼增加，界面阻尼所占比例升高。既然通过混合法则计算的复合材料的理论阻尼值反映的是组成相本身对复合材料阻尼的贡献，说明木质陶瓷/ZK60A复合材料高温阻尼主要取决于界面阻尼。

如图4.23所示为木质陶瓷和复合材料的抗弯强度、抗压强度对比。ZK60A合金的注入使木质陶瓷的抗压强度从45 MPa上升至390 MPa，同时使其抗弯强度从26 MPa上升至210 MPa。

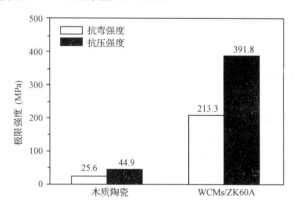

图4.23 木质陶瓷/ZK60A复合材料的抗弯强度和抗压强度

图4.24所示为碳生态陶瓷、Al/C、Al/(SiC+C)复合材料两个测试方向的三点弯曲强度。由图可见，Al/C复合材料的弯曲强度因木材模板的不同而不同，木材模板结构对其有较大影响。Al/C和Al/(SiC+C)复合材料弯曲性能都表现出明显的各向异性，它们LR&LT方向的弯曲强度明显高于TL&TR方向的强度。材料弯曲性能各向异性的特点与木材模板结构密切相关，是由木材模板管道排列具有方向性造成的。稍后将就木材结构对复合材料弯曲强度的影响、复合材料弯曲性能各向异性的成因作相关分析。

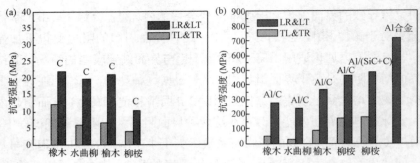

图 4.24　(a)碳生态陶瓷和(b)Al/C 与 Al/(SiC+C)复合材料的弯曲强度

　　碳生态陶瓷的弯曲强度很低，LR&LT和TL&TR方向弯曲强度分别为10.3~22.2 MPa和3.8~12.1 MPa。而Al/C复合材料两个方向的弯曲强度都明显高于碳生态陶瓷，其LR&LT和TL&TR方向弯曲强度分别为241~462 MPa和25~170 MPa。由图4.24可进一步看出，基于柳桉模板的Al/(SiC+C)复合材料弯曲强度又略高于基于柳桉模板的Al/C复合材料，其LR&LT和TL&TR方向弯曲强度分别为484 MPa和175 MPa，说明SiC相的生成有助于提高复合材料的弯曲强度。碳生态陶瓷的弯曲强度也因木材模板的不同而不同，且弯曲性能呈各向异性，弯曲载荷垂直于轴向(LR&LT)时的弯曲强度明显高于载荷垂直于径向(TL&TR)时的强度。

　　图 4.25 所示为基于四种木材模板碳生态陶瓷、Al/C 及 Al/(SiC+C)复合材料两个方向的压缩强度。与弯曲性能相似，Al/C 和 Al/(SiC+C)复合材料压缩性能都表现出明显的各向异性，其轴向(Axial)压缩强度明显高于径向(Radial)压缩强度，这也是由于木材模板结构各向异性造成的。当压缩载荷平行于轴向时，有大量轴向纤维阻碍裂纹扩展，这时试样压缩强度较高；当压缩载荷平行于径向时，只有少量径向纤维对裂纹起阻碍作用，这时压缩强度较低，从而造成各向异性。

　　Al/C 复合材料的压缩强度因木材模板的不同而不同，与木材结构密切相关。从压缩强度结果中可看出，基于柳桉 Al/C 复合材料的轴向压缩强度略高于基于榆木 Al/C 复合材料，且明显高于基于橡木和水曲柳 Al/C 复合材料。前者铝合金中轴向管道并非笔直，而是带有弯曲，但榆木管道弯曲程度不如橡木明显，这造成基于榆木 Al/C 中轴向纤维铝弯曲程度也小于基于橡木 Al/C 的。虽然这两种复合材料的铝合金含量接近，但后者复合材料中纤维铝受压载荷更容易发生屈曲失稳，从而压缩强度低于前者复合材料。木材管道弯曲程度也是影响复合材料压缩强度的因素之一。

由图 4.25 可知，碳生态陶瓷的压缩强度很低，轴向和径向方向压缩强度分别为 33.4~46.8 MPa 和 3.2~13.2 MPa。而 Al/C 复合材料的轴向和径向方向压缩强度分别为 565~729 MPa 和 396~539 MPa，明显高于碳生态陶瓷，纤维铝对裂纹扩展起到了阻碍作用。基于柳桉模板的 Al/(SiC+C)复合材料弯曲强度略高于基于同种模板的 Al/C 复合材料，SiC 相的生成提高了复合材料的压缩强度。由图还可以看出，碳生态陶瓷的压缩强度也因木材模板的不同而不同，且压缩性能呈各向异性，压缩载荷平行于轴向时的压缩强度明显高于载荷平行于径向时的强度，这也是由于木材模板结构各向异性造成的。

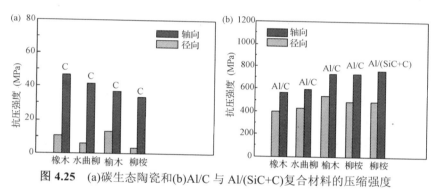

图 4.25 (a)碳生态陶瓷和(b)Al/C 与 Al/(SiC+C)复合材料的压缩强度

图 4.26 所示为基于柳桉、榆木、橡木三种木材模板碳生态陶瓷、Al/C 复合材料及基于柳桉模板 Al/(SiC+C)复合材料承受轴向载荷时的拉伸强度。可以看出，碳生态陶瓷及铝/生态陶瓷复合材料的拉伸强度都与木材模板的结构密切相关。铝合金含量较高的基于柳桉模板 Al/C 复合材料的强度高于其余 Al/C 复合材料，因为高的铝合金含量可以更有效地阻碍裂纹的扩展，这说明木材模板孔隙率对复合材料的拉伸性能有影响。基于榆木、橡木的 Al/C 复合材料铝合金含量接近，而纤维铝分布较均匀的基于榆木 Al/C 的强度高于基于橡木的 Al/C，可见木材模板中管道分布均匀与否对复合材料拉伸强度也有影响。

碳生态陶瓷拉伸强度很低，最高只有 7.5 MPa。而与铝合金复合后形成的 Al/C 复合材料拉伸强度明显高于碳生态陶瓷，基于柳桉模板的 Al/C 强度达到 225 MPa，纤维铝起到阻碍裂纹扩展的作用。但是基于柳桉模板 Al/(SiC+C)复合材料的强度较基于同种模板的 Al/C 复合材料略有降低，其强度为 220 MPa。

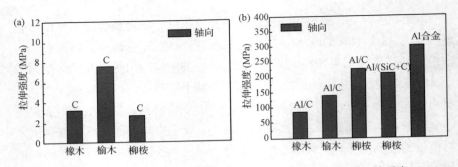

图 4.26 (a)碳生态陶瓷和(b)Al/C 与 Al/(SiC+C)复合材料的拉伸强度

● 遗态复合材料的摩擦性能

图 4.27 所示为试验温度为 25 ℃时铝合金、基于三种木材模板 Al/C 复合材料及基于柳桉模板 Al/(SiC+C)复合材料的稳态摩擦系数随外加载荷的变化规律。由图可见，铝合金和复合材料的摩擦系数都随着载荷的增加而以不同的速率上升。铝合金的摩擦系数上升较快，当载荷从 49 N 增加至 147 N，其摩擦系数也由 0.155 升至 0.203，升高了 0.048。与铝合金相比，复合材料的摩擦系数上升速率则较慢，基于柳桉、榆木、橡木三种模板的 Al/C 复合材料摩擦系数分别只上升了 0.025、0.041 和 0.009，基于柳桉模板的 Al/(SiC+C)复合材料摩擦系数只上升了 0.028。

试验温度为 100 ℃时铝合金、Al/C 复合材料及 Al/(SiC+C)复合材料的稳态摩擦系数随外加载荷的变化规律如图 4.28 所示。与 25 ℃时相似，材料的摩擦系数都随着载荷的增加而上升。铝合金摩擦系数的上升速率仍然较快，当载荷从 49 N 增加至 147 N，其摩擦系数上升了 0.052。而基于柳桉、榆木、橡木三种模板的 Al/C 复合材料摩擦系数分别只上升了 0.021、0.036 和 0.022，基于柳桉模板的 Al/(SiC+C)复合材料摩擦系数只上升了 0.015，这些值都低于铝合金摩擦系数的上升值。

通过比较两图可知，每种材料的摩擦系数不但随着载荷的增加而上升，而且在相同的载荷下还随着试验温度的增加而上升。可以看出，铝合金摩擦系数的上升速率比 Al/C、Al/(SiC+C)复合材料的更快。以上试验结果揭示，复合材料摩擦系数随载荷、温度改变而变化的程度都明显小于铝合金，这说明复合材料具有比铝合金更加稳定的摩擦系数。

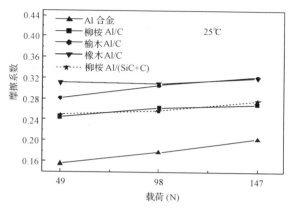

图 4.27 25 ℃时铝合金、Al/C 及 Al/(SiC+C)复合材料稳态摩擦系数随载荷的变化规律

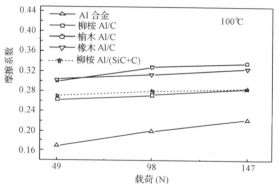

图 4.28 100 ℃时铝合金、Al/C 及 Al/(SiC+C)复合材料稳态摩擦系数随载荷的变化规律

图 4.29(a)~(c)分别为铝合金、基于柳桉模板 Al/C 复合材料及 Al/(SiC+C)复合材料的摩擦系数在 25 ℃和 98 N 时随滑动距离的变化规律。可以看出，几乎在任何一个滑动距离上，铝合金的摩擦系数变化范围都比较宽，其摩擦系数大约在 0.15 范围内变动，而 Al/C、Al/(SiC+C)复合材料的摩擦系数变化范围却比较窄，通常在 0.05 范围内变动。因此复合材料的摩擦系数曲线看起来比铝合金的曲线细得多。这一现象说明复合材料的摩擦状态较铝合金稳定。

此外由图 4.29 还可看出，在整个滑动距离上，铝合金的摩擦系数不能保持在一个值附近，时高时低，曲线呈波形。但 Al/C、Al/(SiC+C)复合材料的摩擦系数基本保持在一个值附近，其曲线显得比较平直。这说明复合

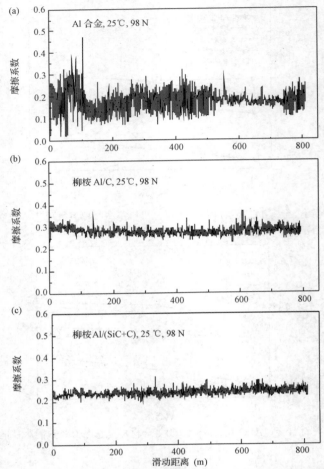

图 4.29 铝合金、Al/C、Al/(SiC+C)复合材料的摩擦系数随滑动距离的变化规律

材料具有比铝合金更稳定的摩擦过程。综合上述结果可知，Al/C、Al/(SiC+C)复合材料具有比铝合金更加稳定的摩擦性能。主要体现在三个方面：

(1)磨损过程中，复合材料的摩擦系数变化范围比铝合金窄，其摩擦系数曲线较铝合金曲线细；

(2)磨损过程中，复合材料的摩擦系数可保持在一个值附近，其摩擦系数曲线较铝合金曲线平直；

(3)复合材料稳态摩擦系数随载荷、温度改变而变化的程度明显小于铝合金。

从上面结果来看,除了在 25 ℃、98 N 时 Al/(SiC+C)摩擦系数低于 Al/C 的之外,其他试验条件下前者摩擦系数都要高于后者。这是由于 Al/(SiC+C) 复合材料中 SiC 取代了生态陶瓷中的部分碳,碳的润滑作用被削弱造成 的。另外值得注意的是, Al/C、Al/(SiC+C)复合材料的摩擦系数都高于铝 合金的,碳的减磨作用在摩擦系数上却没有体现出来。

图 4.30 所示为试验温度为 25 ℃时铝合金及基于柳桉模板 Al/C、 Al/(SiC+C)复合材料的磨损面形貌。图中(a)和(b)为铝合金磨损面形貌。载 荷为 98 N 时,铝合金磨损面上出现一些较小的蚀坑。显然这是由于铝合 金相对较软,在反复的犁削和推碾过程中,能够沿摩擦方向发生少许塑性 变形,并有小块铝合金脱落。可以看出,在这个载荷下铝合金受磨损程度 并不严重。而载荷加至 147 N 时,磨面上出现较大的蚀坑。这时铝合金塑 性变形程度大为增加,并有大块的铝合金脱落,受磨损程度比低载荷时严

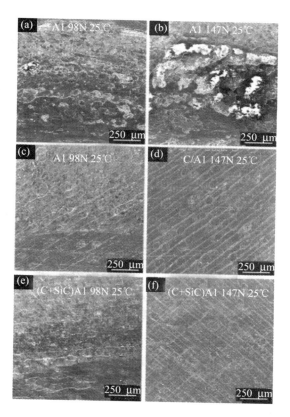

图4.30 铝合金及基于柳桉模板Al/C、Al/(SiC+C)复合材料的磨面形貌

重得多，说明铝合金磨损程度随载荷的改变变化较大。图 4.30(c)~(f)分别
显示了 Al/C 复合材料和 Al/(SiC+C)复合材料的磨损面。由图可见，复合
材料磨面上能明显地看出生态陶瓷的结构。复合材料的磨面都比较光滑平
整，磨面上没有明显的蚀坑，没有大块物质脱落的痕迹。从低载荷增加至
高载荷的过程中，复合材料的磨面都比较光滑平整，除了磨面粗糙度略有
不同外，其他没有明显的变化，说明复合材料磨损程度受载荷影响不大。
复合材料具有光滑的磨损面要归功于复合材料中的生态陶瓷框架结构。它
将铝合金分隔成无数细纤维，这使得磨屑能均匀地从每一个纤维铝上脱
落，因此复合材料的磨损面较为光滑。

　　Al/C 复合材料和 Al/(SiC+C)复合材料中保留了碳生态陶瓷或 SiC+C 生
态陶瓷的管道结构，铝合金以纤维的形式填充于生态陶瓷管道中。换一个
角度看，复合材料可认为是一整块铝合金被生态陶瓷框架分隔成了无数根
细纤维。图 4.31 所示为基于柳桉模板复合材料磨损面的形貌。图中生态
陶瓷的框架结构清晰可见，这个框架将铝合金分成了若干垂直于磨面的纤
维。由于框架中的管道有粗有细，因此被分隔成的纤维铝就有粗有细，如
图中 A 处为较粗纤维，B 处为较细纤维。生态陶瓷框架对复合材料稳定
的摩擦状态、稳定的摩擦过程及稳定的摩擦系数起到了重要作用。

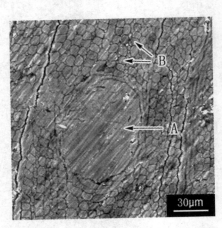

图 4.31　基于柳桉模板复合材料中生态陶瓷框架形貌

　　图4.32a为铝合金圆环形磨面形貌。图中黑色区域为严重磨损区，灰色
区域为轻微磨损区。严重磨损区比较粗糙，此处大部分表面物质被磨损掉，
表面有很多凹陷，摩擦过程中大部分表面不能与摩擦头接触，因此严重磨

损区与摩擦头的实际接触面积较小。而轻微磨损区表面凹陷少，与摩擦头实际接触面积较大。接触面积的不同会造成摩擦力的不同，接触面积较小的部位产生的局部摩擦力较小，而接触面积较大的部位产生的局部摩擦力较大。因此在磨损过程中，接触面积分布不均匀造成了摩擦力在圆环磨面上的不均匀分布。由于样品是以半球形支撑物作为其圆心，摩擦力的不均匀分布会引起半球形支撑物至样品部分的严重抖动，而与这部分连接的钢丝绳所测得的摩擦力也就有很大的变化范围。复合材料与铝合金情况不同，由于复合材料中的生态陶瓷框架将铝合金分隔为无数细纤维，磨损时铝合金磨屑会均匀地从每根纤维上脱落，这样就不会造成磨损程度的不均匀。图4.32b为复合材料圆环形磨损面形貌。由图可见，磨损面的磨损程度很均匀，圆环形磨面上没有出现明显的严重磨损区与轻微磨损区的区别。磨损时磨面与摩擦头的接触面积在圆环形磨面上分布也比较均匀，产生的摩擦力分布也随之均匀。因此磨损机运行时半球形支撑物至试样部分不会发生较大抖动，比较稳定。

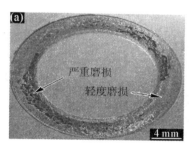

图 4.32 圆环形磨损面形貌。(a) 铝合金；(b) 复合材料

● **木质陶瓷/金属复合材料的导热性能**

图 4.33(a)~(b)所示为升温状态时测得的铝合金及基于三种木材模板碳生态陶瓷、Al/C 复合材料两个测试方向的热膨胀系数随温度的变化规律。可以看出，材料的热膨胀系数都随测试温度的升高而增加。在测试温度范围内，铝合金的热膨胀系数最高，25 ℃时为 20.1×10^{-6} K^{-1}，300 ℃时达到 26.0×10^{-6} K^{-1}；三种碳生态陶瓷的热膨胀系数远低于铝合金，25 ℃时为 $(0.01\sim1.0)\times10^{-6}$ K^{-1}，300 ℃时只为 $(0.8\sim1.7)\times10^{-6}$ K^{-1}，说明碳生态陶瓷具有优异的热稳定性；而 Al/C 复合材料的热膨胀系数则介于上述二者之间，25 ℃时为 $(12.0\sim17.4)\times10^{-6}$ K^{-1}，300 ℃时为 $(17.8\sim21.5)\times10^{-6}$ K^{-1}，这是由于复合材料中碳生态陶瓷有效地阻碍了纤维状铝合金的快速膨胀，从而降

低了材料的热膨胀系数，使复合材料热稳定性较铝合金有明显提高。由图 4.33(b)还可看出，随着木材模板的不同，Al/C 复合材料的热膨胀系数数值及变化规律也不一样。由于基于不同模板的碳生态陶瓷具有不同的热膨胀行为，其对纤维铝热膨胀的阻碍作用也有所差别，加上不同碳生态陶瓷的孔隙率不同，其中能渗入的铝合金含量也不同，这就造成了 Al/C 复合材料热膨胀系数各不相同的现象。对于每一种 Al/C 复合材料来说，其轴向热膨胀系数略高于径向热膨胀系数，各向异性的特点不如在力学性能上表现得明显，而是呈现出微弱的各向异性。在力学性能测试中，当弯曲或压缩载荷沿着复合材料轴向或径向加载时，复合材料中只有一个方向的纤维铝能起到阻碍裂纹扩展的作用，而另一个方向的纤维铝对阻碍裂纹扩展几乎完全不起作用。因此铝/生态陶瓷复合材料在力学性能上表现出明显的各向异性。在热膨胀性能中情况却不同。纤维铝受热沿纤维长度方向和纤维半径方向都会发生膨胀，两个方向的膨胀系数并没有差别。当复合材料沿某个方向热膨胀时，两个方向的纤维铝都会对热膨胀有影响。因此，铝/生态陶瓷复合材料热膨胀性能各向异性不明显。

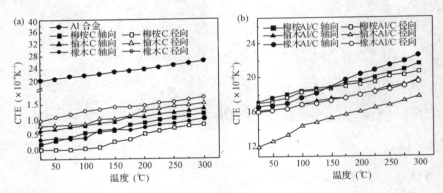

图 4.33　(a)铝合金和碳生态陶瓷以及(b)Al/C 复合材料的热膨胀系数-温度曲线

　　图 4.34 所示为基于柳桉模板 Al/C 及 Al/(SiC+C)复合材料的热膨胀系数随温度的变化规律。与 Al/C 复合材料相似，Al/(SiC+C)复合材料的热膨胀系数随着温度的升高而上升，且其轴向热膨胀系数略大于径向，也呈现出微弱的各向异性。由图还可知，无论是轴向还是径向，Al/(SiC+C)复合材料的热膨胀系数要低于 Al/C 复合材料的，特别是在较高温度时差别显得更明显。在 300 ℃时 Al/C 复合材料轴向和径向热膨胀系数分别为

21.5×10⁻⁶ K⁻¹ 和 20.7×10⁻⁶ K⁻¹，而 Al/(SiC+C)复合材料则分别为 20.7×10⁻⁶ K⁻¹ 和 19.7×10⁻⁶ K⁻¹，说明后者热稳定性能较前者有进一步提高。此外，随着温度的升高，Al/(SiC+C)复合材料热膨胀系数上升的速率比 Al/C 复合材料的慢，这也说明了 Al/(SiC+C)复合材料具有更好的热稳定性。

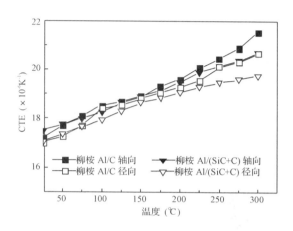

图 4.34　基于柳桉模板 Al/C 及 Al/(SiC+C)复合材料的热膨胀系数-温度曲线

Al/(SiC+C)复合材料中 SiC 取代了管道内壁表层的无定型碳，SiC 的热膨胀系数略高于碳，但 SiC 的加入并没有降低复合材料的热稳定性能，这主要是由于 SiC 的弹性模量高于无定型碳的缘故。影响复合材料热膨胀性能的因素除了各相的热膨胀系数外，组分的弹性模量也是重要因素。在复合材料热膨胀过程中，金属与陶瓷相之间由于热膨胀系数差异大，而产生热应力。如果陶瓷相弹性模量很低，即使它的热膨胀系数很小，也不能有效地阻碍金属的热变形。在本研究中，虽然 SiC 的热膨胀系数略大于无定型碳，但 SiC 的弹性模量高于无定型碳，这使得 SiC 能更有效地阻碍纤维铝的热膨胀伸长。因此 SiC 取代部分无定型碳没有造成复合材料热稳定性能下降，而是有所提高。另外，SiC 的生成可能增加生态陶瓷管道的粗糙度，这也会提高复合材料的热稳定性。硅树脂与碳生态陶瓷反应过程中，Si 原子向管道壁内扩散并生成 SiC，这会引起管道壁表面一定的形变，使管道表面粗糙程度增加。热膨胀时粗糙的管道与铝合金之间会产生较大的摩擦阻力，以阻碍纤维铝的膨胀。

图 4.35 为铝合金、基于三种模板的碳生态陶瓷、Al/C 复合材料及基于柳桉模板 Al/(SiC+C)复合材料的导热系数。Al/C 复合材料的导热系数因

木材模板不同而不同。Al/C、Al/(SiC+C)复合材料的轴向导热系数明显高于其径向，导热性能明显呈各向异性，这与复合材料中纤维铝的排列方向有关。铝合金导热系数比生态陶瓷高很多，在复合材料中纤维铝是热的主要传导体。大部分纤维铝沿轴向排列，只有少量纤维铝沿径向排列，那么在轴向上就有较多纤维铝与生态陶瓷并联，只有少数纤维铝与生态陶瓷串联。由串、并联对材料的导热系数的影响规律可知复合材料轴向的导热能力较强。而径向与轴向相反，在径向上只有少数纤维铝与生态陶瓷并联，大多数纤维铝则与其串联，因此径向的导热能力较轴向弱得多。

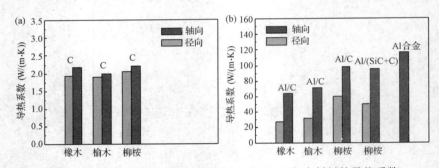

图4.35　(a)碳生态陶瓷和(b)Al/C 与 Al/(SiC+C)复合材料的导热系数

从导热系数结果中可知，碳生态陶瓷作为多孔材料其导热系数较低，最高为2.2 W/(m·K)。铝合金具有高的导热能力，其导热系数达到117 W/(m·K)。由于铝合金的加入，Al/C复合材料的导热系数明显高于碳生态陶瓷。此外，与基于柳桉模板Al/C复合材料相比，Al/(SiC+C)复合材料的导热系数略有降低，这可能有两方面的原因：(1)SiC取代了一部分碳，SiC的导热系数比碳低，它的加入降低了整个复合材料的导热系数；(2)SiC的生成增加了生态陶瓷管道表面的粗糙度，纤维铝表面粗糙度随之增加，从而降低了纤维铝导热的截面积，使复合材料导热系数下降。碳生态陶瓷轴向导热系数略大于其径向的，呈现微弱的各向异性，这也是由于生态陶瓷中管道排列有方向性造成的。

图4.36为复合材料轴向导热模型。模型中的Al_1代表平行于木材轴向的纤维铝，E_1代表介于Al_1之间的生态陶瓷，Al_1与E_1组成了宽带。图中Al_2代表平行于径向的纤维铝，E_2代表介于Al_2之间的生态陶瓷。Al_2与E_2共同组成了窄带，用D表示。当热量沿轴向传导时，复合材料可看成是Al_1、E_1、D带三相并联，因此复合材料的导热系数λ_c可通过下式计算：

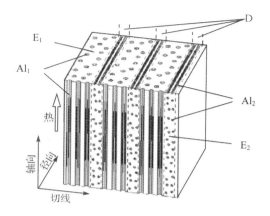

图 4.36 复合材料轴向导热模型

$$\lambda_c = V_{Al_1}\lambda_{Al} + V_{E_1}\lambda_E + V_D\lambda_D \qquad (4.2)$$

式中 λ_{Al}，λ_D 分别表示铝合金、D 带的导热系数，λ_E 表示碳生态陶瓷本征导热系数。值得注意的是，碳生态陶瓷本征导热系数与前面测得的多孔的碳生态陶瓷导热系数不同，它表示无定形碳的实际导热系数，比测得的碳生态陶瓷导热系数值要高。V_{Al_1}、V_{E_1}、V_D 分别表示 Al_1、E_1、D 带的体积含量。D 带由 Al_2 和 E_2 组成，因此 $V_D = V_{Al_2} + V_{E_2}$，其中 V_{Al_2}、V_{E_2} 分别表示 Al_2、E_2 的在复合材料中的体积含量。D 带的导热系数 λ_D 可由下式计算：

$$\lambda_D = \lambda_E + \frac{\dfrac{V_{Al_2}}{V_{Al_2}+V_{E_2}}(\lambda_{Al}-\lambda_E)\lambda_E}{\dfrac{1}{2}\dfrac{V_{E_2}}{V_{Al_2}+V_{E_2}}(\lambda_{Al}-\lambda_E)+\lambda_E} \qquad (4.3)$$

将 (4.3) 式中的 λ_D 代入 (4.2) 式可得：

$$\lambda_c = V_{Al_1}\lambda_{Al} + V_{E_1}\lambda_E + (V_{Al_2}+V_{E_2})\left[\lambda_E + \frac{\dfrac{V_{Al_2}}{V_{Al_2}+V_{E_2}}(\lambda_{Al}-\lambda_E)\lambda_E}{\dfrac{1}{2}\dfrac{V_{E_2}}{V_{Al_2}+V_{E_2}}(\lambda_{Al}-\lambda_E)+\lambda_E}\right] \qquad (4.4)$$

在浸渍金属前，碳生态陶瓷管道中充满空气，而生态陶瓷可看成是空气纤维与碳组成的复合材料。如果用空气的导热系数 λ_g 代替(4.4)式中铝的导热系数 λ_{Al}，用空气的体积含量 V_{g_1}、V_{g_2} 代替铝的体积含量 V_{Al_1}、V_{Al_2}，则空气纤维与生态陶瓷组成的复合材料导热系数 λ_c' 可用下式表示：

$$\lambda_c' = V_{g_1}\lambda_g + V_{E_1}\lambda_E + (V_{g_2} + V_{E_2})\left[\lambda_E + \frac{\dfrac{V_{g_2}}{V_{g_2} + V_{E_2}}(\lambda_g - \lambda_E)\lambda_E}{\dfrac{1}{2}\dfrac{V_{E_2}}{V_{g_2} + V_{E_2}}(\lambda_g - \lambda_E) + \lambda_E}\right] \tag{4.5}$$

由于空气导热系数很小，为0.0025 W/(m·K)，所以(4.5)式可简化为：

$$\lambda_c' = V_{E_1}\lambda_E + \frac{(V_{g_2} + V_{E_2})V_{E_2}}{2V_{g_2} + V_{E_2}}\lambda_E \tag{4.6}$$

(4.6)式中 λ_c' 可用导热仪测得，即前面测得的碳生态陶瓷导热系数。随之 λ_E 可根据(4.6)式计算得到。将 λ_E 代入(4.4)式就可计算得到Al/C复合材料的导热系数 λ_c。

Al/C复合材料中各部分体积含量可通过以下方法得到。由于碳生态陶瓷中管道都为圆柱、椭圆柱或矩形等较为规则的多边形柱体，因此轴向管道的体积分数(V_{g_1}，即 V_{Al_1})可通过测量某面域内管道横截面积之和占总面积的比例得到，径向管道的体积分数(V_{g_2}，即 V_{Al_2})则可通过生态陶瓷的孔隙率减去轴向管道的体积分数得到。D带体积分数 V_D 也可通过测量某面域内D带横截面积占总面积的比例得到。V_D 减去 V_{Al_2} 可得到 V_{E_2}，最后剩余的体积分数即为 V_{E_1}。通过以上方法得到的Al/C复合材料中各部分体积分数列于表4.2中。

通过上述模型计算得到的Al/C复合材料轴向导热系数示于图4.37中。从结果中可看出，计算所得到的导热系数比实测值高一些。这是因为导热模型被设计为理想情况，其中的纤维铝笔直且表面光滑。但实际复合材料中纤维铝带有弯曲，这就延长了纤维铝的导热距离，并且实际的纤维铝表面不光滑，这会缩小纤维铝的导热截面积。因此实测的导热系数较计算值低一些。

表 4.2 复合材料中各部分体积含量

	橡木 Al/C	榆木 Al/C	柳桉 Al/C	柳桉 Al/(SiC+C)
V_{E_1}	0.19	0.22	0.09	0.052
V_{Al_1}, V_{g_1}	0.65	0.61	0.75	0.75
V_{E_2}	0.10	0.06	0.03	0.023
V_{Al_2}, V_{g_2}	0.06	0.11	0.13	0.13
V_{SiC_1}	-	-	-	0.038
V_{SiC_2}	-	-	-	0.007

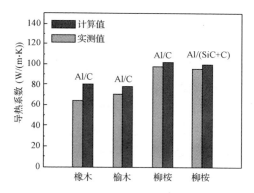

图4.37 复合材料轴向导热系数计算值与实测值对比图

Al/(SiC+C)复合材料轴向导热模型比 Al/C 复合材料复杂一些，其中多一薄层 SiC。当热量沿轴向传导时，复合材料可看成是 Al_1、E_1、D 带及 SiC 四相并联。此时复合材料的导热系数 λ_c 可通过下式计算：

$$\lambda_c = V_{Al_1}\lambda_{Al} + V_{E_1}\lambda_E + V_D\lambda_D + V_{SiC_1}\lambda_{SiC} \tag{4.7}$$

式中 V_{SiC_1} 表示包覆于 Al_1 上的 SiC_1 在复合材料中的体积含量，λ_{SiC} 为 SiC 的导热系数(10 W/(m·K))式中的 λ_E 可通过先测得碳生态陶瓷导热系数 λ_c'，然后由(4.6)式计算得到。另外，在 Al_2 周围也包覆着一薄层 SiC_2，此时 $V_D = V_{Al_2} + V_{E_2} + V_{SiC_2}$，其中 V_{SiC_2} 表示包覆于 Al_2 上的 SiC_2 在复合材料中的体积含量。而 λ_D 值的计算可根据分两步进行，首先计算出 Al_2 与 SiC_2 复合纤维的横向导热系数 $\lambda_{Al_2+SiC_2}$，

$$\lambda_{Al_2+SiC_2} = \lambda_{SiC} + \frac{\dfrac{V_{Al_2}}{V_{Al_2}+V_{SiC_2}}(\lambda_{Al}-\lambda_{SiC})\lambda_{SiC}}{\dfrac{1}{2}\dfrac{V_{SiC_2}}{V_{Al_2}+V_{SiC_2}}(\lambda_{Al}-\lambda_{SiC})+\lambda_{SiC}} \tag{4.8}$$

再计算出复合纤维与 E_2 的横向导热系数,

$$\lambda_{D} = \lambda_{E} + \frac{\dfrac{V_{Al_2+SiC_2}}{V_{Al_2+SiC_2}+V_{E_2}}(\lambda_{Al_2+SiC_2}-\lambda_{E})\lambda_{E}}{\dfrac{1}{2}\dfrac{V_{E_2}}{V_{Al_2+SiC_2}+V_{E_2}}(\lambda_{Al_2+SiC_2}-\lambda_{E})+\lambda_{E}} \tag{4.9}$$

将 λ_D 代入(4.7)式可计算出Al/(SiC+C)复合材料的导热系数。

图4.37中基于柳桉及榆木模板的复合材料导热系数计算值比实测值略高一些,二者比较接近,而基于橡木模板复合材料的计算值比实测值高不少,相差较大。这与木材模板管道的实际弯曲程度有关。柳桉和榆木管道的弯曲程度比橡木小,这造成复合材料中纤维铝弯曲程度也存在差别。导热模型中笔直的纤维铝与复合材料中弯曲程度小的纤维铝导热距离较接近,而与弯曲程度大的纤维铝导热距离相差较大。因此基于柳桉、榆木模板复合材料导热系数的计算值与实测值相对于基于橡木模板复合材料更为接近。总体来说以上的计算结果与实测结果相近,说明图4.36的导热模型较为合理。此模型对于基于其他木材模板复合材料的导热系数也有预测功能。

● **基于农作物废弃物制备的多孔碳/金属复合材料的电磁性能**

随着科学技术和电子工业的发展,日益增多的各种电气、电子设备和系统的功率成倍增加,电磁辐射日益增强,成为一种新的污染源,严重影响精密的电子设备和系统的正常工作, 这种现象被称作电磁干扰(Electromagnetic Interference,简称EMI)。世界环保组织已经把电磁污染划分为继水质污染和空气污染之后的第三大污染。电磁污染除了严重影响各种电子、电气设备的正常工作外(如在某些国防、军事等保密场合工作或者设置的无线电设施、雷达、通讯、电缆等电子、电气设施和设备常常由于电磁波辐射的泄漏而导致国防或者军事信息泄密),还通过热效应、非热效应和种群效应直接影响到人体健康。为了有效降低各商业电子产品或军用武器设备的电磁辐射,各国家均颁布了相应的民用或军用的电磁兼容标准。如美国的 FCC、日本的 VCCI、英国的 BS6257、法国的 NFC92-022等,中国卫生部和国家环保局也陆续出台了 GB7195-88 环境电磁波卫生标准和 GB8702-88 电磁辐射防护规定等。能够有效衰减甚至隔断电磁波传播,保持电子设备和系统正常工作的材料被称为电磁屏蔽(Electromagnetic Interference Shielding,简称 EMS)材料。

能够有效衰弱电磁辐射的材料叫电磁屏蔽材料,其效果由电磁屏蔽效能(SE)来表征。电磁屏蔽效能是材料表面反射、吸收和多重反射的总和。它的大小可以利用下式计算,单位分贝(dB):$SE = -20\log(E_0/E_S)$ (dB),其中E_0、E_S分别为原始信号和经过被测试样后接收信号的强度。

为了研究多孔碳/金属纳米复合材料的电磁屏蔽效能,以500~1000 ℃碳化含铁的椰壳制备的多孔碳和多孔碳/铁与30wt%的酚醛树脂复合,热压成型制备了碳基多孔碳和多孔碳/铁复合材料。图4.38为不同温度碳化椰壳制备的复合材料在X波段的电磁屏蔽效能。结果显示:(1)碳基多孔碳和多孔碳/铁复合材料在X波段的电磁屏蔽效能在整个测试频段基本保持恒定,具有"宽频"的特征;(2)在碳化温度为500~1000 ℃的范围内,碳基多孔碳和多孔碳/铁复合材料的电磁屏蔽效能随着碳化温度的升高而提高;(3)两者相比,在碳化温度为500~1000 ℃,尤其高于700 ℃时,碳基多孔碳/铁复合材料的电磁屏蔽效能明显高于碳基多孔碳复合材料的电磁屏蔽效能。

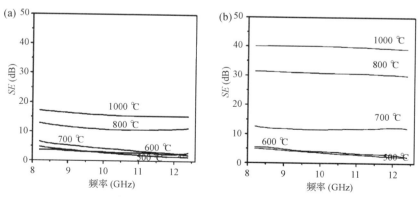

图4.38 不同温度碳化椰壳制备碳基复合材料电磁屏蔽效能。(a)多孔碳;(b)多孔碳/铁

碳基材料由于具有良好的导电性，因此常被作为电磁屏蔽材料。本研究结果显示，当碳化温度为500~1000 ℃时，碳基多孔碳复合材料在X波段的电磁屏蔽效能随频率变化波动不大，这与以前其他碳材料的研究结果类似。仔细观察图4.38所示结果，可以发现当碳化温度低于700 ℃时，碳基复合材料的电磁屏蔽效能随着频率升高略有降低，曲线整体具有"下探"的趋向；当碳化温度高于700 ℃时，曲线整体更为"平稳"。这是由随着频率的升高，反射损耗降低而吸收损耗升高引起的。

如图4.38所示，碳化温度为500~1000 ℃的范围内，碳基多孔碳和多孔碳/铁复合材料的电磁屏蔽效能随着碳化温度的升高而增大。对于碳基多孔碳复合材料，当碳化温度为500 ℃时，在X波段电磁屏蔽效能小于5 dB；当碳化温度为1000 ℃时，在X波段电磁屏蔽效能大于15 dB。对于碳基多孔碳/铁复合材料，当碳化温度为500 ℃时，在X波段电磁屏蔽效能小于5 dB；当碳化温度为1000 ℃时，在X波段电磁屏蔽效能接近40 dB。根据电磁屏蔽原理，直流电导率是表征材料电磁屏蔽效能的重要指标，尽管不是唯一指标。图4.39为相应的碳基多孔碳和多孔碳/铁复合材料的直流电导率与碳化温度的关系。如图所示，多孔碳和多孔碳/铁复合材料的电导率随着碳化温度的升高而增大。对于碳基多孔碳复合材料，当碳化温度为500 ℃时，电导率小于10^{-8} S/cm。随着碳化温度的升高，电导率迅速升高，当碳化温度为700 ℃时，电导率大于10^{-6} S/cm；当碳化温度为1000 ℃时，电导率大于10^{-5} S/cm。对于碳基多孔碳/铁复合材料，当碳化温度为1000 ℃时，电导率大于1 S/cm。由此可见，碳化温度的提升增大了碳基复合材料的导电性，结果提高了电磁屏蔽效能。研究显示，在有机先驱体

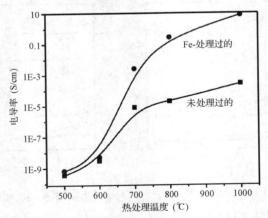

图4.39 不同温度碳化椰壳制备碳基复合材料的电导率

热分解生成碳过程中，当碳化温度高于1027 ℃时，碳层有序度开始变化；直到碳化温度高于1777 ℃时，碳层有序度明显提高。本研究中，当碳化温度低于700 ℃时，植物纤维有机成分热分解生成无定型碳，电导率迅速提高；当碳化温度高于700 ℃时，多孔碳发生重组和重排并在1000 ℃左右完成。在热分解和碳重组过程中，生成的游离碳具有大量的自由电荷。当电磁波入射到材料时，这些自由电荷与电磁波相互作用损耗电磁波。因此，碳化温度的提升有利于提高电磁屏蔽。

图4.38同时显示，在碳化温度为500~1000 ℃，尤其高于700 ℃时，碳基多孔碳/铁复合材料的电磁屏蔽效能明显高于碳基多孔碳复合材料。譬如，当碳化温度为700 ℃时，碳基多孔碳复合材料在X波段电磁屏蔽效能小于7 dB，而碳基多孔碳/铁复合材料的电磁屏蔽效能大于11 dB；当碳化温度为1000 ℃时，碳基多孔碳复合材料在X波段电磁屏蔽效能小于20 dB，而碳基多孔碳/铁复合材料的电磁屏蔽效能大于35 dB。当碳化温度小于700 ℃时，碳基多孔碳/铁复合材料的电磁屏蔽效能略高于多孔碳复合材料。图4.39同时显示了同等碳化温度下碳基多孔碳/铁复合材料的电导率高于碳基多孔碳复合材料。从成分角度分析，当碳化温度低于700 ℃时，碳基多孔碳/金属复合材料中的过渡金属体积含量低、尺寸小(小于10 nm)，其加入没有明显提高材料的电导率；当碳化温度高于700 ℃时，过渡金属的加入明显提高材料的电导率。由图4.38，当碳化温度低于700 ℃时，过渡金属以纳米尺寸的形态均匀分布在无定型碳基体中，由于无定型碳导电性差，故材料整体电导率提高不大。当电磁波入射材料时，纳米过渡金属的自由电荷在电磁场中振荡损耗电磁场能量。然而由于金属体积含量低，所以损耗电磁场能量有限，不能明显提高材料的电磁屏蔽效能。当碳化温度高于700 ℃时，过渡金属颗粒尺寸增大(大于20 nm)，并以过渡金属为核心向空间生长纳米带，随着碳化温度的升高，形成纳米导电网络结构。这种石墨化程度高的纳米带提供大量的自由电荷，同时纳米网络结构为自由电荷的"移动"提供通道，大大提高了材料的电导率。当电磁波入射材料时，纳米过渡金属和纳米带提供的自由电荷在电磁场中通过纳米导电网络振荡，更大程度的损耗电磁能，在宏观上较大程度提高了材料的电磁屏蔽效能。

电磁波从入射到材料表面到透射出材料整个过程，能量被分为反射、吸收和透过三部分。电磁屏蔽是利用材料的反射和吸收达到能量屏蔽的目的；而吸波材料是指以吸收为主消耗电磁波的材料。电磁屏蔽和磁屏蔽不同，后者指低频段(譬如 60 Hz)磁场的屏蔽。所以电磁屏蔽材料与磁屏蔽材料不同。值得注意的是，根据电磁屏蔽理论，电导率是衡量材料电磁屏蔽效能的重要参数，但是电导率不是衡量材料屏蔽能力的标准。在物理作用机理上，电导率与电磁屏蔽有所不同。材料导电需要导电通道，然而电磁屏蔽不需要导电通道，譬如，一般来说 1 S/cm 对于材料来说就能得到比较大的屏蔽性能。虽然电磁屏蔽不需要导电通道，但是导电通道可以提高材料的电磁屏蔽效能。

为了研究多孔炭/金属复合材料的吸波性能，将复合材料与熔融石蜡充分混合，冷压成型制备电磁参数测试试样。试样为外径 7 mm、内径 3 mm、厚 2 mm 的同轴圆环。测试采用国际标准的同轴法，利用 Agilent 8722ES 网络分析仪采集分析数据。网络分析仪在 2~18 GHz 频率范围内测试电磁波通过试样后的电磁散射参数 S_{11} 和 S_{21}，并利用电磁传输理论计算出试样的电磁参数，即复介电常数和复磁导率。

图4.40为石蜡-多孔碳和石蜡-多孔碳/钴复合材料在2~18 GHz的介电常数和磁导率。如图4.40(a)所示，与石蜡-多孔碳复合材料相比，石蜡-多孔碳/钴复合材料的介电常数实部和虚部值都有所提高。譬如，石蜡-多孔碳复合材料的介电常数实部在2~18 GHz频段范围内约为4.5，并且随频率变化很小；而石蜡-遗态功能复合材料的介电常数实部在2~18 GHz内逐渐从15.2下降为10.7，具有明显的频响特征。材料的介电常数实部反映材料的极化能力，在微波频段内主要受偶极子极化和界面极化的影响。多孔碳成分主要为无定形碳，偶极子数量较小。随着过渡金属的引入，多孔碳中成分和结构都有很大的变化。一方面，碳纳米带结构的形成，极大地提高了材料的自由电荷数目，增加了材料内部的偶极子数量；另一方面，碳纳米带结构和碳、金属的"核壳"结构的形成，也提高了界面的数量。两者共同提高了复合材料的极化能力，增大了复合材料的介电常数实部。当电磁波频率较低时，复合材料内部和界面处偶极子具有足够的时间响应电磁波的变化，宏观表现为材料的介电常数实部较大；当电磁波频率较高时，复合材料内部和界面处偶极子没有足够的时间响应电磁波的变化，宏观表现为材料的介电常数实部较低。石蜡-遗态功能复合材料的这种介电常数随频率提高而降低的频响特征有利于吸波性能的扩展。

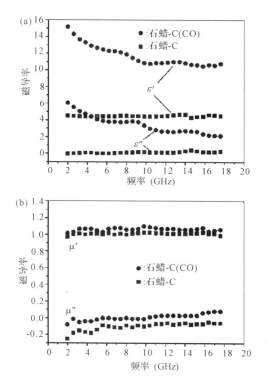

图4.40 石蜡-多孔碳和石蜡-多孔碳/钴复合材料2~18 GHz的(a)介电常数和(b)磁导率

　　金属的加入很大程度的提高了复合材料的介电常数虚部。石蜡-多孔碳复合材料的介电常数虚部小于0.5，而石蜡-多孔碳/钴复合材料的介电常数虚部在2~18 GHz内逐渐从6.1下降为2.2，具有明显的频响特征。材料的介电常数虚部表征材料消耗电磁波能量的物理量。本研究中，石蜡-多孔碳复合材料的介电损耗主要是由于无定形碳的本征介电损耗引起的。相比于石蜡-多孔碳复合材料，石蜡-遗态功能复合材料的介电损耗除了无定形碳的本征介电损耗，还包括由碳纳米导电网络结构及碳包裹金属囊结构引起的界面极化松弛损耗和欧姆损耗。一方面，在电磁场作用下，材料中的偶极子发生旋转。在低频时，电磁场变化足够慢，偶极子有足够的时间响应电磁场变化；在高频时，电磁场变化加快，偶极子没有足够的时间随着电磁场变化，滞后于电磁场变化，称为介电松弛。介电松弛导致电磁场能量的耗散。另一方面，除了介电松弛损耗，石蜡-遗态功能复合材料对电磁波的损耗还包括欧姆损耗。在电磁场作用下，材料内部的载流子沿着电场方向运动形成电流，由于复合材料本身具有一定的电阻，故引起部分电磁能转变为热量而耗散。

　　复合材料的电磁参数与各组分本身的电磁参数、含量，以及填料的形状、尺寸、分布状态等因素有关。以两元体系为例，复合材料的有效介电常数可由Maxwell-Garnett (M-G)计算。在本研究中，石蜡的介电常数在2~18 GHz频段为2.2，远远小于遗态功能复合材料的介电常数。随着遗态功能复合材料含量的升高，复合体系的有效介电常数会增大。值得注意的是，本研究中的遗态功能复合材料具有发达的孔隙结构，由于电磁波对于小于其波长的物体和孔隙不具有敏感性，所以遗态功能复合材料可看作由实体碳/金属和空气组成的两元体系。由于空气的介电常数为1.0，远远小于实体碳/金属的介电常数，遗态功能复合材料的有效介电常数随着空气含量的增加而减小，即多孔结构会减小复合材料的介电常数。根据电磁传输理论，介电材料的介电常数越接近1.0，则材料与空气的阻抗匹配程度越好，即多孔结构有利于电磁波进入材料内部，提高材料吸波性能。

　　如图4.40(b)所示，石蜡-多孔碳与石蜡-多孔碳/钴复合材料的磁导率实部与虚部基本相等。本研究中，过渡金属在石蜡-遗态功能复合材料的含量非常少，并且金属在复合材料中的尺寸为纳米级，所以金属的引入并没有很大程度改变复合材料的磁导率。

　　图4.41为4个厚度的石蜡-多孔碳/钴复合材料单涂层在2~18 GHz的反射率。如图所示，随着厚度的增大，石蜡-遗态功能复合材料的最大反射损耗向低频段"迁移"。譬如，1.5 mm的石蜡-遗态功能复合材料在15.8 GHz最大反射损耗为13 dB，2.5 mm的石蜡-遗态功能复合材料在9.2 GHz最大反射损耗为26 dB，而5 mm的石蜡-遗态功能复合材料在4.2 GHz最大反射损耗为40 dB。

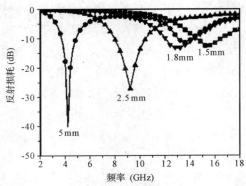

图4.41　不同厚度石蜡-多孔碳/钴复合材料的反射率

单层介电型吸波材料的反射率是由材料"本征损耗"和"结构效应"耦合决定。"本征损耗"是由材料内部的介电损耗引起。从图4.41可知，石蜡-遗态功能复合材料在低频的介电损耗比高频的大。"结构效应"是指反射率的峰值是由电磁波的"干涉效应"所引起的。即在入射方向上，电磁波在材料的前表面和后表面的反射波干涉相消。两列波要干涉相消，除了频率相同、振动方向相反、相位相反之外，还需要振幅相等。当材料厚度是介质波长的1/4的奇数倍时会发生"干涉效应"，在反射率曲线表现为峰值。根据电磁波理论，电磁波入射到材料表面时，电磁波完全进入材料内部的必要条件是阻抗匹配。由此可见，要实现阻抗匹配，材料必须满足 $\mu_{r1} = \varepsilon_{r1}$。但是本实验中石蜡-遗态功能复合材料并不满足上述条件，因此可推断反射率中的吸收峰是由"干涉效应"引起的。

4.1.3 小结

植物生物质如木头、农作物废弃物具有精细的分级结构，来源广泛、成本低，可被用来制备生态陶瓷及其复合材料。生态陶瓷及其复合材料的一个主要特征是保持了生物质原有的精细分级结构。这种精细结构是目前采用人工方法所难以制备的。本章节列出了几种生态陶瓷-金属复合材料的制备方法、微观结构和机械、物理、功能表现。研究结果发现，自然的精细结构的保持可大幅提高复合材料在抗压、耐摩擦性等的机械性能；同时，通过修饰生态陶瓷基体的网络互连结构框架，可有效控制电性能，从而大幅提高电磁屏蔽、吸波性能。

这些研究为利用生物特别是植物开发复合材料材料提供一个例子，同时也为设计、制备具有自然结构的新材料提供借鉴。自然界中的木头具有数千种之多，不同地域、不同种属的木头的形貌、微观结构具有差别，并且显示出不同的特性。这种差异化也为研究结构-功能的内在关系提供了很好的研究对象。

4.2 功能性纳米结构/生物基体复合材料

纳米材料由于其表现出不同于它们的块体材料的性质，因而持续地吸引着科学家们的注意。另外，由于生物骨架的活性成分、固态基底以及与结构有关的特定性质，因而被引入到了材料构建中。在我们的工作里，具有特定骨架结构的生物模板被应用到功能无机纳米材料的制备过程中，以得到无机/生物基体以及生物结构的纳米材料。这样的复合材料将综合两个方面的优势：无机纳米材料的功能性以及生物精细结构的特定性质。

我们已经制得多种无机/生物体系的纳米复合材料。其中，我们以经过室温下氧化还原过程处理过的蚕丝纤维作为生物模板，制备出了纳米银/蚕丝纤维复合材料；将蛋膜浸入不同的前驱液中，得到了室温下原位合成的纳米 PbSe/蛋膜复合材料。在以下段落中，我们会详细讨论基于天然纤维(纳米 CdS/蚕丝纤维)和基于天然光子晶体(纳米 CdS/孔雀羽毛)的生物结构纳米复合材料的制备以及光学性质。

4.2.1　基于天然生物纤维的光功能纳米复合材料

据文献报道，半导体纳米粒子呈层状紧密排布与其分散在液相状态具有不同的光学性质。因此，研究半导体纳米粒子在固态生物基体上所形成的复合材料的光学性质是十分必要的。纳米 CdS/蚕丝纤维(SFF)可以通过一个原位过程得到，在这个过程中，纳米 CdS 的组装方式可以通过(如表 4.3 所示)改变实验条件来控制。SFF 首先被浸入到 Cd 前驱液中(样品 I～Ⅶ含有氨水，样品Ⅷ不含氨水)，随后取出，用去离子水充分漂洗干净，接下来浸入 S 前驱液中，再次取出并用去离子水彻底漂洗干净，以得到固态的纳米 CdS/SFF 生物基体纳米复合材料。液态样品通过将固体纳米 CdS/SFF 在 50 ℃浸入三元溶液中[$CaCl_2 : H_2O : C_2H_5OH= 1 : 8 : 2$ (摩尔比)]数小时以降解 SFF 并将 CdS 在 SF 溶液中分散开。

图 4.42 显示了分散于 $CaCl_2$ 溶液中的纳米 CdS/SFF 样品的紫外-可见吸收光谱，以相应的分散在 $CaCl_2$ 溶液中的蚕丝纤维(SF)为对照。光谱显示了分散的纳米 CdS 对于紫外-可见光的吸收性质。据我们所知，室温下，CdS 块体的禁带宽度为大约 2.4 eV，与其大约 515 nm 的吸收阀值有关。直径低于 6 nm 的 CdS 纳米颗粒应该具有短于 515 nm 的吸收阀值(Henglein, 1989)。如图 4.42 所示，由于分散的纳米 CdS 的小尺寸效应，紫外-可见吸收光谱的吸收边表现出 500 nm 左右。另外，纳米 CdS 的直径与直接禁带宽度都可以应用以下公式计算得到 (Bawendi *et al.*, 1990)。

表 4.3 纳米硫化镉/蚕丝丝素纤维样品合成参数及样品特征表

样品	镉前驱体浸渍时间(h)	硫源前驱体浓度(mmol/L)	硫源前驱体浸渍时间	组装模式 [a]	λ_{edge} (nm) [b]	E_{edge} (eV) [b]	CdS 粒径 (nm) [b]
I	24	0.0625	30 s	-	485	2.56	5.3
II	24	0.313	30 min	线形	507	2.45	7.2
III	24	先 0.313 mmol/L 30 min，接着 6.25 mmol/L 15 s		线形、六方片形	511	2.43	7.9
IV	48	0.313	24 h	线形、六方片形	511	2.43	7.9
V	48	6.25	15 s	-	439	2.83	3.8
VI	48	6.25	24 h	线形、六方片形	465	2.67	4.4
VII	48	6.25	48 h	-	-	-	-

[a]: 通过 FESEM 和 TEM 观察纳米硫化镉/蚕丝丝素纤维组装体形貌；[b]: 通过 UV-vis 吸收光谱计算得到硫化镉的吸收边(λ_{edge})、带隙(E_{edge})和粒径；"-"表示相关数据没有观测

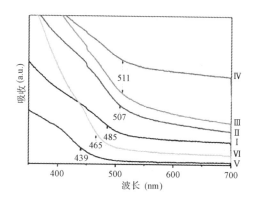

图4.42 分散于氯化钙溶液的纳米硫化镉/蚕丝丝素蛋白液态样品 I ~VI 的紫外-可见吸收光谱(参比：相应的分散于氯化钙溶液的蚕丝丝素蛋白液态物)，吸收边波长在光谱中用箭头指示(为方便对比，谱线沿垂直方向位移过)

与样品 V 相比，样品 VI 是通过在 Na₂S 溶液中浸泡更长时间得到的，因此根据吸收边的红移可以推测，样品 VI 的纳米 CdS 颗粒更大。通过提高 Na₂S 溶液的浓度，紫外吸收边进一步向短波方向移动，显示出颗粒尺寸的减小。所以，分散的纳米 CdS 颗粒的尺寸与浸泡时间成正比，与 Na₂S 溶液的浓度成反比，因此导致了不同的紫外-可见光吸收性质。

$$\alpha h\upsilon = A(h\upsilon - E_g)^{1/2} \tag{4.10}$$

$$E = E_{bulk} + \frac{h^2\pi^2}{2R^2}\left[\frac{1}{m_e} + \frac{1}{m_h}\right] - \frac{1.786e^2}{\varepsilon R} \tag{4.11}$$

　　室温下分散在蚕丝纤维(SF)溶液中的 PL 光谱如图 4.43 所示，相应的室温下 SF 溶液的 PL 光谱如图 4.44 所示。在纳米 CdS/SF 溶液在 300、320 和 365 nm 处激发的荧光光谱中，每一个光谱有两个峰，这表明在短波长处的峰是 SF 溶液的荧光发射，该峰的位置随激发波长减小移向高能态。每条曲线上的较大波长(478.5 nm)处的峰可以被认为是一个纳米 CdS 带边发射。不同于 SF 溶液的发射，纳米 CdS 带边发射峰不依赖于激发波长。这表明所制备出的纳米 CdS 呈现较窄的尺寸分布。当激发波长为 400nm 时，纳米 CdS/SF 溶液的发射结合 SF 溶液的发射峰(接近 478.5 nm)和纳米 CdS 的发射峰(大约 478.5 nm)到一个峰(大约 480 nm)。应该提到，由于 SF 生物分子起到了有效表面修正作用，图 4.43 中不存在纳米 CdS 的深陷阱/表面态发射(带宽在 550 到 800 nm 之间)。

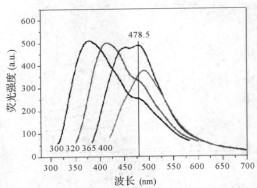

图 4.43 激发波长在 300、320、365 和 400 nm 时室温下分散在 CaCl$_2$ 溶液中的纳米 CdS/SFF 样品Ⅷ的荧光光谱

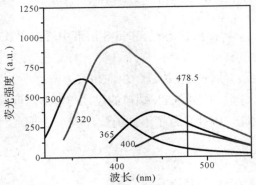

图4.44 激发波长在300、320、365 和 400 nm时室温下分散在CaCl$_2$ 溶液中的蚕丝纤维的荧光光谱

如图 4.45(a)和(c)所示,原始的 SFF 呈现出由平行纤维构成的相对光滑的表面。经过纳米 CdS 的原位合成后,在低放大倍数下,纤维表面展现出相似的光滑性(图 4.45(b)),但在高放大倍数下则表现出独特的线形排列方式(图 4.45(d)),这是由于纳米 CdS 的小尺寸和在 SFF 上的均匀分布所导致的。另外,如图上双箭头所示,纳米 CdS 绳的取向与生物基底 SFF 的轴向是一致的。图 4.45(e)和(f)是液态纳米 CdS/SF 的 TEM 观测图,从图中可以清楚地看出纳米 CdS 的线形排列以及一些松散连接的纳米 CdS。松散连接的纳米 CdS 是由 SFF 降解为 SF 进入溶液中造成的,从而也表明

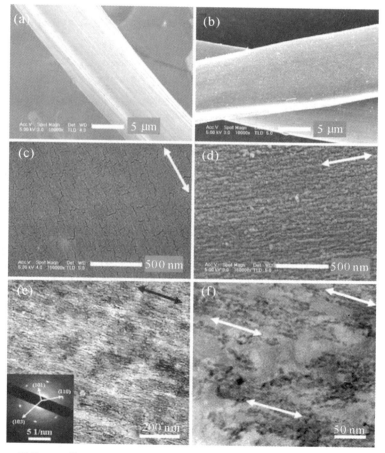

图 4.45 原始 SFF 的 FESEM 图片(a, c),纳米 CdS/SFF 样品 II (b, d),纳米 CdS/SFF 样品 II 分散在 CaCl₂ 溶液中的 TEM 图片(e, f)。双箭头表示平行微纤维的方向(c),生物基体 SFF 的轴向(d)和线性排列的 CdS 纳米颗粒的方向(e, f),其中(e)的插图分别是对应特定区域的选区电子衍射花样

了 SFF 在连接纳米颗粒并使之呈线性排列过程中的重要作用。根据图 4.45(f)，硫化镉纳米颗粒的直径约 6~8 nm，与利用紫外-可见吸收光谱计算得到的结果一致，它的选区电子衍射花样对应六方相硫化镉的(101)、(110)和(103)晶面(JCPDS：41-1049)。

除了纳米 CdS 的线性排列，纳米 CdS/SFF 样品VI(图 4.46(a)，(c)和(e))，样品III(图 4.46(b)和(d))和样品 4(图 4.46(f))均表现出了纳米 CdS 的六边形排列方式。从这些六边形的 HRTEM 图像和破损的薄六边形(图 4.46(f))可以明显看出，这些六边形是 CdS 的集合体。图 4.46(f)中的插图显示纳米 CdS 颗粒中对应(110)晶面的晶格边缘。样品III的制备过程是将仅含线形组装体的样品 II 再次浸泡在更高浓度的硫源前驱体中。根据紫外-可见吸

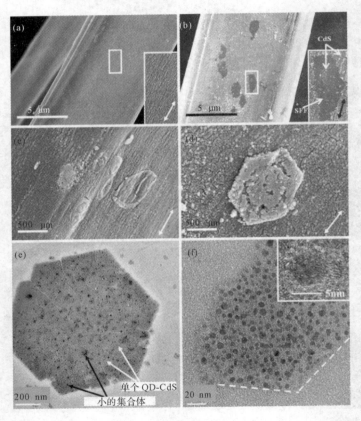

图4.46 纳米硫化镉/蚕丝丝素纤维固态样品VI(a，c)和样品III(b，d)的场发射扫描电镜照片，分散于氯化钙溶液的纳米硫化镉/蚕丝丝素蛋白液态样品VI(e)和样品IV(f)中六方片及其残片的高分辨透射电镜照片。(a~d)中双箭头指出了纤维轴向，(a, b)中插图为对应白框区域的放大照片，(f)中插图显示六方片组装体中的一个硫化镉纳米颗粒

收光谱分析，样品III中硫化镉纳米颗粒(包含线形和六方片形组装体)的尺寸应大于样品II中的尺寸。因此，在图 4.46(d)中，六方片及 SFF 表面上能直接观察到较大的纳米颗粒，也再次证实了六方片是由硫化镉纳米颗粒组装而成。值得提出的是，在对样品II进行后续处理时，一些六方片形纳米 CdS 丢失，导致样品III上纳米线性 CdS 的六方形缺失(图 4.46(b))。另外，在 0.313 mmol/L Na$_2$S 溶液中更长时间的浸泡也可以导致六边形结构的形成(样品IV，图 4.46(f))。

因此，相对高的 Na$_2$S 溶液浓度或者长时间浸没在 Na$_2$S 溶液中可以轻微将 SFF 分散溶解为一些生物大分子基团，从而进一步连接预先形成的纳米 CdS 颗粒，并且重新将它们排列为六方片形组装体(图 4.47)。

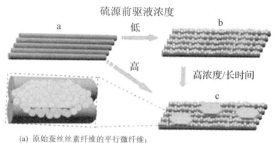

(a) 原始蚕丝丝素纤维的平行微纤维；
(b) 纳米硫化镉/蚕丝丝素纤维上的线形组装体；
(c) 纳米硫化镉/蚕丝丝素纤维上的线形和六方片形组装体

图4.47 不同条件下硫化镉纳米颗粒在蚕丝丝素纤维上组装成不同的样式

对两种不同的纳米 CdS/SFF 样品进行荧光光谱测量：一种是仅有线形纳米 CdS 颗粒的样品(样品II)，另一种是同时有线形纳米 CdS 颗粒以及六方片形组装体的样品(样品III、VI、VII)。正如图 4.48 所示，样品II的线形纳米 CdS 组装体在 500 nm 左右有更宽的峰，并且该峰接近 507 nm 的吸收边，可以认为是单个纳米 CdS 颗粒的带边发射峰(Wang&Moffitt, 2004; Jaiswal *et al.*, 2003)。此外，液态样品II(纳米 CdS 分散在 SF 溶液中)的荧光带边发射峰也在 500 nm 左右(图 4.49)。因此，可得出结论，如上所制的纳米 CdS 线形组装体与分散/单个纳米 CdS 的性质相似。

根据紫外-可见光测试分析结果(图 4.42)，样品III的一次颗粒尺寸比样品II的更大，所以液态纳米 CdS/SF 样品III与样品II相比表现出更长波长的荧光发射(图 4.50)。除了预测的带边发射(大约 500 nm)从纳米线性 CdS 组装体的红移，样品III的荧光光谱在 530 nm 处出现了在样品II中未出

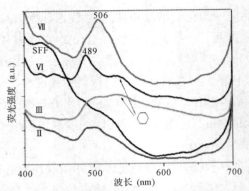

图4.48 原始蚕丝丝素纤维和纳米硫化镉/蚕丝丝素纤维样品Ⅱ、Ⅲ、Ⅵ、Ⅶ的荧光发射光谱(激发波长：365 nm；为方便对比，谱线沿垂直方向移过)

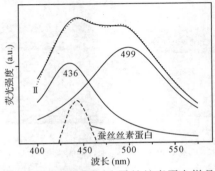

图4.49 分散于氯化钙溶液的纳米硫化镉/蚕丝丝素蛋白样品Ⅱ和蚕丝丝素蛋白的荧光发射光谱(激发波长：365 nm)，以及相应的拟合曲线(实线)，采用软件Origin 6.0中的多峰拟合模式(洛伦兹)计算。499 nm处的峰对应分散态纳米硫化镉的荧光发射

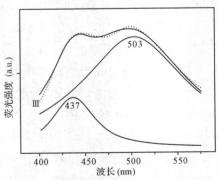

图4.50 分散于氯化钙溶液的纳米硫化镉/蚕丝丝素蛋白样品Ⅲ的荧光发射光谱(激发波长：365 nm)，以及相应的拟合曲线(实线)，采用软件Origin 6.0中的多峰拟合模式(洛伦兹)计算。503 nm处的峰对应分散态纳米硫化镉的荧光发射

现的宽峰。这个额外的峰来自纳米 CdS 六方形组装体。通过观察既有线性 CdS 组装体又有六方形组装体的样品III的荧光光谱，六方形纳米 CdS 组装体的发射峰明显变宽，并相对于 CdS 单一纳米粒子或线性纳米组装体的发射峰发生红移。

与样品III相比，样品VI由于更小的纳米 CdS 颗粒尺寸，对应的线形组装体带边发射出现在较短的波长，而其余的性质是相同的。在样品VII中，纳米 CdS 的线性组装体的带边发射出现在接近六边形纳米颗粒的荧光发射的峰处，但是只有一个综合峰可以被观察到。

硫化镉纳米颗粒有两个特征荧光发射峰：约 500 nm 的峰对应带边发射，550~800 nm 的宽发射带对应深陷阱/表面态发射。如图 4.49 所示，分散在 SF 溶液(纳米 CdS/SFF 样品 II 分散在 CaCl$_2$ 溶液中)中的单个纳米 CdS 的荧光发射光谱包括 SF 溶液的发射峰(436 nm)以及纳米 CdS 带边发射峰(499 nm)。与样品 II 纳米 CdS 相似的是，分散在 CaCl$_2$ 溶液中的纳米 CdS/SFF 样品III的荧光发射光谱也包含了 SF 溶液的发射峰(437 nm)以及纳米 CdS 的带边发射峰(503 nm) (图 4.50)。纳米 CdS/SFF 样品VI发射出一个综合的结合了来自 SF 溶液和纳米 CdS 的发射带。然而，图 4.51 中的样品III和VI都同时显示出硫化镉纳米颗粒的带边发射峰及深陷阱/表面态荧光发射峰，揭示出含有六方片形组装体的样品经氯化钙溶液处理后得到的硫化镉纳米颗粒具有一定量的缺陷。由于在图 4.51(样品 II)和图 4.50(样品III和VI)中没有观察到类似的深陷阱/表面态荧光发射，并且纳米 CdS/SFF 样品 II 只含有线形 CdS 组装体，而纳米 CdS/SFF 样品III和VI既包含线形 CdS 组装体又包含六方片形，因此，推测上述液态样品中硫化镉纳米颗粒

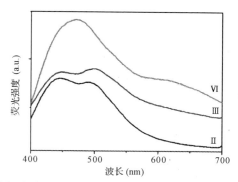

图4.51 分散于氯化钙溶液的纳米硫化镉/蚕丝丝素蛋白样品 II、III、VI的荧光发射光谱(激发波长：365 nm；为方便对比，谱线沿垂直方向移过)

的缺陷来源于氯化钙溶液处理样品时六方片形组装体的解散。总而言之，完全分散于氯化钙溶液的源自六方片形组装体的硫化镉纳米颗粒同时具有带边荧光发射和深陷阱/表面态荧光发射，而源自线形组装体的硫化镉纳米颗粒仅具有带边荧光发射。

为了说明 SFF 与六边形纳米组装体中纳米 CdS 之间的关系，将不同量的纳米 CdS/SFF 样品 V 浸没在相同体积的 $CaCl_2$ 溶液中。样品含量高的溶液命名为样品 V(高)，反之亦然。可以观察到样品 V(低)有与样品Ⅵ相同的荧光光谱(图 4.51)，说明溶液中有充分分散的纳米 CdS 六边形。然而，样品 V(高)的荧光光谱却表现出不同的特征。样品在 530 nm 处出现图 4.48揭示的纳米 CdS 六边形的发射峰。在这里，一定存在一些纳米 CdS 六边形组装体是没有充分分散的，并且 SFF 的溶解是不充分的，而且未充分分散的纳米 CdS 六边形组装体是与未溶解的 SFF 相连接的。图 4.52 Ⅶ(晚)和Ⅶ(早)提供了额外的证据。当纳米 CdS/SFF 样品Ⅶ分散在 $CaCl_2$ 溶液中时，溶液中的样品浓度较高。图 4.52 中Ⅶ(早)是在刚刚浸没时测量的。它显示出来自纳米 CdS 六边形组装体 530 nm 处的发射峰，但是由于只有少量纳米 CdS 是完全分散的，所以表面态发射很难观察到。将样品储存两个月后，再次测量它的荧光光谱曲线(图 4.52 中Ⅶ(晚))。由于连结纳米 CdS 六边形组装体的 SFF 溶解很慢，530 nm 左右的发射峰消失，而表面态荧光发射则有所增强。这说明蚕丝丝素纤维在六方片形组装体中起到连结硫化镉纳米颗粒的重要作用。充分分散的纳米 CdS 六边形组装体提供了额

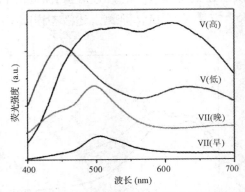

图4.52 分散于氯化钙溶液的不同浓度的纳米硫化镉/蚕丝丝素蛋白样品 V 的荧光发射光谱，V(高)对应较高浓度，V(低)对应较低浓度；分散于氯化钙溶液的高浓度纳米硫化镉/蚕丝丝素蛋白样品Ⅶ的静置不同时间的荧光发射光谱，Ⅶ(早)对应刚分散的样品，而Ⅶ(晚)对应分散后静置2个月的样品(激发波长：365 nm)

外的深陷/表面态发射，而不充分分散的纳米 CdS 六面形组装体在 530 nm 左右表现出额外的荧光发射峰。

4.2.2 以天然光子晶体为基体的纳米复合材料

光子晶体(PhCs)可以控制光在介质中的传播(Yablonovitch, 1987; John, 1987)，因此基于天然光子晶体的遗态纳米复合材料的光学性能也十分有趣。对于半导体纳米颗粒/人工 PhCs 纳米复合材料，在同一个结构体系中发生半导体纳米颗粒的电子响应和 PhCs 的光响应相结合 (Paquet *et al.*, 2006)，并且有可能实现高度控制的新型纳米级自发发射光源(Fleischhaker *et al.*, 2005; Romanov *et al.*, 2004)。其中，具有精细微/纳米结构的天然 PhCs 与半导体纳米颗粒结合，得到了用传统方法很难获得的新型纳米复合 PhCs。下文将会讨论这样的基于天然 PhCs 的生物形态纳米复合材料的构建和光学性质。

孔雀羽毛的表面角蛋白层下含有二维光子晶体结构(图 4.53(b))。这种天然光子晶体结构是通过角蛋白包覆层下的黑色素短棒二维阵列实现的，并可以通过在 110 ℃ 的 EDTA/DMF 悬浊液中处理数小时来激活。活化的孔雀羽毛被浸没在镉源前驱体溶液和硫源前驱体溶液中各 30 min，得到原位形成的硫化镉种子，接着又浸渍于镉源前驱体中，再向其中添加硫脲，接着将溶剂热体系转入高压釜中于 100 ℃保温 30~40 min，最终得到纳米硫化镉/孔雀羽毛。如图 4.53(a)所示，CdS 纳米颗粒均匀分布在二维光子晶体结构表面以及最终得到的生物结构纳米复合材料的角质层上。纳米复合材料的二维光子晶体结构特征与原始孔雀羽毛的特征相似，但是纳米复合材料的结构表面表现得稍微粗糙一些。

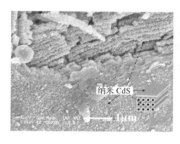

图 4.53 FESEM 图片及相应的结构说明。(a)纳米 CdS/孔雀毛；(b)有二维光子晶体结构的原始羽毛

图 4.54 显示了反射光谱的演化以及新型纳米 CdS/孔雀羽毛生物结构复合材料的结构细节和化学组成。基于天然光子晶体的纳米复合材料的晶格常数为 100~200 nm，所以它们的光子禁带结构应该出现在可见光区域。另外，它们应该具有影响可见光传播的能力，并且表现出有趣的反射光谱。可以从图中清楚地看出，由于纳米 CdS 的参与，纳米复合材料光子晶体(显示三个反射带)具有比原始羽毛光子晶体更加复杂的反射光谱(显示两个反射带)。

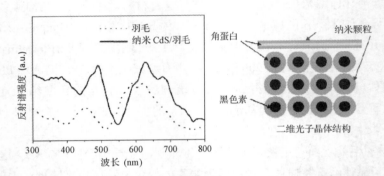

图 4.54　左图为纳米 CdS/羽毛的反射光谱(实线)以及通常情况下原始天然孔雀毛光子晶体在普通情况下的反射光谱(虚线)；右图显示了具有二维光子晶体结构的纳米 CdS/羽毛

　　根据 Zi *et al.* (2003)，结构参数(晶格常数及周期数)的变化导致尾部羽毛的眼状花样部分呈现不同的彩虹色。在我们的工作中，我们在整个眼状花样部分引入纳米 CdS 来制备生物结构纳米材料。图 4.55 为不同部位原始羽毛和纳米硫化镉/孔雀羽毛复合光子晶体的反射光谱。原始羽毛在蓝色和绿色部位表现出一个反射带，在棕色和黄色部分表现出两个反射带。引入纳米 CdS 后，反射光谱变得更加复杂，对应原来的绿色和蓝色部位，图 4.55(a)中的 400~500 nm 及 500~650 nm(560 nm 有一肩峰)反射带，和图 4.55(b)中的 400~500 nm 及 500~700 nm 反射带。另外，纳米复合材料对应褐色区域(图 4.55(c)中 300~500 nm、500~600 nm 和 550~800 nm)和黄色区域(图 4.55(d)中 400~490 nm、490~550 nm 和 550~800 nm)分别表现出三个反射带。因此，不同的结构参数使纳米复合光子晶体表现出不同的反射光谱：原蓝、绿色部分出现两个反射带，原棕、黄色部分出现三个反射带。

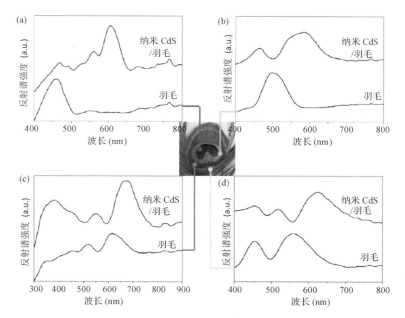

图4.55 纳米硫化镉/孔雀羽毛和原始孔雀羽毛的反射光谱，入射、反射方向都垂直于样品表面。尾羽眼状花纹的不同部位对应不同的二维光子晶体结构参数：(a)蓝色；(b)绿色；(c)棕色；(d)黄色(所指颜色是对应原始羽毛的，如照片中指示)

纳米颗粒的负载量能够显著改变纳米复合光子晶体的能带结构，从而影响其反射光谱(Blanco *et al.*, 2001)。由于 EDTA/DMF 的活化过程能够在孔雀羽毛结构表面附加 COO$^-$活性位点，纳米硫化镉/孔雀羽毛样品 E/D-RT(图 4.56(b)，活化过程 2.5 h)相比样品 N-RT(图 4.56(a)，无活化过程)负载了更多的硫化镉纳米颗粒，如扫描电镜照片所示(图 4.56 插图)。另外，增加溶剂热过程中硫脲的含量(0.115 g→0.18 g)也能提高硫化镉纳米颗粒负载量(图 4.56(c))。

因此，纳米 CdS 的负载量针对不同的样品有所变动(a<b<c)。在对应较多硫化镉负载量的反射光谱中，位于 550~800 nm 的反射带相对强度减小，同时位于 300~450 nm 的反射带相对强度增大。有另外一种方法可以控制纳米 CdS 的负载量，从而进一步证明了先前的结论。如图 4.57 所示，典型的样品由 EDTA/DMF 活化所制备，负载量大的样品由 DMF 活化所制备。相应的照片和扫描照片如图右侧所示，说明了用 DMF 活化的样品具有更大的负载量。比较绿色和棕色部位的反射光谱，可以看出反射带有明显的变化。在绿色部位，随着纳米 CdS 负载的增加，位于 500~700 nm 的

反射带消失；在棕色部位，位于 600~800 nm 的反射带消失。所以，随着二维纳米复合光子晶体中硫化镉负载量的增加，反射光谱中较长波长区域的相对强度显著下降。

制得的纳米硫化镉/孔雀羽毛表现出肉眼可见的也可用反射光谱观察出的随观测角度变化的光学性质。天然孔雀羽毛具有沿羽枝轴整齐排列的羽小枝，如图 4.56(d)~(f)所示。为了测量对应不同角度的反射光谱，我们将自然状态整齐排列的羽小枝用镊子弄乱，使羽小枝与仪器固定的入射和探测方向(入射和探测都是竖直方向，垂直于样品台)存在一定的角度，如图 4.58(b)和(c)所示。与角度有关的反射谱如图 4.58(a)所示。这种与观测角度有关的光学性质必然在应用中会引来更多关注。

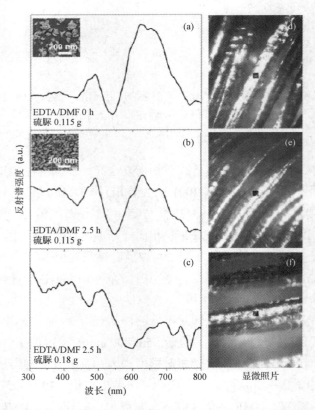

图4.56　(a~c)纳米硫化镉/孔雀羽毛(原红色羽枝)对应不同纳米硫化镉负载量(a<b<c)的反射光谱，入射和反射方向都垂直于样品表面。(a)样品N-RT；(b)样品E/D-RT；(a, b)中插图为相应样品的扫描电镜照片。(d~f)采集光谱时的显微照片。实验条件在(a~c)图的左下角显示，(a) 和 (b)中的插图显示了相应的扫描电镜照片

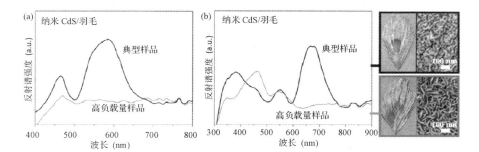

图 4.57　纳米硫化镉/孔雀羽毛对应不同纳米硫化镉负载量的反射光谱,入射和反射方向都垂直于样品表面。(a)原绿色区域；(b)原棕色区域。右边为相应样品的扫描电镜照片和数码照片(上：样品 E/D-RT；下：样品 D-RT)

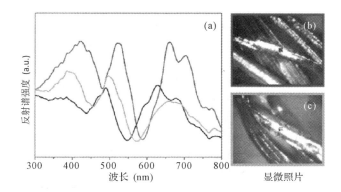

图4.58　(a)纳米硫化镉/孔雀羽毛(原红色羽枝)对应不同角度的反射光谱,黑色线对应入射和反射方向都垂直于样品表面;(b)和(c)分别对应红色和绿色光谱曲线的显微照片

参考文献

Bawendi MG, Steigerwald ML, and Brus LE (1990) The quantum mechanics of larger semiconductor clusters ("quantum dots"). *Annual Review of Physical Chemistry*, 41:477-496.

Blanco A, Miguez H, Meseguer F, Lopez C, Lopez-Tejeira F, and Sanchez-Dehesa J (2001) Photonic band gap properties of CdS-in-opal system. *Applied Physics Letters*, 78:3181-3184.

Fleischhaker F, and Zentel R (2005) Photonic crystals from core-shell colloids with incorporated highly fluorescent quantum dots. *Chemistry of Materials*, 17:1346-1351.

Henglein A (1989) Small-particle research: physicochemical properties of extremely small colloidal metal and semiconductor particles. *Chemical Reviews*, 89(8):1861-1873.

Jaiswal JK, Mattoussi H, Mauro JM, and Simon SM (2002) Long-term multiple color imaging of live cells using quantum dot bioconjugates. *Nature Biotechnology*, 21:41-57.

John S (1987) Strong localization of photons in certain disordered dielectric superlattices. *Physical Review Letters*, 58:2486-2489.

Liu QL, Fan TX, and Zhang D (2004) Electromagnetic shielding capacity of carbon matrix composites made from nickel-loaded black rice husk. *Journal of Materials Science*, 39:6209-6214.

Liu QL, Zhang D, Fan TX, Gu JJ, Miyamoto Y, and Chen ZX (2008a) Amorphous carbon matrix composites with interconnected carbon nano-ribbon networks for electromagnetic interference shielding. *Carbon*, 46(3):461-465.

Liu QL, Zhang D, and Fan TX (2008b) Electromagnetic wave absorption properties of porous carbon/Co nanocomposites. *Applied Physics Letters*, 93:013110.

Paquet C, Yoshino F, Levina L, Gourevich I, Sargent EH, and Kumacheva E (2006) High-quality photonic crystals infiltrated with quantum dots. *Advanced Functional Materials*, 16:1892-1896.

Romanov SG, Chigrin DN, Torres CMS, Gaponik N, Eychmüller A, and Rogach AL (2004) Emission stimulation in a directional band gap of a CdTe-loaded opal photonic crystal. *Physical Review E*, 69:046606-046610.

Vossmeyer T, Katsikas L, Giersig M, Popovic IG, Diesner K, Chemseddine A, Eychmuller A, and Weller H (1994) CdS nanoclusters: synthesis, characterization, size dependent oscillator strength, temperature shift of the excitonic transition energy, and reversible absorbance. *Journal of Physical Chemistry*, 98(31):7665-7673.

Wang CW, and Moffitt MG (2004) Surface-tunable photoluminescence from block copolymer-stabilized cadmium sulfide quantum dots. *Langmuir*, 20(26): 11784-11796.

Wang TC, Fan TX, Zhang D, and Zhang GD (2005) Manufacture of Aluminum/Carbon composites based on wood templates. *Materials Transactions*, 46(7):1741-1744.

索引